脚手架工程

从入门到精通

阳鸿钧 等 编著

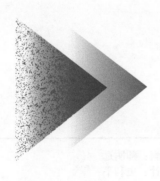

化学工业出版社
·北京·

内 容 简 介

本书共有10章，主要讲述了施工现场常见脚手架（架子）工程的有关基础知识、材料与配件、搭建施工要求、设计计算、方案编写、交底验收、质量要求，以及脚手架相关知识技能等内容。另外，还介绍并提供了脚手架计算公式速查、脚手架工程量相关速查、脚手架相关数据速查，以供读者学习、工作时参考速查。本书在编写过程中，考虑到图书内容的实践操作性很强的特点，在讲述的过程中，对关键知识点直接在图上用颜色区分表达，内容实用清晰，同时，对重点难点内容配上视频讲解，更有拓展本书外的实战实操技能等相关视频，具有很强的直观指导价值。

本书可以作为架子工、施工员、脚手架的设计人员、脚手架制造人员、脚手架焊接制作者、脚手架施工人员、脚手架的使用人员、脚手架的管理人员、配送租赁人员等职业培训用书或者工作参考用书。本书也可以作为大专院校相关专业的辅导用书，以及灵活就业、快速掌握一门技能手艺人员自学用书。

图书在版编目（CIP）数据

脚手架工程从入门到精通 / 阳鸿钧等编著 . —北京：化学工业出版社，2021.7（2024.6重印）

ISBN 978-7-122-39112-4

Ⅰ．①脚…　Ⅱ．①阳…　Ⅲ．①脚手架 - 工程施工　Ⅳ．① TU731.2

中国版本图书馆 CIP 数据核字（2021）第 087342 号

责任编辑：彭明兰　　　　　　　　　　文字编辑：师明远
责任校对：宋　夏　　　　　　　　　　装帧设计：史利平

出版发行：化学工业出版社（北京市东城区青年湖南街 13 号　邮政编码 100011）
印　　装：涿州市般润文化传播有限公司
787mm×1092mm　1/16　印张 16　字数 409 千字　　2024 年 6 月北京第 1 版第 3 次印刷

购书咨询：010-64518888　　　　　　　　　　售后服务：010-64518899
网　　址：http：//www.cip.com.cn
凡购买本书，如有缺损质量问题，本社销售中心负责调换。

定　　价：69.80 元

前　言

脚手架（架子）是为了保证各施工过程顺利进行而搭设的工作平台，对于施工安全、工程进度、施工质量、安全保障有着直接影响，是工程施工过程中必须使用的、具有特别重要地位的临时设施。在工程施工中，砖墙砌筑、装饰和粉刷、管道安装、设备安装、混凝土结构浇筑等分部分项工程都需要搭设脚手架。脚手架的搭建是顺利完成工程施工任务必不可少的重要工具之一。为了便于读者学习、掌握脚手架有关知识与技能，特策划编写了本书。

本书既讲述了脚手架（架子）基础知识，也讲述了具体种类脚手架实际应用与脚手架工程知识。本书的特点如下。

1. 践行工地实战——本书尽量把脚手架搭设标准做法、要求、规范，结合工地现场实况，做到图解化、视频化，从而达到学用结合，轻松掌握工地上岗脚手架（工程）相关技术要点。

2. 内容全面——包括脚手架的基础、配件、搭建、设计、规范与要求、检查验收、施工方案编写、施工技术安全交底、现场指导、公式速查、工程量速查、数据速查等内容。不仅是脚手架知识的掌握，更是脚手架工程知识的掌握。

3. 门类知识技能大全——涵盖 9 大脚手架知识与技能的图解化精讲，包括扣件式钢管脚手架、盘扣式脚手架、轮扣式脚手架、碗扣式脚手架、门式钢管脚手架、竹脚手架、附着式升降脚手架、木脚手架、悬挑脚手架等。不仅包括主流脚手架的介绍，也包括了新型、传统脚手架的介绍。

4. 读者人群广——本书既适合零基础入门的人员使用，又可满足具有一定工作经验的技术人员参考，还可供想要阶段性提高、边学边做的人员使用。

总之，本书内容全面、脉络清晰、重点突出、实用性强，具有很强的实践指导价值。

本书在编写过程中，参考了一些珍贵的资料、文献、网站，在此向这些资料、文献、网站的作者深表谢意！由于部分参考文献标注不详细，暂时没有或者没法在参考文献中列举鸣谢，在此特意说明，同时深表感谢。

另外，本书编写中还参考了有关标准、规范、要求、政策等资料，而这些资料会存在更新、修订的情况。因此，凡涉及标准、规范、要求、政策等应及时跟进现行要求。

本书由阳鸿钧、阳育杰、阳许倩、许秋菊、欧小宝、许四一、阳红珍、许满菊、许应菊、唐忠良、许小菊、阳梅开、阳苟妹、唐许静、罗小伍等人员参加编写或支持编写。

另外，本书的编写还得到了一些同行、朋友及有关单位的帮助与支持，在此，向他们表示衷心的感谢！

由于时间有限，书中难免存在不足之处，敬请广大读者批评、指正。

编著者
2021 年 10 月

目 录

第3章 盘扣式脚手架 // 64

第5章 碗扣式脚手架 // 113

第8章　附着式升降脚手架　// 176

附 录

第**1**章

脚手架基础知识与材料配件

1.1 脚手架基础知识

脚手架的概念
和分类

1.1.1 脚手架的概念和分类

脚手架，就是由杆件或结构单元、配件通过可靠连接组成的，并且能够承受相应荷载，以及具有安全防护功能，为建筑等施工提供作业或者支撑条件的一种结构架体。脚手架可以分为支撑脚手架、作业脚手架。

支撑脚手架，也叫做支撑架。其是在工程施工时，支承于地面或结构上，用于支承模板、支承上部结构、承受各种荷载的一种临时结构。支撑架，往往也是一种架体结构。支撑脚手架，包括以各类不同杆件（构件）、节点形式构成的结构安装支撑脚手架，混凝土施工用模板支撑脚手架等具体种类的支撑脚手架。这些具体种类的支撑脚手架，也简称为支撑架。

作业脚手架，也叫做作业架。其是由杆件或结构单元、配件通过可靠连接而组成的一种为建筑施工提供作业平台、安全防护的脚手架。作业脚手架，包括以各类不同杆件（构件）、节点形式构成的落地作业脚手架、悬挑脚手架、附着式升降脚手架等具体种类的脚手架。这些具体种类的作业脚手架，也简称为作业架。

支撑脚手架与作业脚手架图例如图 1-1 所示。

脚手架，还可以分为封闭式作业脚手架、敞开式支撑脚手架。其中，封闭式作业脚手架就是采用密目安全网或钢丝网等材料将外侧立面全部遮挡封闭的一种作业脚手架。敞开式支撑脚手架就是架体外侧立面无遮挡封闭的一种支撑脚手架。

图 1-1 支撑脚手架与作业脚手架图例

另外，脚手架还有其他的分类形式，具体如下。

（1）根据材质，脚手架可以分为竹脚手架、木脚手架、金属脚手架。

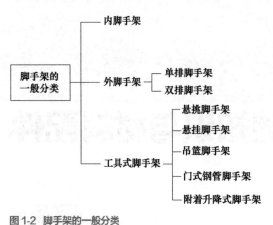

（2）根据搭设位置，脚手架可以分为外脚手架、内脚手架。

（3）根据结构形式，脚手架可以分为桥式、吊式、挂式、立杆式、框组式（门型架）、挑式、其他工具式脚手架等。

（4）根据立杆搭设排数，脚手架可以分为单排脚手架、双排脚手架、满堂脚手架等。

（5）根据用途，脚手架可以分为砌筑脚手架、安装脚手架、装修脚手架、模板支撑架等种类。

脚手架的一般分类如图1-2所示。

图1-2 脚手架的一般分类

混凝土结构高层建筑外脚手架，需要根据建筑物的高度选择形式合理的脚手架：低于50m的建筑，宜采用落地脚手架或悬挑脚手架；高于50m的建筑，宜采用附着式升降脚手架、悬挑脚手架。

1.1.2 常见脚手架的概念

常见脚手架的概念见表1-1。

表1-1 常见脚手架的概念

名称	解释
单排脚手架	单排脚手架简称单排架，只有一排立杆，横向水平杆的一端搁置在墙体上
导架爬升式工作平台	导架爬升式工作平台一般是由底架、导架、附墙架、作业平台、安全门、防护装置、驱动系统、超速安全装置、电控系统等组成。其是用于搭载作业人员、设备、物料，以及在其上进行作业的自升降式施工平台
动脚手架	动脚手架就是移动施工作业的一种脚手架
封圈型脚手架	沿建筑周边交圈设置的一种脚手架
附着式升降防护棚	附着在建筑外围结构上，依靠自身动力实现升降的一种水平防护架
附着式升降脚手架	附着式升降脚手架要搭设一定高度，并且附着在工程结构上，依靠自身的升降设备、装置，可以随工程结构逐层爬升或下降。附着式升降脚手架是具有防坠落、防倾覆装置的一种外脚手架
附着式升降卸料平台	附着式升降卸料平台就是附着在工程结构上，依靠自身的升降设备、装置，可以随建筑结构逐层升降的物料转运平台。附着式升降卸料平台，一般是由导轨、物料平台、附着支承、防倾覆装置、防坠落装置、电气控制设备等组成
高处作业吊篮	就是悬挂装置架设在建筑物上，提升机通过钢丝绳驱动悬吊平台沿立面运行的一种非常设悬挂接近设备
工具式脚手架	为施工人员提供作业、卸料、通行、防护等功能，其主要构件为工厂标准化制作的一种金属结构产品。工具式脚手架是在施工现场根据特定程序模块化组装而成的架设设施。工具式脚手架包括附着式升降脚手架、附着提升步梯、导架爬升式工作平台、附着式升降卸料平台、高处作业吊篮、起升式外防护架、工具式悬挂步梯、附着式升降防护棚等具体类型

名称	解释
结构脚手架	是用于砌筑和结构工程施工作业的一种脚手架
开口形脚手架	是沿建筑周边非交圈设置的一种脚手架
扣件式钢管脚手架	是为建筑施工而搭设的、承受荷载的由扣件与钢管等构成的一种脚手架与支撑架
满堂脚手架	是由多排立杆构成的一种脚手架
双排脚手架	是由内外两排立杆和水平杆等构成的一种脚手架。双排脚手架简称双排架
水塔架	是沿水塔周圈外围所搭设的一种特殊脚手架
外脚手架	是设置在房屋或构筑物外围的一种施工脚手架
烟囱架	是沿烟囱周圈外围所搭设的一种特殊脚手架
一字形脚手架	是沿建筑周边非交圈设置的呈直线形的一种脚手架
装修脚手架	是用于装修工程施工作业的一种脚手架

常见脚手架实物如图 1-3 所示。

门式脚手架

钢管脚手架

轮扣式脚手架

附着式升降脚手架

图 1-3　常见脚手架实物

干货与提示

　　混凝土结构高层建筑落地脚手架，宜采用双排扣件式钢管脚手架、门式钢管脚手架、承插式钢管脚手架。混凝土结构高层建筑模板支架，一般宜采用工具式支架，并需要符合相关标准的规定。

1.1.3　脚手架构配件相关概念

　　脚手架一些构配件定义见表 1-2。脚手架构配件需要具有良好的互换性，并且可重复使用。工厂化制作的构配件，还需要有生产厂的标志。

脚手架构配件
相关概念

表 1-2　脚手架构配件定义

名称	解释
底座	底座就是设于立杆底部的垫座。底座包括固定底座、可调底座
垫板	垫板就是设在杆底之下的支承板
垫木	垫木就是设在杆底之下的支垫方木
搁栅	搁栅就是与纵向或横向水平杆件连接用于支承脚手板的杆件
横向扫地杆	横向扫地杆就是沿脚手架横向设置的一种扫地杆
横向水平杆	横向水平杆就是沿脚手架横向设置的一种水平杆
横向斜撑	横向斜撑就是与双排脚手架内、外立杆或水平杆斜交呈之字形的斜杆。斜撑也叫做八字撑、斜戗等
剪刀撑	剪刀撑就是在脚手架外侧面成对设置的交叉斜杆。剪刀撑也叫做十字盖、十字撑等
脚手板	脚手板就是铺在小横杆上直接承受施工荷载的构件。脚手板也叫做跳板、架板等
可调托撑	可调托撑就是插入立杆钢管顶部，可以调节高度的顶撑
立杆	立杆就是脚手架中垂直于水平面的竖向杆件。立杆也叫做立柱、冲天杆、站杆、竖杆等
连墙件	连墙件就是连接脚手架与建筑物的构件
内立杆	内立杆就是双排脚手架中贴近墙体一侧的立杆
抛撑	抛撑就是与脚手架外侧面斜交的杆件。抛撑也叫做压栏子、支撑等
扫地杆	扫地杆就是贴近楼（地）面设置，连接立杆根部的纵、横水平杆件。扫地杆包括纵向扫地杆、横向扫地杆
水平杆	水平杆就是脚手架中的水平杆件。沿脚手架横向设置的水平杆为横向水平杆。沿脚手架纵向设置的水平杆为纵向水平杆。纵向水平杆也叫做大横杆、顺水杆、牵杆等。小横杆也叫做横楞、横向水平杆、横担、六尺杠、排木等
外立杆	外立杆就是双排脚手架中离开墙体一侧的立杆，或者单排架立杆
斜道	斜道就是供施工作业人员上下脚手架或运料用的坡道，一般附置于脚手架旁，也叫做马道、通道
斜杆	斜杆就是与脚手架立杆或水平杆斜交的杆件
斜拉杆	斜拉杆就是承受拉力作用的斜杆
纵向扫地杆	纵向扫地杆就是沿脚手架纵向设置的扫地杆
纵向水平杆	纵向水平杆就是沿脚手架纵向设置的水平杆

1.1.4　脚手架相关距离的定义

脚手架相关距离的定义见表 1-3。

表 1-3　脚手架相关距离的定义

名称	解释
步距	步距是指上下纵向水平杆间的轴线距离
脚手架长度	脚手架长度是指脚手架纵向两端立杆外皮间的水平距离
脚手架高度	脚手架高度是指自立杆底座下皮到架顶栏杆上皮间的垂直距离
脚手架宽度	脚手架宽度是指双排脚手架横向两侧立杆外皮间的水平距离，单排脚手架为外立杆外皮至墙面的水平距离
立杆横距	立杆横距是指脚手架相邻立杆间的横向间距，单排脚手架为立杆轴线到墙面的距离。双排脚手架为内外两立杆轴线间的距离
立杆纵距、立杆跨距	立杆纵距是指脚手架相邻立杆间的纵向轴线距离，也称立杆跨距
连墙件横距	连墙件横距是指左右相邻连墙件间的水平距离
连墙件间距	连墙件间距是指脚手架相邻连墙件间的距离，包括连墙件竖距、连墙件横距
连墙件竖距	连墙件竖距是指上下相邻连墙件间的垂直距离

1.1.5　脚手架相关术语

脚手架相关术语的解说见表1-4。

表1-4　脚手架相关术语的解说

术语	解释
吊索	吊索就是用钢丝绳或合成纤维等为原料做成的用于加固架体的绳索
脚手眼	脚手眼就是单排脚手架在墙体上面留置搁放横向水平杆的洞眼
节点	节点就是脚手架杆件的交汇点
缆绳	缆绳就是采用钢索或合成纤维等材料制作的具有抗拉、耐磨损、抗冲击、柔韧轻软等性能的多股绳索
模架	模架就是模板、支撑架、脚手架、动模板、动脚手架的统称
主节点	主节点就是立杆、纵向水平杆、横向水平杆的三杆交汇点
作业层	作业层就是上人作业的脚手架铺板层

1.1.6　脚手架的荷载

脚手架的荷载

作用在脚手架上的荷载，一般可以分为永久荷载、可变荷载。其中，一些双排脚手架的永久荷载包括的内容如图1-4所示。一些双排脚手架的可变荷载包括的内容如图1-5所示。

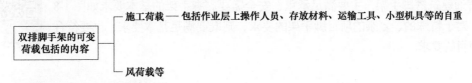

图1-4　一些双排脚手架的永久荷载包括的内容

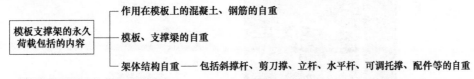

图1-5　一些双排脚手架的可变荷载包括的内容

一些模板支撑架的永久荷载包括的内容如图1-6所示。一些模板支撑架的可变荷载包括的内容如图1-7所示。

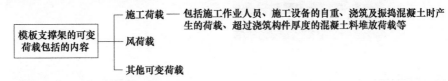

图1-6　一些模板支撑架的永久荷载包括的内容

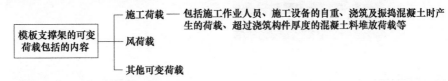

图1-7　一些模板支撑架的可变荷载包括的内容

1.1.7　脚手架的安全等级

脚手架结构在设计时，会根据脚手架种类、荷载、搭设高度确定采用不同的安全等级。脚手架常见的安全等级与特点见表1-5。

表1-5　脚手架常见的安全等级与特点

支撑脚手架		落地作业脚手架		悬挑脚手架		满堂支撑脚手架（作业）		安全等级
搭设高度/m	荷载标准值	搭设高度/m	荷载标准值/kN	搭设高度/m	荷载标准值/kN	搭设高度/m	荷载标准值/kN	
>8	>15kN/m² 或 >20kN/m 或 >7kN/点	>40	—	>20	—	>16	—	I
≤8	≤15kN/m² 或≤20kN/m 或≤7kN/点	≤40	—	≤20	—	≤16	—	II

说明：

（1）附着式升降脚手架安全等级均为Ⅰ级。

（2）木、竹脚手架搭设高度在现行行业标准规定的限值内，其安全等级均为Ⅱ级。

（3）支撑脚手架的搭设高度、荷载中任一项不满足安全等级为Ⅱ级的条件时，其安全等级应划为Ⅰ级。

1.1.8　脚手架的基本要求

脚手架的基本要求

普通建筑搭脚手架，主要满足承重、安全需要。脚手架的基本要求如图1-8所示。对于特殊的、复杂的项目脚手架的要求，则既要满足基本要求，也要符合实际项目的要求。

对脚手架的基本要求
① 有足够的强度、刚度、稳定性
② 满足使用要求
③ 因地制宜，就地取材
④ 尽量节约材料
⑤ 装拆简便，便于周转使用

图1-8　脚手架的基本要求

1.2　脚手架的材料与配件

1.2.1　钢管脚手架的扣件代号

钢管脚手架的扣件代号如图 1-9 所示。

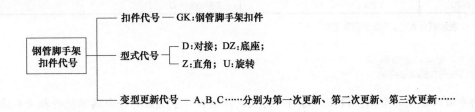

图 1-9　钢管脚手架扣件代号

1.2.2　钢管脚手架的扣件型号

钢管脚手架的扣件型号如图 1-10 所示。

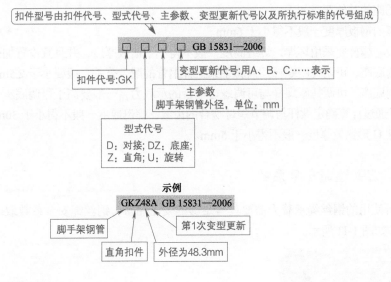

图 1-10　钢管脚手架扣件型号

1.2.3　脚手架所用钢管特点

脚手架所用钢管需要采用现行国家标准《直缝电焊钢管》（GB/T 13793—2016），或者《低压流体输送用焊接钢管》（GB/T 3091—2015）中规定的普通钢管，其材质需要符合现行国家标准《碳素结构钢》（GB/T 700—2006）中 Q235 级钢，或者《低合金高强度结构钢》（GB/T 1591—2018）中 Q345 级钢的规定要求。

脚手架所用钢管外径、壁厚、外形允许偏差要求见表 1-6。

表1-6　脚手架所用钢管外径、壁厚、外形允许偏差要求

钢管直径 /mm	外径 /mm	外形偏差		管端截面	壁厚
		弯曲度 /（mm/m）	椭圆度 /mm		
≤ 20	± 0.3	1.5	0.23	与轴线垂直、无毛刺	± 10%S
21~30	± 0.5	1.5	0.38		
31~40	± 0.5	1.5	0.38		
41~50	± 0.5	2	0.38		
51~70	± 1%	2	7.5/1000·D		

注：D 表示钢管直径；S 表示钢管壁厚。

干货与提示

　　脚手架所使用的型钢、钢板、圆钢、铸铁或铸钢制作等均需要符合国家现行相关标准的规定。脚手板需要满足强度、耐久性、重复使用等要求。

1.2.4　底座、托座的特点

　　底座、托座需要经设计计算后加工制作，其材质要符合现行国家标准《碳素结构钢》（GB/T 700—2006）中 Q235 级钢，或者《低合金高强度结构钢》（GB/T 1591—2018）中 Q345 级钢的规定要求。

　　底座、托座的其他要求如下。

　　（1）底座的钢板厚度一般不得小于 6mm。

　　（2）钢板与螺杆要采用环焊，焊缝高度一般不得小于钢板厚度，并且宜设置加劲板。

　　（3）可调底座、可调托座螺杆插入脚手架立杆钢管的配合公差一般要小于 2.5mm。

　　（4）可调底座、可调托座螺杆与可调螺母啮合的承载力，一般要高于可调底座、可调托座的承载力，并且通过计算确定螺杆与调节螺母啮合的齿数，螺母厚度一般不得小于 30mm。

　　（5）托座 U 形钢板厚度一般不得小于 5mm。

1.2.5　脚手架钢丝绳安全系数

　　脚手架所使用的钢丝绳承载力需要具有足够的安全储备，钢丝绳安全系数取值需要符合有关规定要求，如图 1-11 所示。

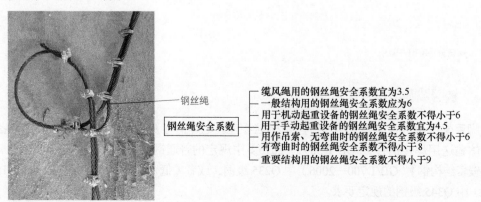

钢丝绳

钢丝绳安全系数

— 缆风绳用的钢丝绳安全系数宜为3.5
— 一般结构用的钢丝绳安全系数应为6
— 用于机动起重设备的钢丝绳安全系数不得小于6
— 用于手动起重设备的钢丝绳安全系数宜为4.5
— 用作吊索、无弯曲时的钢丝绳安全系数不得小于6
— 有弯曲时的钢丝绳安全系数不得小于8
— 重要结构用的钢丝绳安全系数不得小于9

图1-11　钢丝绳安全系数

　　脚手架所用钢丝绳，均需要符合现行国家标准《重要用途钢丝绳》（GB/T 8918—2006）、《钢丝绳用普通套环》（GB/T 5974.1—2006）、《钢丝绳夹》（GB/T 5976—2006）、《钢丝绳通用技术条件》（GB/T 20118—2017）等有关规定要求。

1.2.6　脚手架其他材料、构配件的要求

　　脚手架其他材料、构配件的要求见表1-7。

表1-7　脚手架其他材料、构配件的要求

名称	解释
冲压钢板脚手板	冲压钢板脚手板的钢板厚度一般不宜小于1.5mm，板面冲孔内切圆直径一般要小于25mm
钢脚手板	钢脚手板材质需要符合现行国家标准《碳素结构钢》（GB/T 700—2006）中Q235级钢等规定有关要求
钢筋吊环、预埋锚固螺栓	钢筋吊环、预埋锚固螺栓材质，需要符合现行国家标准《混凝土结构设计规范》（GB 50010—2010）（2015年版）等规定有关要求
脚手架挂扣式连接、承插式连接的连接件	脚手架挂扣式连接、承插式连接的连接件，均需要有防止退出或防止脱落的措施

　　另外，脚手架其他材料、构配件一般还需要符合以下要求：
　　（1）材料、构配件几何参数的标准值，需要采用设计规定的公称值；
　　（2）工厂化生产的构配件几何参数实测平均值，一般需要符合设计公称值。

1.3　脚手架的结构

1.3.1　作业脚手架斜撑杆、剪刀撑

　　作业脚手架斜撑杆、剪刀撑的特点及要求如下。
　　（1）剪刀斜撑杆与水平面的倾角一般为45°～60°。
　　（2）悬挑脚手架、附着式升降脚手架，一般要在全外侧立面上由底到顶连续设置。
　　（3）采用竖向斜撑杆、竖向交叉拉杆替代作业脚手架竖向剪刀撑时，需要符合的一些规定如图1-12所示。
　　（4）每道剪刀撑的宽度一般为4～6跨，并且一般不小于6m，也不大于9m。
　　（5）搭设高度在24m以下时，需要在架体两端、转角、中间每隔不超过15m各设置一道斜撑杆，并且由底到顶连续设置。
　　（6）搭设高度在24m及以上时，一般要在全外侧立面上由底到顶连续设置斜撑杆。

1.3.2　支撑脚手架的斜撑杆、剪刀撑

　　支撑脚手架斜撑杆、剪刀撑的特点及要求如下。
　　（1）安全等级为Ⅱ级的支撑脚手架需要在架体周边、内部纵向、内部横向每隔不大于9m设置一道。

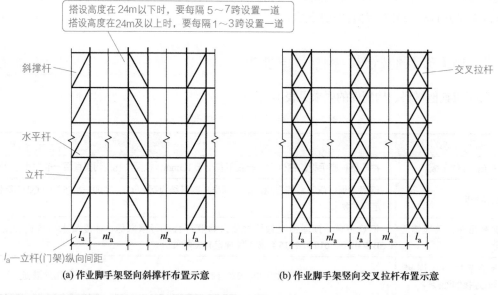

图 1-12　作业脚手架斜撑杆

（2）安全等级为Ⅰ级的支撑脚手架需要在架体周边、内部纵向、内部横向每隔不大于6m设置一道。

（3）竖向剪刀撑斜杆间的水平距离一般为 6～9m。剪刀撑斜杆与水平面的倾角一般为45°～60°。

（4）支撑脚手架剪刀撑或斜撑杆、交叉拉杆的布置需要对称、均匀。

（5）如果采用竖向斜撑杆、竖向交叉拉杆代替支撑脚手架竖向剪刀撑时，需要符合的一些规定如图 1-13 所示。

（6）支撑脚手架同时满足下列条件时，可以不设置竖向剪刀撑、水平剪刀撑：

① 被支承结构线荷载不大于 8kN/m 的情况；

② 被支承结构自重面荷载不大于 5kN/m² 的情况；

③ 搭设高度小于 5m，架体高宽比小于 1.5 的情况。

（7）支撑脚手架要设置水平剪刀撑，并且符合以下一些规定。

① 安全等级为Ⅱ级的支撑脚手架，一般宜在架顶处设置一道水平剪刀撑。

② 安全等级为Ⅰ级的支撑脚手架，一般要在架顶、竖向每隔不大于8m各设置一道水平剪刀撑。

③ 每道水平剪刀撑，一般要连续设置，并且剪刀撑的宽度一般为 6～9m。

（8）采用水平斜撑杆、水平交叉拉杆代替支撑脚手架每层的水平剪刀撑时，应符合以下一些规定。

① 水平斜撑杆、水平交叉拉杆，一般需要在相邻立杆间连续设置。

② 安全等级为Ⅰ级的支撑脚手架，一般宜在架体水平面的周边、内部纵向、内部横向每隔不大于8m设置一道。

③ 安全等级为Ⅱ级的支撑脚手架，一般要在架体水平面的周边、内部纵向、内部横向每隔不大于12m设置一道。

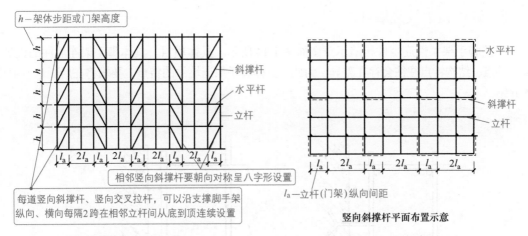

h—架体步距或门架高度

斜撑杆
水平杆
立杆

l_a　$2l_a$　l_a　$2l_a$　l_a　$2l_a$　l_a　$2l_a$　l_a

相邻竖向斜撑杆要朝向对称呈八字形设置

每道竖向斜撑杆、竖向交叉拉杆，可以沿支撑脚手架纵向、横向每隔2跨在相邻立杆间从底到顶连续设置

竖向斜撑杆立面布置示意

水平杆
斜撑杆
立杆

l_a　$2l_a$　l_a　$2l_a$　l_a　$2l_a$

l_a—立杆(门架)纵向间距

竖向斜撑杆平面布置示意

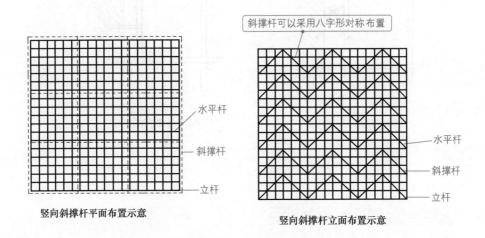

水平杆
斜撑杆
立杆

竖向斜撑杆平面布置示意

斜撑杆可以采用八字形对称布置

水平杆
斜撑杆
立杆

竖向斜撑杆立面布置示意

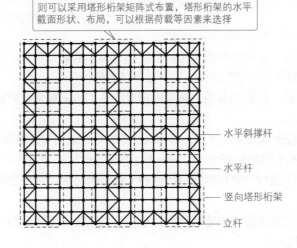

如果支撑脚手架上的荷载标准值大于 $30kN/m^2$，则可以采用塔形桁架矩阵式布置，塔形桁架的水平截面形状、布局，可以根据荷载等因素来选择

水平斜撑杆
水平杆
竖向塔形桁架
立杆

竖向塔形桁架、水平斜撑杆布置示意

图 1-13　支撑脚手架的剪刀撑

1.3.3 脚手架柔性连墙件

一些脚手架柔性连墙件构造示意图如图 1-14 所示。具体项目、具体脚手架连墙件的设计、施工特点、结构特点往往会存在差异。为此，具体脚手架连墙件的特点、要求将在后面章节中具体介绍。

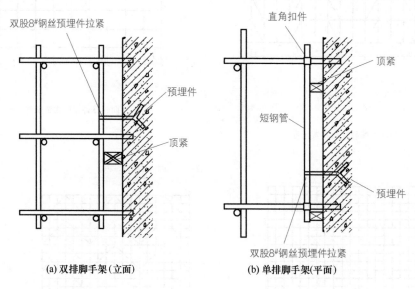

(a) 双排脚手架(立面)　　　　(b) 单排脚手架(平面)

图 1-14　脚手架柔性连墙件构造示意图

1.4 脚手架的搭建安装

1.4.1 脚手架的施工安装准备

脚手架的施工安装准备要求如下。

（1）脚手架施工前，需要根据建筑结构的实际情况，编制专项施工方案，以及需要经审核批准后才可以实施。脚手架的结构设计往往需要进行计算。

（2）脚手架在安装、拆除作业前，需要根据专项施工方案要求，对作业人员进行安全技术交底等工作。

（3）架体搭设超过规范允许高度时，则要组织专家对专项施工方案进行论证。

（4）施工单位需要在危险性较大的分部分项工程施工前编制专项方案。

（5）施工单位对于超过一定规模的危险性较大的分部分项工程，则要组织专家对专项方案进行论证。

（6）采取预埋方式设置脚手架连墙件时，则需要根据设计要求进行预埋，并且在混凝土浇筑前，需要进行隐蔽检查。

（7）对经检验合格的构配件，需要根据品种、规格分类码放，以及标识数量、规格。堆放要平稳、整齐。

（8）对于不合格的脚手架、构配件不得使用。

（9）进入施工现场的脚手架构配件，需要使用前对其质量进行复检。

（10）脚手架搭设前，需要对场地进行清理、平整，以及清除搭设场地的杂物。

（11）脚手架搭设前，需要确认地基是否坚实、均匀，是否需要采取排水等措施。

（12）脚手架配件堆放场地排水要畅通，不得有积水等现象。

（13）脚手架搭设操作人员，必须经过专业技术培训、专业考试合格，持证上岗。

（14）模板支撑架、脚手架搭设前，工程技术负责人需要根据安全专项施工方案的要求对搭设作业人员进行技术交底、安全作业交底。

（15）采用预埋方式设置脚手架连墙件时，需要提前与设计协商，并且确保预埋件在混凝土浇筑前埋入。

（16）支撑架不宜支撑在坡面上。

✦ 干货与提示

楼面搭架子立杆钢管长度，需要考虑灰厚度、梁高度、楼面高度，以及木板子厚度、木方子厚度、槽钢厚度、钢管直径、扣件（或卡子）尺寸等。建筑楼面搭架子立杆钢管长度，一般（立杆钢管）比楼层高度（顶板标高）矮40cm左右即合适。如果混凝土浇筑厚度合适、标高准确，则矮30~40cm均可。一般取比楼层高度矮40cm为宜。

脚手架的安全管理

1.4.2　脚手架的安全管理

脚手架安全管理的要点如下。

（1）脚手架要构造合理、连接牢固、搭设与拆除均方便、使用安全可靠。搭建的脚手架如图1-15所示。

（2）脚手架的构造设计，需要能够保证脚手架结构体系的稳定。

（3）需要有专人对竹脚手架搭设、拆除的安全管理负责，并且制定、落实有关制度、规程、教育、培训等工作。

（4）脚手架工地要配备专职、兼职消防安全管理人员，负责脚手架施工现场的日常消防安全管理工作。

（5）脚手架的搭设、拆除，需要由专业架子工来施工作业。

（6）脚手架架子工需要考核合格后方可持证上岗。

（7）搭设、拆除脚手架的操作人员，需要根据规定穿防滑鞋，以及使用安全防护用品。

（8）脚手架脚手板等材料，一般要相对集中放置，并且远离火源。

（9）脚手架脚手板等材料堆放地点，一般要有明显标识。

（10）脚手架材料，一般应分类别堆放，如图1-16所示。

（11）搭设、拆除竹脚手架时，必须设置警戒线、警戒标志，并且派专人看护，非作业人员严禁入内。

（12）露天堆放竹杆，则要将竹杆竖立放置，不得就地平堆。

（13）搭设、拆除脚手架时，作业层要铺设脚手板。

（14）临街搭设、拆除脚手架时，其外侧需要有防止坠物伤人的安全防护措施。

（15）使用脚手架期间，严禁拆除连墙件、剪刀撑、顶撑，以及严禁拆除主节点处的纵向水平杆、横向水平杆、纵向扫地杆、横向扫地杆等杆件。

图 1-15　搭建的脚手架

图 1-16　脚手架材料应分类别堆放

（16）在脚手架使用期间，不得在脚手架基础、基础邻近位置进行挖掘等有关作业。

（17）脚手架搭设完毕，需要进行检查验收，并且确认合格后才能够使用。

（18）脚手架作业层上严禁超载。

（19）不得将模板支架、混凝土泵管、卸料平台、其他设备的缆风绳等固定在脚手架上。

（20）不得攀登脚手架架体上下。

（21）不得在脚手架上悬挂起重设备。

（22）使用过程中，需要对脚手架经常性地检查与维护，以及及时清理架体上的垃圾与杂物。

（23）施工中，发现脚手架危及人身安全时，要立即停止作业，并且组织作业人员撤离到安全区域。

（24）脚手架使用过程中，当预见可能遇到强风天气时，应对架体采取临时加固措施。

（25）施工中发现脚手架存在安全隐患时，需要及时解决。

（26）6级及以上大风、大雾、大雪、大雨、冻雨等恶劣天气下，要暂停在脚手架上作业。

（27）雪、霜、雨后上架操作时，需要采取防滑措施，并且扫除积雪。

（28）工地需要设置足够的消防水源、临时消防系统。

（29）在脚手架上进行电焊、机械切割作业时，必须经过批准，以及有可靠的安全防火措施与设专人监管，才能够作业。

（30）施工现场需要有动火审批制度。

（31）5级及以上大风应停止脚手架升降作业，夜间不得进行液压升降整体脚手架的升降作业。其他脚手架，如果夜间施工作业时，需要有足够的照度。

（32）液压升降整体脚手架架体上人员要对工具、设备、零散材料、可移动的铺板等进行整理，以及做好防护，等人员全部撤离后立即切断电源。

（33）液压升降整体脚手架的安装、升降、拆卸，要统一指挥，并且要在操作区域设置安全警戒线。

（34）液压升降整体脚手架升降过程中作业人员需要撤离架体。

（35）超过设计预期的恶劣天气发生前，需要采取措施对液压升降整体脚手架各部位与主体结构加强连接。

（36）作业期间，需要定期清理液压升降整体脚手架架体、设备、构配件上的建筑垃圾。

（37）脚手架的设计、搭设、使用、维护需要满足的要求如图 1-17 所示。

（38）不得将模板支架、缆风绳、泵送混凝土、砂浆的输送管等固定在脚手架架体上。

（39）高支模区域内，需要设置安全警戒线，不得上下交叉作业。

图1-17 脚手架的设计、搭设、使用、维护需要满足的要求

（40）混凝土浇筑需要制定专项施工方案，需要先浇筑墙柱，等横杆抱箍拉结或顶紧等构造措施完成后，再浇筑梁板，确保模板支撑架整体稳定、均衡受载。

（41）脚手板应铺设牢靠、严实，并且要用安全网双层兜底。

（42）脚手架钢管上严禁打孔。

（43）脚手架上进行电、气焊作业时，需要有防火措施，以及专人看守。

（44）脚手架使用过程中开挖脚手架基础下的设备基础或管沟时，必须对脚手架采取加固措施。

（45）脚手架使用期间，严禁拆除连墙件、主节点处的纵横向水平杆、纵横向扫地杆等杆件。

（46）脚手架作业层上的施工荷载需要符合设计要求，不得超载。

（47）满堂脚手架与满堂支撑架在安装过程中，需要采取防倾覆的临时固定措施。

（48）满堂支撑架顶部的实际荷载不得超过设计规定。

（49）满堂支撑架在使用过程中，需要设有专人监护施工。如果出现异常情况时，应立即停止施工，并且迅速撤离作业面上人员。在采取确保安全的措施后，查明原因、做出判断和处理。

（50）面积较大的高大模板支撑系统，一般要搭设人行通道，洞口顶部需要采用木板或其他硬质材料全封闭，通道顶部横杆严禁作为上部立杆支承点。

（51）施工层以下每隔10m应用安全网封闭。

（52）严禁在模板支撑架、脚手架基础开挖深度影响范围内进行挖掘作业。

（53）周转使用的脚手架杆件、构配件要制定维修检验标准，每使用一个安装拆除周期后，一般需要及时检查、分类、维护、保养。对不合格品需要及时报废。

（54）作业层上严禁悬挂起重设备，严禁拆除或移动架体上的安全防护设施。

干货与提示

夜间施工是指在晚22：00到次日早晨6：00期间内的施工活动。高考中考期间就是指国家公布的高考、中考考试日期前5天和考试日的总和天数。

脚手架地基、基础的要求

1.4.3 脚手架地基、基础的要求

脚手架地基、基础的一些要求如下。

（1）地基土不均匀或原位土承载力不满足要求，或者基础是软弱地基时，则需要进行处理。图1-18所示就是脚手架地基、基础采用的处理做法。

（2）脚手架基础施工需要符合专项施工方案要求。

（3）脚手架基础需要符合有关现行国家标准的规定，如图1-19所示。

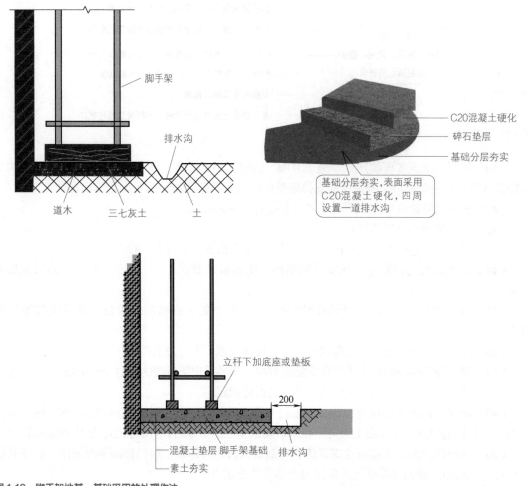

图 1-18　脚手架地基、基础采用的处理作法

如果地面承载力满足要求时，则可以直接将其作为脚手架的基础。
如果当承载力不满足要求时，则需要采取加固措施，可在钢管底部浇筑混凝土垫层，并且垫层混凝土强度等级不低于C20，厚度不小于150mm

图 1-19　脚手架基础需要符合有关现行国家标准的规定

（4）地基、基础经验收合格后，才能够根据专项施工方案的要求进行后续放线定位等工作。

（5）脚手架地基与基础的施工，需要根据脚手架所受荷载、搭设高度、搭设场地土质情况与现行国家标准有关规定进行。

（6）地基施工完成后，需要检查地基表面的平整度，其平整度偏差不得大于 20mm。

（7）脚手架基础为楼面等既有建筑结构，或者型钢等临时支撑结构时，则需要对不满足承载力要求的既有建筑结构，根据有关方案等有关要求进行加固。对型钢等临时支撑结构，根据相关规定对临时支撑结构进行验收。

（8）素土、灰土地基，地基施工前需要检查素土、灰土土料、石灰或水泥等配合比，并且灰土的拌和要均匀。地基施工中，需要检查分层铺设的厚度、夯实时的加水量、夯压遍数、压实系数。地基施工结束后，需要进行地基承载力检验。素土、灰土地基的质量检验要求见表 1-8。

表 1-8　素土、灰土地基的质量检验要求

项目	允许值或允许偏差		检查法	项目类型
	单位	数值		
石灰粒径	mm	≤ 5	筛析法	一般项目
土料有机质含量	%	≤ 5	灼烧减量法	
土颗粒粒径	mm	≤ 15	筛析法	
含水量	最优含水量 ±2%		烘干法	
分层厚度	mm	± 50	水准测量	
地基承载力	不小于设计值		静载试验	主控项目
配合比	设计值		检查拌和时的体积比	
压实系数	不小于设计值		环刀法	

（9）强夯地基质量检验要求见表 1-9。

（10）立杆垫板，或者底座底面标高一般宜高于自然地坪 50～100mm。

表 1-9　强夯地基质量检验要求

项目	允许值或允许偏差		检查法	项目类型
	单位	数值		
夯锤落距	mm	± 300	钢索设标志	一般项目
夯锤质量	kg	± 100	称重	
夯击遍数	不小于设计值		计数法	
夯击顺序	设计要求		检查施工记录	
夯击击数	不小于设计值		计数法	
夯点位置	mm	± 500	用钢尺量	
夯击范围（超出基础范围距离）	设计要求		用钢尺量	
前后两遍间歇时间	设计值		检查施工记录	
最后两击平均夯沉量	设计值		水准测量	
场地平整度	mm	± 100	水准测量	
地基承载力	不小于设计值		静载试验	主控项目
处理后地基土的强度	不小于设计值		原位测试	
变形指标	设计值		原位测试	

（11）直接支承在土体上的模板支撑架、脚手架，立杆底部需要设置可调底座。土体需要采取压实、铺设块石或浇筑混凝土垫层等加固措施防止不均匀沉陷。立杆底部一般宜垫设 50mm 厚垫板，垫板采用长度不少于 2 跨、宽度不小于 200mm 的木垫板，如图 1-20 所示。

（12）模板支撑架、脚手架在地基基础验收合格后，才可以搭设。

（13）脚手架基础经验收合格后，再根据施工组织设计或

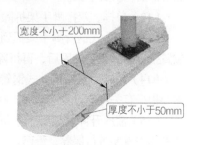

图 1-20　木垫板

专项方案的要求进行放线定位。

> **干货与提示**

脚手架及其地基基础应在下列阶段进行检查与验收：

（1）遇有6级及以上强风或大雨后，冻结地区解冻后需要进行检查与验收；

（2）基础完工后、脚手架搭设前，需要进行检查、验收；

（3）达到设计高度后，需要进行检查、验收；

（4）扣件式钢管脚手架每搭设完6～8m高度后，需要进行检查、验收；

（5）扣件式钢管脚手架停用超过一个月，需要进行检查、验收；

（6）作业层上施加荷载前，需要进行检查、验收。

1.5　脚手架的拆卸与使用维护

1.5.1　脚手架的拆卸

脚手架拆卸的一些特点、要求如下。

（1）脚手架拆卸工作，需要根据专项施工方案、根据安全操作规程等有关要求进行。

（2）拆卸作业前，需要全面检查脚手架的扣件连接、连墙件、支撑体系等是否符合构造要求。

（3）拆卸作业前，需要根据检查结果补充完善脚手架专项方案中的拆除顺序、措施，并且经审批后才可以实施。

（4）拆卸作业前，需要对施工人员进行交底。

（5）拆卸作业前，需要清除脚手架上杂物、地面的障碍物。

（6）拆卸作业时，不得提前拆卸与主体的连接件，必要时需要采取临时拉结措施。

（7）拆卸作业时，不得抛扔、抛掷拆卸的材料、设备。

（8）脚手架拆卸时，应在作业影响区域设置警戒线，并且由专人看守，严禁其他人员入内。

（9）脚手架架体拆除作业需要设专人指挥。如果多人同时操作时，则需要明确分工、统一行动，并且需要具有足够的操作面。

（10）单排、双排脚手架拆除作业，必须由上而下逐层进行，严禁上下同时作业。

（11）单排、双排脚手架拆除时，连墙件必须随脚手架逐层拆除，严禁先将连墙件整层或数层拆除后再拆脚手架。

（12）单排、双排脚手架拆除时，分段拆除高差大于两步时，需要增设连墙件加固。

（13）扣件式钢管脚手架拆到下部最后一根长立杆的高度（大约6.5m）时，则需要先在适当位置搭设临时抛撑加固后，再拆除连墙件。

（14）单排、双排扣件式钢管脚手架采取分段、分立面拆除时，对不拆除的脚手架两端，则需要根据有关规定设置连墙件、横向斜撑加固。

（15）液压升降整体脚手架每完成一个单体工程，其部件、液压升降装置、控制设备、防坠装置等均需要进行保养、维修。

（16）运到地面的构配件，需要及时检查、整修、保养，以及根据品种、规格等要求分别存放，不得乱放。

1.5.2　脚手架的使用维护

脚手架使用维护的一些特点、要求如下。

（1）使用期间，严禁擅自拆除架体结构杆件。如果需要拆除，则必须经修改施工方案并报请原方案审批人批准，确定补救措施后，才可以实施。

（2）使用期间，需要设有专人检查。

（3）使用期间，如果出现异常情况时，则要立即停止施工，并且迅速撤离作业面上的人。

（4）构配件在使用过程中严禁重摔、重撞。

（5）已经变形、锈蚀严重的构配件，禁止使用。

（6）浇筑混凝土前，需要对模板支撑架进行全面检查。浇筑混凝土时，需要设专人全过程监测。

（7）需要定期对杆件的设置、连接、加固件、连墙件、斜撑等进行检查、维护等工作，如图1-21所示。

图1-21　需要定期对杆件进行检查、维护等工作

第2章

扣件式钢管脚手架

2.1 基础知识与施工工艺

2.1.1 扣件式钢管脚手架的基础知识

扣件式钢管脚手架主要构配件是钢管、扣件。其中，扣件就是采用螺栓紧固的扣接连接件。常见的扣件包括旋转扣件、对接扣件、直角扣件等。扣件，有防滑扣件、普通扣件之分。其中，防滑扣件就是根据抗滑要求增设的非连接用途的一种扣件。

扣件式钢管脚手架，可以分为单排扣件式钢管脚手架、双排扣件式钢管脚手架、满堂扣件式钢管脚手架、满堂扣件式钢管支撑架等类型。

满堂扣件式钢管脚手架，就是在纵方向、横方向，由不少于三排立杆并与水平杆、水平剪刀撑、竖向剪刀撑、扣件等构成的一种脚手架。该架体顶部作业层施工荷载，一般是通过水平杆传递给立杆，顶部立杆是呈偏心受压状态。

扣件式钢管脚手架如图 2-1 所示。

纵向水平杆(大横杆)　立杆步距(步)　立杆纵距(跨)　横向斜撑

立杆　横向水平杆(小横杆)

立杆横距　横向扫地杆

纵向扫地杆

现场图

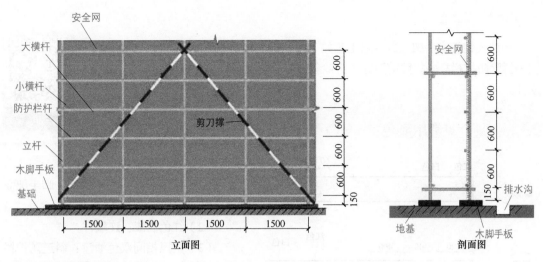

图 2-1　扣件式钢管脚手架

双排扣件式钢管脚手架各杆件位置如图 **2-2** 所示。

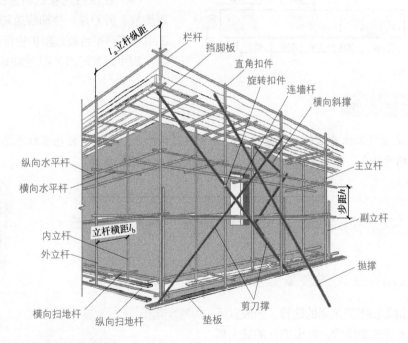

图 2-2　双排扣件式钢管脚手架各杆件位置

2.1.2　扣件式钢管脚手架的施工工艺

2.1.2.1　搭设工艺

落地式双排钢管脚手架的搭设顺序（工艺）如下：脚手架场地基础平整、夯实→设置、定位搭设通长脚手板与钢底座→搭设纵向扫地杆→搭设立杆→搭设横向扫地杆→搭设小横杆→搭设大横杆（栅格）→搭设剪刀撑→搭设连墙杆→铺脚手板、挡脚板→搭防护栏杆→绑扎安全网→检查。

2.1.2.2 拆除工艺

扣件式钢管脚手架大致拆除工艺如下：拆除安全网→拆除挡脚板、拆除脚手板→拆除防护栏杆→拆除剪刀撑→拆除斜撑杆→拆除小横杆→拆除大横杆→拆除立杆。

2.1.3 脚手架常用颜色

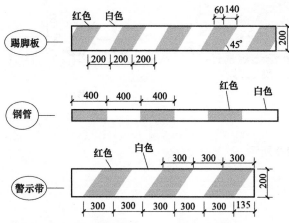

图 2-3 脚手架常用颜色图例

脚手架常用颜色有以下几种。

（1）黄色油漆：大小横杆、脚手架立杆、纵横向扫地杆。

（2）红色油漆：连墙件。

（3）黄黑相间双色油漆：斜道防护栏杆、脚手架外侧防护栏杆、卸料平台防护栏杆。

（4）红白相间双色油漆：横向斜撑、踢脚板、剪刀撑、楼梯临边防护栏杆、施工电梯卸料平台临边防护栏杆。

脚手架常用颜色图例如图 2-3 所示。

警示漆是指提示注意通行、注意安全、区分醒目的标色。常见的标色有红色漆与白色漆作匀称间隔涂刷的标色、黑色漆与黄色漆作匀称间隔涂刷的标色等类型。

2.2 主要构配件的特点及施工安装要点

2.2.1 钢管的特点及施工安装要点

扣件式钢管脚手架采用的钢管，一般宜采用 $\phi 48.3 \times 3.6$ 等标准钢管。每根钢管的最大质量一般不应大于 **25.8kg**。扣件式钢管脚手架采用的钢管如图 2-4 所示。

脚手架 $\phi 48.3 \times 3.6$ 钢管截面几何特性见表 2-1。

新钢管的检查需要符合下列一些规定及要求。

（1）需要有产品质量合格证。

（2）需要有质量检验报告，钢管材质检验方法需要符合现行国家标准等规定。

扣件式钢管脚手架宜采用 $\phi 48.3 \times 3.6$ 钢管

图 2-4 扣件式钢管脚手架采用的钢管

表 2-1　脚手架 φ48.3×3.6 钢管截面几何特性

外径 /mm	壁厚 /mm	截面积 /cm²	惯性矩 /cm⁴	截面模量 /cm³	回转半径 /cm	每米长质量 /（kg/m）
48.3	3.6	5.06	12.71	5.26	1.59	3.97

（3）钢管表面要平直光滑，应无裂缝、无结疤、无错位、无硬弯、无分层、无毛刺、无压痕、无深的划道等。

（4）钢管外径、壁厚、端面等的偏差，均需要符合有关规定要求。

（5）钢管需要涂防锈漆。

旧钢管的检查需要符合下列一些规定及要求。

（1）钢管弯曲变形需要符合有关规定要求才能够使用。

（2）表面锈蚀检查一般需要每年一次。检查时，应在锈蚀严重的钢管中抽取三根，在每根锈蚀严重的部位横向截断取样检查，当锈蚀深度超过规定值时不得使用。

干货与提示

金属脚手架杆件一般应采取防锈措施，表面应涂刷警示漆。符合国家标准的钛镍合金类脚手架金属杆件除外。另外，禁止以脚手架立杆替作围挡支撑。

2.2.2　扣件的特点及施工安装要点

2.2.2.1　扣件的类型及特点

钢管脚手架扣件，简称扣件。其是用金属材料制造的用于固定脚手架、固定井架等支撑体系的一种连接部件。

钢管脚手架扣件常见的类型有直角扣件、旋转扣件、对接扣件等，如图 2-5 所示。其中，直角扣件就是连接两根呈垂直交叉钢管的一种扣件。旋转扣件就是连接两根呈任意角度交叉钢管的一种扣件。对接扣件就是连接两根对接钢管的一种扣件。

扣件 ── 直角扣件（十字扣件、定向扣件等）
　　　── 旋转扣件（活动扣件、万向扣件等）
　　　── 对接扣件（一字扣件、直接扣件等）

图 2-5　钢管脚手架扣件的类型

钢管脚手架 48mm 钢管扣件图例如图 2-6 所示。

旋转扣件
连接两根呈任意角度交叉钢管的扣件

十字扣件

锻压直角扣件
连接两根呈垂直交叉钢管的扣件

对接扣件
连接两根对接钢管的扣件

图 2-6

图 2-6 钢管脚手架 48mm 钢管扣件图例

直角扣件特点及其应用如图 2-7 所示。

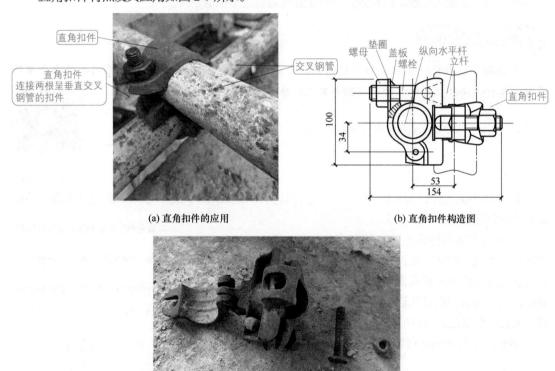

(a) 直角扣件的应用 (b) 直角扣件构造图

图 2-7 直角扣件特点及其应用

2.2.2.2 扣件代号及型号

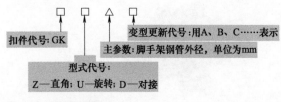

图 2-8 扣件型号说明

扣件型号一般由扣件代号、型式代号、主参数、变型更新代号等组成。型号说明如图 2-8 所示。扣件主参数为钢管外径，单位为 mm。

其中，扣件代号、型号的识读如下：

（1）扣件代号 GK 表示钢管脚手架扣件；

（2）型式代号 Z 表示直角扣件、U 表示旋转扣件、D 表示对接扣件；

（3）变型更新代号 A、B、C……分别表示第一次、第二次、第三次……更新。

2.2.2.3　扣件材料、制造及性能要求

钢管脚手架扣件宜采用力学性能不低于以下规定的材料制造：

（1）GB/T 11352 中 ZG230-450 的铸钢制造；

（2）GB/T 700 中 Q235B 牌号的碳素结构钢制造；

（3）GB/T 9440 中 KTH330-08 牌号的可锻铸铁制造。

脚手架钢管外径为 48.3mm 的扣件，旋转扣件质量宜不小于 1.15kg，对接扣件质量宜不小于 1.25kg，直角扣件质量宜不小于 1.1kg。

采用其他材料制作的扣件，需要经试验证明其质量符合有关标准规定后才可以使用。

扣件在主要部位不得有缩松、缺材、气孔、裂纹、折叠、过烧、夹渣等缺陷。扣件需要严格整形，并且与钢管的贴合面紧密接触，保证扣件抗滑、抗拉等性能满足要求。另外，扣件螺栓宜有止退措施。

扣件的力学性能要求见表 2-2。

表 2-2　扣件的力学性能要求

性能	型式	要　求
抗拉	对接扣件	P=4kN 时，$\Delta \leqslant$ 2.00mm
抗滑	直角扣件	P=7kN 时，$\Delta_1 \leqslant$ 7.00mm；P=10kN 时，$\Delta_2 \leqslant$ 0.5mm
	旋转扣件	P=7kN 时，$\Delta_1 \leqslant$ 7.00mm；P=10kN 时，$\Delta_2 \leqslant$ 0.5mm
抗破坏	直角扣件	P=25kN 时，各部位不得破坏
	旋转扣件	P=17kN 时，各部位不得破坏
扭转刚度	直角扣件	力矩为 900N·m 时，$f \leqslant$ 70mm

注：P——荷载；

　　Δ——抗拉试验的位移值；

　　Δ_1——横管的位移值；

　　Δ_2——竖管上扣件盖板的位移值；

　　f——扭转刚度试验的位移值。

> **干货与提示**
>
> 铸造扣件使用年限，一般不宜超过 12 年。锻造扣件，一般使用年限不宜超过 15 年。扣件铆钉直径应不小于 8mm，铆接头应大于铆孔直径 1mm 以上。扣件 T 形螺栓的直径应不小于 12mm，螺母对边宽应不小于 22mm，厚度应不小于 14mm。旋转扣件中心铆钉直径应不小于 14mm。另外，扣件在螺栓拧紧力矩达到 65N·m 时，要求不得发生破坏。

2.2.2.4　外观质量要求

扣件的外观、附件一些质量要求如下。

（1）产品的型号、商标、生产年号需要在醒目处铸出，并且字迹、图案要清晰、完整。

（2）盖板与座的张开距离不得小于钢管直径。

（3）活动部位需要灵活转动。

（4）扣件表面凹下的深值不得大于 1mm。

（5）扣件表面不应采用沥青漆进行防锈处理。

（6）扣件表面大于 10mm² 的砂眼不得超过三处，并且累计面积不得大于 50mm²。

（7）扣件表面凸出的高值不得大于 1mm。

（8）扣件表面需要进行防锈处理（不应采用沥青漆），并且要均匀美观，不得有堆漆或露铁现象。

（9）扣件表面粘砂面积累计不得大于 150mm²。

（10）扣件各部位不得有裂纹。

（11）扣件与钢管接触部位不得有氧化皮，其他部位氧化皮面积累计不得大于 150mm²。

（12）铆接处需要牢固，不得有裂纹。

（13）旋转扣件两旋转面间隙应小于 1mm。

2.2.2.5　安装质量要求

扣件的安装一些质量要求如下。

（1）对接扣件开口一般需要朝上或朝内。

（2）各杆件端头伸出扣件盖板边缘的长度，一般要求不小于 100mm。

（3）扣件规格需要与钢管外径相同。

（4）螺栓拧紧力矩不得小于 40N·m，并且不得大于 65N·m。

（5）主节点处固定横向水平杆、纵向水平杆、剪刀撑、横向斜撑等用的直角扣件、旋转扣件的中心点的相互距离一般不要大于 150mm。

2.2.2.6　扣件验收要求

扣件验收需要符合的一些规定、要求如下。

（1）扣件要有生产许可证、法定检测单位的测试报告、产品质量合格证。

（2）扣件的技术要求需要符合现行国家标准《钢管脚手架扣件》（GB 15831—2006）等相关规定。

（3）扣件在使用前，需要逐个挑选，存在裂缝、变形、螺栓出现滑丝的扣件严禁使用。

（4）如果对扣件质量有怀疑时，则要根据现行国家标准有关规定、要求抽样检测。

（5）新、旧扣件均需要进行防锈处理。

2.2.3　脚手板的特点及施工安装要点

脚手板的特点、施工安装要点

2.2.3.1　概述

脚手板可以采用钢材料、木材料、竹材料制作，并且单块脚手板的质量一般不宜大于 30kg。

冲压钢脚手板的材质，需要符合现行国家标准《碳素结构钢》（GB/T 700—2006）中 Q235 级钢等有关规定的要求。

木脚手板材质，需要符合现行国家标准《木结构设计规范》（GB 50005—2017）中 Ⅱ a 级材质等有关规定的要求。木脚手板厚度，一般不应小于 50mm，并且两端宜各设置直径不小于 4mm 的镀锌钢丝箍两道。

竹脚手板，需要采用由毛竹或楠竹制作的竹串片板、竹笆板。竹串片脚手板，需要符合现行行业标准《建筑施工木脚手架安全技术规范》（JGJ 164—2008）等相关规定的要求。竹串片脚手板如图 2-9 所示。

2.2.3.2　冲压钢脚手板的检查要求

冲压钢脚手板的检查需要符合以下规定要求。

（1）尺寸偏差要符合允许规定。

（2）脚手板不得有裂纹、开焊、硬弯等现象。

（3）新、旧脚手板均要涂防锈漆。

（4）新脚手板需要有产品质量合格证。

（5）需要有防滑措施。

2.2.3.3　木脚手板、竹脚手板的检查要求

木脚手板、竹脚手板的检查需要符合如下一些规定。

竹串片脚手板

图 2-9　竹串片脚手板

（1）竹笆脚手板、竹串片脚手板的材料需要符合有关规定的要求。

（2）木脚手板不得出现扭曲变形、劈裂、腐朽等现象。

（3）木脚手板的宽度、厚度允许偏差需要符合相关规定的要求。

2.2.3.4　脚手板的铺设要求

脚手板的铺设需要符合如下一些规定。

（1）脚手板探头一般需要用直径 3.2mm 的镀锌钢丝固定在支承杆件上。

（2）脚手板需要铺满、铺稳、铺实，离墙面的距离一般不得大于 150mm。

（3）在拐角、斜道平台口处的脚手板，一般需要用镀锌钢丝固定在横向水平杆上，以防滑动。

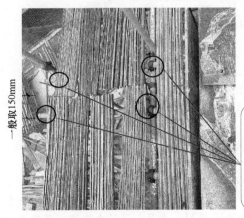

一般取 150mm

使用木脚手板、竹串片脚手板时，横向水平杆两端均应采用直角扣件固定在纵向水平杆上

图 2-10　脚手板铺设探头长度要求

（4）作业层端部脚手板探头长度一般取 150mm，其板的两端均需要固定在支承杆件上，如图 2-10 所示。

（5）竹笆脚手板，需要根据其主竹筋垂直于纵向水平杆方向铺设，并且需要对接平铺，四个角需要用直径不小于 1.2mm 的镀锌钢丝固定在纵向水平杆上。

（6）冲压钢脚手板、木脚手板、竹串片脚手板等，脚手板搭接铺设时，接头需要支在横向水平杆上，搭接长度不得小于 200mm，其伸出横向水平杆的长度不得小于 100mm。

（7）冲压钢脚手板、木脚手板、竹串片脚手板等，脚手板对接平铺时，接头位置需要设两根

横向水平杆，脚手板外伸长度一般取 130 ～ 150mm，两块脚手板外伸长度的和不得大于 300mm。

（8）冲压钢脚手板、木脚手板、竹串片脚手板等，需要设置在三根横向水平杆上。当脚手板长度小于 2m 时，可以采用两根横向水平杆支承，但是需要将脚手板两端与横向水平杆可靠固定，严防倾翻。脚手板的铺设需要采用对接平铺或搭接铺设，如图 2-11 所示。

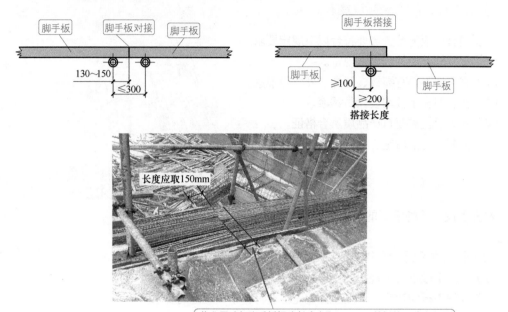

作业层端部脚手板探头长度应取150mm，其板的两端均应用直径为3.2mm的镀锌钢丝固定在支承杆件上

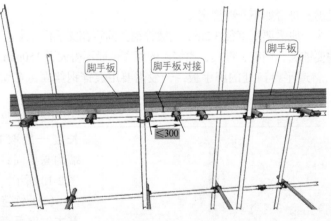

图 2-11　脚手板的铺设要求

干货与提示

目前有的地方有的项目，要求凡作业面 ≥ 2m 高度的，应搭设、使用施工脚手架。脚手架的立杆、横楞、顶撑、斜撑等各类杆件、扣件应选用金属管材、金属扣件结合搭设，严禁使用毛竹搭设，或毛竹和金属杆件混合搭设。另外，有的落地脚手架首排底笆应选用不漏尘的板材铺设，以及作业层外挑型、提升式锚固型、悬挂型脚手架的最底层也应选用不漏尘的板材铺设，禁止铺设漏尘板材。

2.2.4　托撑、底座的特点及施工安装要点

2.2.4.1　可调托撑

可调托撑

可调托撑螺杆外径一般要求不得小于 36mm，并且直径与螺距需要符合现行国家标准《梯形螺纹第 3 部分：基本尺寸》（GB/T 5796.3—2005）、《梯形螺纹第 2 部分：直径与螺距系列》（GB/T 5796.2—2005）等有关规定的要求。可调托撑结构如图 2-12 所示。

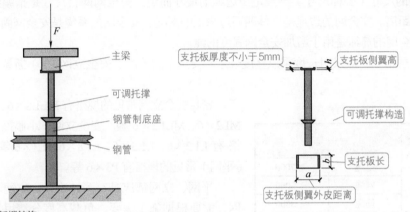

图 2-12　可调托撑结构

可调托撑的检查需要符合的一些规定如下。

（1）可调托撑支托板厚不应小于 5mm，变形不应大于 1mm。

（2）需要有产品质量合格证。

（3）需要有质量检验报告。

（4）严禁使用有裂缝的支托板、螺母。

2.2.4.2　底座

底座安放需要符合的一些规定要求如下。

（1）底座、垫板均需要准确地放在定位线上。

（2）垫板需要采用长度不少于 2 跨、厚度不小于 50mm、宽度不小于 200mm 的木垫板。

◢ **干货与提示**

可调托撑有关要求数值如下。

可调托撑的螺杆与支托板焊接要牢固，并且一般要求焊缝高度不得小于 6mm。

可调托撑螺杆与螺母旋合长度，一般要求不得少于 5 个扣，并且螺母厚度不得小于 30mm。

可调托撑受压承载力设计值，一般要求不应小于 40kN，并且支托板厚度不应小于 5mm。

2.2.5　安全网的特点及施工安装要点

安全网的特点、施工安装要点

2.2.5.1　概述

安全网就是用来防止人、物坠落，或用来避免、减轻坠落及物击伤害的一种

网具。常见的安全网一般由边绳、系绳、网体等组成。

根据功能，安全网可以分为安全平网（P）、安全立网（L）、密目式安全网（ML）。其中，安全平网简称为平网，其安装平面不垂直于水平面；安全立网简称为立网，其安装平面垂直于水平面；密目式安全网简称为密目网，其网眼孔径不大于 12mm，垂直于水平面安装，用于阻挡人员视线、自然风、飞溅及失控小物体。

根据编结情况，安全网可以分为手工编结安全网、机械编结安全网。机械编结安全网又可以分为有结编结安全网、无结编结安全网。一般情况，无结网结节强度高于有结网结节强度。

安全网的尺寸（公称尺寸）一般是由边绳的尺寸而定。安全网网目尺寸是指编结物相邻两个绳结间的距离。安全网的边绳是网体四周边缘上的网绳。安全网的系绳是安全网固定在支撑物上的绳。安全网的筋绳是用于增加安全网强度的绳。

安全网规格，一般采用长度乘以宽度表示。安全平网（P）、安全立网（L）断裂强力要求见表 2-3。

表 2-3 断裂强力要求

网类别	绳类别	绳断裂强力要求 /N
安全平网	边绳	≥ 7000
	网绳	≥ 3000
	筋绳	≤ 3000
安全立网	边绳	≥ 3000
	网绳	≥ 2000
	筋绳	≤ 3000

密目安全立网常见的规格有 ML1.8×6、ML1.5×6、ML2×6、ML1.2×6 等。安全立网（小眼网）常见的规格有 L1.2×6、L1.5×6、L1.8×6、L3×6 等。安全网（平网）常见的规格有 P3×6 等。

平网、立网都应具有耐冲击性。立网不能代替平网，需要根据施工需要、负载高度分清用平网还是用立网。平网负载强度要求大于立网，所用材料较多，重量大于立网。一般情况下，平网大于 5.5kg，立网大于 2.5kg。

扣件式钢管脚手架所用安全网，一般采用密目式安全网。

密目式安全网，一般由网体、开眼环扣、边绳、附加系绳等组成。密目式安全网的分类如图 2-13 所示。

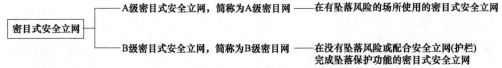

图 2-13 密目式安全网的分类

密目式安全网使用前，需要检查其分类标记、产品合格证、网目数、网体重量，确认合格后才可以使用。

密目式安全网，绝大部分为绿色的，也有部分为蓝色。极少数采用其他颜色的。

密目式安全网的质量与密度成正比，密度越高，透明度越低的网，其质量越好，安全性也越高。密目式安全网的安全防护作用必须与安全帽结合。在有安全网的建筑现场，进入场地时，也必须佩戴安全帽。

安装密目式安全立网时，每个扣眼均需要穿入符合规定的纤维绳。系绳绑在支撑物或架上，要符合打结方便、连接牢固、易于拆卸等要求。安装密目式安全立网时，要支撑合理、受力均匀、网内无杂物、搭接严密牢靠等。施工期间，不得随意拆移、损坏密目式安全立网。

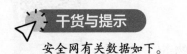

安全网有关数据如下。

（1）立网网面应与水平垂直，并且一般与作业面边缘最大间隙不超过 10cm。

（2）密目式安全网系绳与系绳间距一般不应大于 0.45m。

（3）安全网系绳与系绳间距一般不应大于 0.75m。

（4）安全网筋绳间距不得太小，一般在 0.3m 以上。

（5）平网网面不宜绷得过紧，当网面与作业面高度差小于 5m，其伸出长度应大于 3m；当网面与作业面高度差大于 5m 时，其伸出长度应大于 4m。

（6）建筑物高度超过 4m 时，必须设置一道随墙体逐渐上升的安全网，以后每隔 4m 再设一道固定安全网。

（7）安全网架设所用的支撑，木杆的小头直径不得小于 7cm，竹杆小头直径不得小于 8cm，撑杆间距不得大于 4m。

（8）安全网系绳长度一般不小于 0.8m。

（9）平网与下方物体表面的距离一般不小于 3m，两层网间距不得超过 10m。

（10）安全网宽度一般不小于 3m，立网与密目式安全网宽度一般不小于 1.2m。

（11）安装平网一般与水平面平行或外高里低，一般以 15° 为宜。

（12）安装平网时，不宜绷紧。宽度 3m、4m 的网，安装后其宽度水平投影分别为 2.5m、3.5m。

2.2.5.2　常用密目式安全立网全封闭式双排脚手架的设计尺寸

双排脚手架搭设高度不宜超过 50m，高度超过 50m 的双排脚手架，需要采用分段搭设等措施。常用密目式安全立网全封闭式双排脚手架的设计尺寸见表 2-4。

表 2-4　常用密目式安全立网全封闭式双排脚手架的设计尺寸

连墙件设置	立杆横距 l_b/m	步距 h/m	下列荷载时的立杆纵距 l_a/m				脚手架允许搭设高度 [H]/m
			2+0.35 （kN/m²）	2+2+2×0.35 （kN/m²）	3+0.35 （kN/m²）	3+2+2×0.35 （kN/m²）	
三步三跨	1.05	1.5	2	1.5	1.5	1.5	43
		1.8	1.8	1.2	1.5	1.2	24
	1.3	1.5	1.8	1.5	1.5	1.2	30
		1.8	1.8	1.2	1.5	1.2	17
二步三跨	1.05	1.5	2	1.5	1.5	1.5	50
		1.8	1.8	1.5	1.5	1.5	32
	1.3	1.5	1.8	1.5	1.5	1.5	50
		1.8	1.8	1.2	1.5	1.2	30
	1.55	1.5	1.8	1.5	1.5	1.5	38
		1.8	1.8	1.2	1.5	1.2	22

注：1. 表中所示 2 + 2 + 2×0.35（kN/m²），包括下列荷载：2×0.35（kN/m²）为二层作业层脚手板自重荷载标准值；2 + 2（kN/m²）为二层装修作业层施工荷载标准值。

2. 地面粗糙度为 B 类，基本风压 w_0=0.4kN/m²。

3. 作业层横向水平杆间距，一般根据不大于 l_a/2 来设置。

2.2.5.3　常用密目式安全立网全封闭式单排脚手架的设计尺寸

单排脚手架搭设高度不应超过 24m。常用密目式安全立网全封闭式单排脚手架的设计尺寸见表 2-5。

表2-5 常用密目式安全立网全封闭式单排脚手架的设计尺寸

连墙件设置	立杆横距 l_b/m	步距 h/m	下列荷载时的立杆纵距 l_a/m		脚手架允许搭设高度 $[H]$/m
			2+0.35（kN/m²）	3+0.35（kN/m²）	
三步三跨	1.2	1.5	2	1.8	24
		1.80	1.2	1.2	24
	1.4	1.5	1.8	1.5	24
		1.8	1.2	1.2	24
二步三跨	1.2	1.5	2	1.8	24
		1.8	1.5	1.2	24
	1.4	1.5	1.8	1.5	24
		1.8	1.5	1.2	24

干货与提示

采用平网防护时，严禁使用密目式安全立网代替平网使用。防护栏杆，也需要张挂密目式安全立网或其他材料封闭。

2.2.6 立杆结构与搭建要求

立杆结构与搭建要求如下。

（1）每根立杆底部一般宜设置底座或者垫板，如图2-14所示。

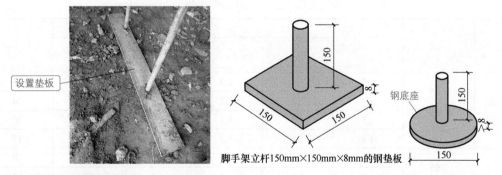

设置垫板

脚手架立杆150mm×150mm×8mm的钢垫板

钢底座

图2-14 立杆底部宜设置底座或垫板

（2）单排、双排脚手架底层步距均不应大于2m。

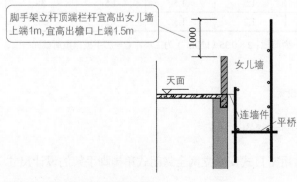

脚手架立杆顶端栏杆宜高出女儿墙上端1m，宜高出檐口上端1.5m

天面

女儿墙

连墙件

平桥

图2-15 脚手架立杆顶端栏杆要求

（3）脚手架立杆顶端栏杆一般宜高出女儿墙上端1m，宜高出檐口上端1.5m，如图2-15所示。

（4）单排脚手架、双排脚手架、满堂脚手架立杆接长除了顶层顶步外，其余各层各步接头必须采用对接扣件连接。

（5）立杆采用对接接长时，立杆的对接扣件需要交错布置，两根相邻立杆的接头不应设置在同步内。同步内隔一根立杆的两个相隔接头在高度方向错开的距离一般不宜小于 500mm。各接头中心到主节点的距离，一般不宜大于步距的 1/3，如图 2-16 所示。

（6）立杆采用搭接接长时，搭接长度一般不应小于 1m，并且应采用不少于 2 个旋转扣件固定。端部扣件盖板的边缘到杆端距离，一般不应小于 100mm，如图 2-17 所示。

（7）脚手架开始搭设立杆时，需要每隔 6 跨设置一根抛撑，直到连墙件安装稳定后，才可以根据情况拆除。

（8）当架体搭设到有连墙件的主节点时，在搭设完该处的立杆、纵向水平杆、横向水平杆后，需要立即设置连墙件。

（9）栏杆、挡脚板，均需要搭设在外立杆的内侧，如图 2-18 所示。

（10）架体阴阳转角位置，需要设置 4 根立杆，并且大横杆需要连通封闭，如图 2-19 所示。

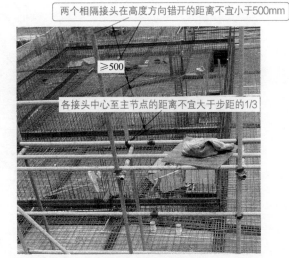

图 2-16　立杆各接头中心到主节点的距离要求

图 2-17　立杆接长要求

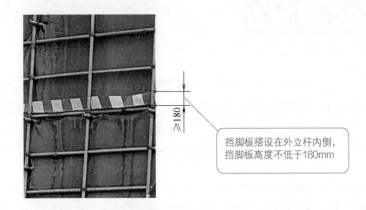

图 2-18　挡脚板

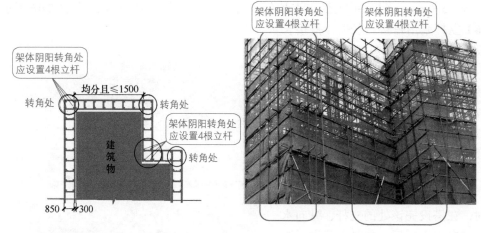

图 2-19　架体阴阳转角位置需要设置 4 根立杆

2.2.7　扫地杆结构与搭建要求

扫地杆，就是贴近地面，连接立杆根部的一种水平杆，如图 2-20 所示。

扫地杆的结构与搭建要求如下。

（1）纵向扫地杆采用直角扣件固定在距离底座上皮大约 20cm 的立柱上，横向扫地杆用直角扣件固定在紧靠纵向扫地杆上的立柱上。立杆存在较大高低差时，扫地杆需要错开，并且高处的纵向扫地杆向低处延长两跨与立柱要固定，如图 2-21 所示。

图 2-20　扫地杆

图 2-21　立杆存在较大高低差时扫地杆的要求

（2）脚手架必须设置纵向扫地杆、横向扫地杆，并且横向扫地杆往往要在纵向扫地杆之下，如图 2-22 所示。

（3）脚手架纵向扫地杆，一般需要采用直角扣件固定在距钢管底端不大于 200mm 位置的立杆上。

（4）脚手架立杆基础不在同一高度上时，必须将高处的纵向扫地杆向低处延长两跨与立杆固定，高低差不应大于 1m。靠边坡上方的立杆轴线到边坡的距离不得小于 500mm，如图 2-23 所示。

图 2-22　扫地杆的设置

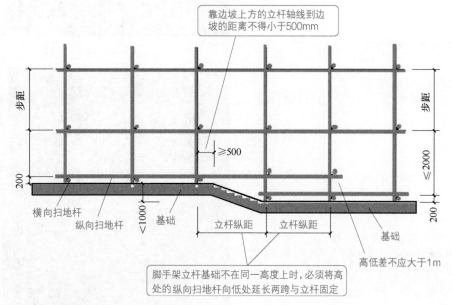

图 2-23　脚手架立杆基础不在同一高度上时的要求

2.2.8　纵向水平杆结构与搭建要求

纵向水平杆的结构与搭建要求如下。

（1）纵向水平杆，需要设置在立杆内侧，并且单根杆长度一般不得小于3跨，如图 2-24 所示。

（2）当使用冲压钢脚手板、木脚手板、竹串片脚手板时，纵向水平杆需要作为横向水平杆的支座，用直角扣件固定在立杆上。使用竹笆脚手板时，纵向水平杆需要采用直角扣件固定在横向水平杆上，并且一般要等间距设置，间距一般不应大于 400mm，如图 2-25 所示。

（3）脚手架纵向水平杆搭设时，脚手架纵向水平杆需要随立杆按步搭设，并且需要采用直角扣件与立杆固定可靠。

（4）脚手架纵向水平杆搭设时，在封闭型脚手架的同一步中，纵向水平杆需要四周交圈设置，并且采用直角扣件与内外角部立杆来固定可靠。

（5）纵向水平杆接长的各接头中心到最近主节点的距离不得大于纵距的1/3，如图 2-26 所示。

跨

跨

跨

单根纵向水平杆长度不得小于3跨

纵向水平杆需要设置在立杆内侧

图2-24 纵向水平杆的一些要求

直角扣件

横向水平杆

纵向水平杆

间距不应大于400mm

当使用冲压钢脚手板、木脚手板、竹串片脚手板时，纵向水平杆需要作为横向水平杆的支座，用直角扣件固定在立杆上。使用竹笆脚手板时，纵向水平杆需要采用直角扣件固定在横向水平杆上，并且应等间距设置，间距不应大于400mm

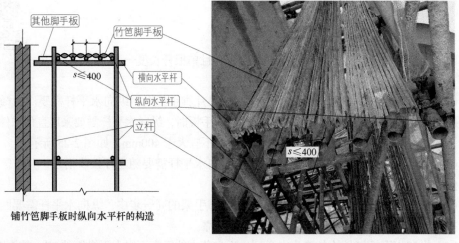

其他脚手板

竹笆脚手板

$s \leqslant 400$

横向水平杆

纵向水平杆

立杆

$s \leqslant 400$

铺竹笆脚手板时纵向水平杆的构造

图2-25 纵向水平杆上铺脚手板的要求

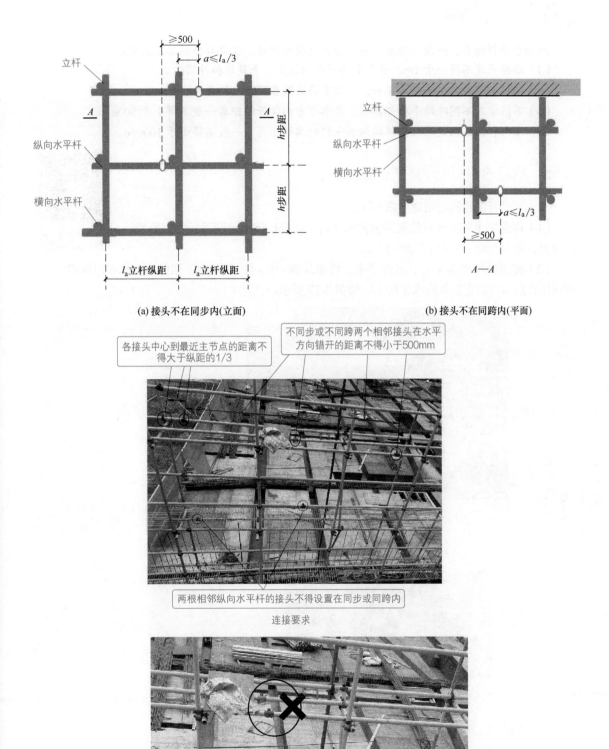

(a) 接头不在同步内(立面)　　　　　　　　(b) 接头不在同跨内(平面)

连接要求

不规范的连接图例

图 2-26　各接头中心到最近主节点的距离要求

⟡ 干货与提示

纵向水平杆接长，一般需要采用对接扣件连接或搭接，需要符合的其他的规定如下。

（1）搭接长度不得小于1m，并且需要等间距设置3个旋转扣件固定。

（2）两根相邻纵向水平杆的接头，一般不得设置在同步或同跨内。

（3）不同步或不同跨两个相邻接头，在水平方向错开的距离一般不得小于500mm。

（4）端部扣件盖板边缘到搭接纵向水平杆杆端的距离，一般不得小于100mm。

2.2.9　横向水平杆结构与搭建要求

横向水平杆结构与搭建要求

横向水平杆的结构与搭建要求如下。

（1）作业层上非主节点位置的横向水平杆，需要根据支承脚手板的需要等间距设置，最大间距不得大于纵距的1/2。

（2）使用冲压钢脚手板、木脚手板、竹串片脚手板时，双排脚手架的横向水平杆两端均需要采用直角扣件固定在纵向水平杆上，如图2-27所示。

最大间距不得大于纵距的1/2

作业层上非主节点位置的横向水平杆，需要根据支承脚手板的需要间距设置，最大间距不得大于纵距的1/2

直角扣件

使用冲压钢脚手板、木脚手板、竹串片脚手板时，双排脚手架的横向水平杆两端均应采用直角扣件固定在纵向水平杆上

不应大于500mm

双排脚手架横向水平杆靠墙一端的外伸长度不应大于500mm

图2-27　横向水平杆的一些要求

（3）使用冲压钢脚手板、木脚手板、竹串片脚手板时，单排脚手架的横向水平杆的一端需要用直角扣件固定在纵向水平杆上，另一端需要插入墙内，插入长度不得小于180mm。

（4）使用竹笆脚手板时，双排脚手架的横向水平杆的两端，需要用直角扣件固定在立杆上。

（5）使用竹笆脚手板时，单排脚手架的横向水平杆的一端，需要用直角扣件固定在立杆上，另一端插入墙内，插入长度不得小于180mm。

（6）小横杆伸出外排大横杆边缘距离不应小于10cm，如图2-28所示。上、下层小横杆在立杆位置错开布置，同层的相邻小横杆在立杆位置相向布置。

（7）脚手架横向水平杆搭设时，双排脚手架横向水平杆靠墙的一端到墙装饰面的距离一般不大于100mm。

同层的相邻小横杆在立杆处相向布置　　小横杆伸出外排大横杆边缘距离不应小于10cm

端头伸出长度不足

图 2-28　小横杆伸出外排大横杆边缘距离

（8）每一立杆与大横杆相交处（主节点），均必须设置一根小横杆，并且采用直角扣件扣紧在大横杆上，该杆轴线偏离主节点不大于15cm，以及严禁随意拆除，如图2-29所示。

（9）大横杆一般置于小横杆之下，立柱的内侧，用直角扣件与立杆扣紧，采用至少6m且同一步大横杆四周要交圈，如图2-30所示。

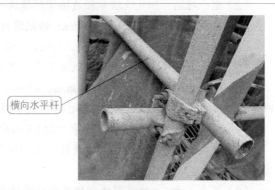

横向水平杆

图 2-29　主节点横向水平杆设置要求

每一立杆与大横杆相交处（主节点），均必须设置一根小横杆，并且采用直角扣件扣紧在大横杆上

大横杆一般置于小横杆之下，立柱的内侧，用直角扣件与立杆扣紧

(a) 整体看大横杆搭建要求

纵向水平杆应设置在立杆内侧，单根杆长度不应小于3跨

(b) 单杆跨度搭建要求

(c) 大横杆接长细部图

100 ≥1000 100

大横杆在转角处的接长　　旋转扣件

(d) 大横杆转角位置的接长

图 2-30　大横杆其他设置要求

⚙ **干货与提示**

脚手架横向水平杆搭设时，单排脚手架的横向水平杆不应设置在如下部位。

（1）独立或附墙砖柱的情况一般不应设置横向水平杆。

（2）空斗砖墙、加气块墙等轻质墙体的情况一般不应设置横向水平杆。

（3）梁或梁垫下、其两侧各500mm的范围内不应设置横向水平杆。

（4）墙体厚度小于或等于180mm的情况一般不应设置横向水平杆。

（5）设计上不允许留脚手眼的地方不应设置横向水平杆。

（6）砖砌体的门窗洞口两侧200mm、转角位置450mm的范围内不应设置横向水平杆。其他砌体的门窗洞口两侧300mm、转角处600mm的范围内不应设置横向水平杆。

（7）砌筑砂浆强度等级小于或等于M2.5的砖墙一般不应设置横向水平杆。

（8）过梁上、过梁两端成60°角的三角形范围内、过梁净跨度1/2的高度范围内一般不应设置横向水平杆。

（9）宽度小于1m的窗间墙一般不应设置横向水平杆。

2.2.10　连墙件结构与搭建要求

连墙件的结构与搭建要求如下。

（1）脚手架连墙件设置的位置、数量，需要根据专项施工方案来确定。

（2）开口型脚手架的两端必须设置连墙件，连墙件的垂直间距一般不得大于建筑物的层高，并且不得大于 4m。

（3）当脚手架下部暂不能设连墙件时，则需要采取防倾覆措施。

（4）对高度 24m 以上的双排脚手架，需要采用刚性连墙件与建筑物连接。

（5）连墙件必须采用可以承受拉力、压力的构造。

（6）连墙件中的连墙杆需要呈水平设置，当不能水平设置时，则应向脚手架一端下斜连接。

（7）搭设抛撑时，抛撑需要采用通长杆件，并且采用旋转扣件固定在脚手架上，与地面的倾角一般在 45°～ 60° 之间。连接点中心到主节点的距离不得大于 300mm，如图 2-31 所示。搭设的抛撑，需要在连墙件搭设后才可拆除。

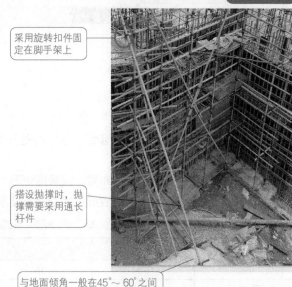

采用旋转扣件固定在脚手架上

搭设抛撑时，抛撑需要采用通长杆件

与地面倾角一般在 45°～ 60° 之间

图 2-31　抛撑

（8）脚手架高超过 40m 且有风涡流作用时，则需要采取抗上升翻流作用的连墙措施。

（9）连墙件需要靠近主节点设置，偏离主节点的距离不应大于 300mm，如图 2-32 所示。

连墙件

墙

不应大于 300mm

连墙件需要靠近主节点设置，偏离主节点的距离不应大于 300mm

脚手架连墙件

连墙件中的连墙杆应呈水平设置当不能水平设置时，应向脚手架一端下斜连接

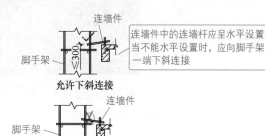

连墙件

连墙件中的连墙杆应呈水平设置当不能水平设置时，应向脚手架一端下斜连接

脚手架

≤300

允许下斜连接

连墙件

脚手架

不准上斜连接

图 2-32

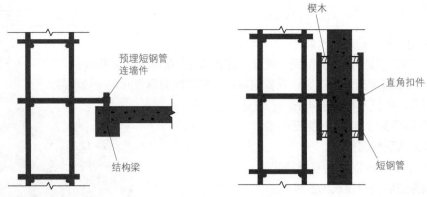

图 2-32　连墙件的要求

（10）连墙件需要从底层第一步纵向水平杆处开始设置，当该处设置有困难时，则需要采用其他可靠措施来固定。

（11）连墙件应优先采用菱形布置，或采用矩形、方形来布置。

（12）脚手架连墙件数量的设置除了需要计算要求外，还需要符合的要求见表 2-6。

表 2-6　连墙件布置最大间距

搭设法	高度 /m	竖向间距	水平间距	每根连墙件覆盖面积 /m²
单排	≤ 24	$3h$	$3l_a$	≤ 40
双排落地	≤ 50	$3h$	$3l_a$	≤ 40
双排悬挑	> 50	$2h$	$3l_a$	≤ 27

注：h 表示步距；l_a 表示纵距。

（13）脚手架连墙件安装时，连墙件的安装需要随脚手架搭设同步进行，不得滞后安装，如图 2-33 所示。

脚手架连墙件安装时，连墙件的安装需要随脚手架搭设同步进行，不得滞后安装

图 2-33　脚手架连墙件安装随脚手架搭设同步进行

（14）脚手架连墙件安装时，单排、双排脚手架施工操作层需要高出相邻连墙件以上两步时，采取确保脚手架稳定的临时拉结措施，直到上一层连墙件安装完毕后才能够根据情况拆除。

干货与提示

　　附墙拉结分为硬拉结、软拉结。一般情况下，脚手架高度≤25m 时，可以采用软拉结。脚手架高度大于 25m 时，需要采用经过设计的既能承受拉力又能承受压力的硬拉结。拉结点排列形式有梅花形、井字形等。一般认为在同等条件下，梅花形排列比井字形排列的架体临界荷载可提高大约 10%。因此，拉结点的排列形式一般建议采用梅花形排列。

剪刀撑、横向斜撑结构与搭建要求

2.2.11　剪刀撑、横向斜撑结构与搭建要求

　　剪刀撑、横向斜撑的结构与搭建要求如下。

　　（1）双排脚手架需要设置剪刀撑与横向斜撑。

　　（2）单排脚手架需要设置剪刀撑。

　　（3）开口型双排脚手架的两端，均必须设置横向斜撑。

　　（4）高度在 24m 及以上的双排脚手架，需要在外侧全立面连续设置剪刀撑，如图 2-34 所示。

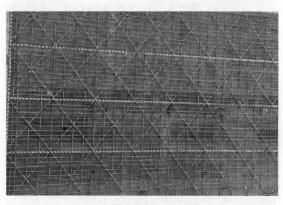

图 2-34　外侧全立面连续设置剪刀撑

　　（5）高度在 24m 以下的单排、双排脚手架，均必须在外侧两端、转角、中间间隔不超过 15m 的立面上，各设置一道剪刀撑，并且应由底到顶连续设置，如图 2-35 所示。

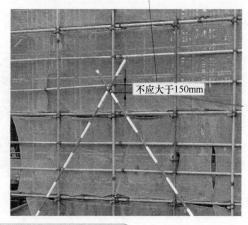

> 剪刀撑斜杆应用旋转扣件固定在与之相交的横向水平杆的伸出端或立杆上，旋转扣件中心线至主节点的距离不应大于150mm

不应大于150mm

≤15m

> 高度在24m以下的单、双排脚手架，均必须在外侧两端、转角、中间间隔不超过15m的立面上，各设置一道剪刀撑，并且应由底到顶连续设置

图 2-35

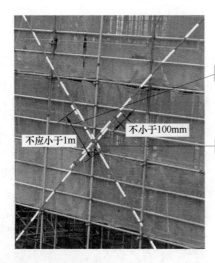

图 2-35　剪刀撑

图 2-36　双排脚手架横向斜撑

（6）双排脚手架横向斜撑设置时，横向斜撑需要在同一节间，应由底到顶层呈之字形连续布置，并且斜撑的固定需要符合有关规定，如图 2-36 所示。

（7）双排脚手架横向斜撑设置时，高度在 24m 以下的封闭型双排脚手架可不设横向斜撑，高度在 24m 以上的封闭型脚手架，除了拐角位置需要设置横向斜撑外，中间应每隔 6 跨距设置一道横向斜撑。

（8）单排、双排脚手架剪刀撑设置时，每道剪刀撑跨越立杆的根数需要符合图 2-37 所示的要求。每道剪刀撑宽度不应小于 4 跨，并且不应小于 6m（图 2-38），斜杆与地面的倾角一般在 45°～ 60° 之间。

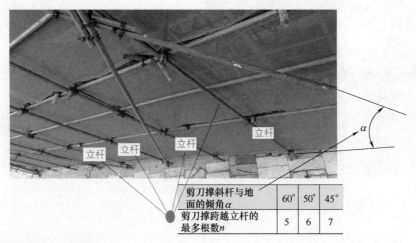

剪刀撑斜杆与地面的倾角 α	60°	50°	45°
剪刀撑跨越立杆的最多根数 n	5	6	7

图 2-37　每道剪刀撑跨越立杆的根数要求

图 2-38　每道剪刀撑宽度

（9）单排、双排脚手架剪刀撑设置时，剪刀撑斜杆的接长需要采用搭接或对接，搭接需要符合有关规定：剪刀撑斜杆需要应用旋转扣件固定在与之相交的横向水平杆的伸出端或立杆上，旋转扣件中心线到主节点的距离不应大于 150mm。

（10）脚手架剪刀撑与双排脚手架横向斜撑，需要随立杆、纵向水平杆、横向水平杆等同步搭设，不得滞后安装。

（11）有的落地脚手架采用剪刀撑与横向斜撑相结合的方式。剪刀撑、横向斜撑需要随立柱、纵横向水平杆同步搭设，并且要求用通长剪刀撑沿架高连续布置，如图 2-39 所示。

图 2-39　通长剪刀撑

干货与提示

支撑架就是为钢结构安装或浇筑混凝土构件等搭设的一种承力支架。满堂扣件式钢管支撑架，就是在纵、横方向，由不少于三排立杆并与水平杆、水平剪刀撑、竖向剪刀撑、扣件等构成的一种承力支架。满堂扣件式钢管支撑架架体顶部的钢结构安装等（同类工程）施工荷载一般是通过可调托撑轴心传力给立杆，顶部立杆呈轴心受压状态。

2.2.12　斜道结构与搭建要求

斜道结构与
搭建要求

斜道的结构与搭建要求如下。

（1）人行并兼作材料运输的斜道的形式，如果高度大于 6m 的脚手架，则宜采用之字形斜道。如果高度不大于 6m 的脚手架，则可以采用一字形斜道，如图 2-40 所示。

人行并兼作材料运输的斜道的形式，
如果高度不大于6m的脚手架，则可
以采用一字形斜道

图 2-40　人行并兼作材料运输的斜道

（2）斜道的构造，需要附着外脚手架或建筑物设置。

（3）运料斜道宽度一般要求不得小于 1.5m，坡度不得大于 1∶6。

（4）人行斜道宽度一般不得小于 1m，坡度不得大于 1∶3。

（5）斜道拐弯位置一般要求设置平台，其宽度不得小于斜道宽度，如图 2-41 所示。

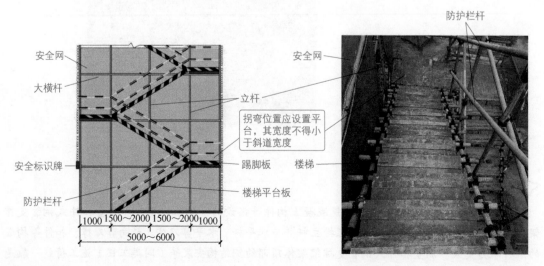

图 2-41　斜道

（6）斜道两侧、平台外围均需要设置栏杆、挡脚板。其中，栏杆高度一般要求为 1.2m，挡脚板高度要求不得小于 180mm。上栏杆上皮高度一般为 1.2m，中栏杆一般是居中设置。挡脚板高度一般要求不应小于 180mm，如图 2-42 所示。

（7）运料斜道两端、平台外围、平台端部，均需要设置连墙件。每两步需要加设水平斜杆，以及根据规定设置剪刀撑、横向斜撑。

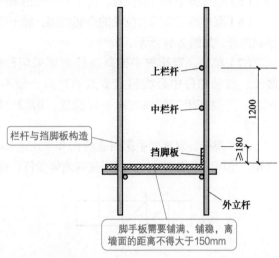

图 2-42　栏杆要求

干货与提示

斜道脚手板构造需要符合的一些规定要求如下。

（1）脚手板顺铺时，接头需要采用搭接，下面的板头要求压住上面的板头，板头的凸棱处需要采用三角木填顺。

（2）人行斜道与运料斜道的脚手板上，一般需要每隔 250～300mm 设置一根防滑木条，并且要求木条厚度一般为 20～30mm。

（3）脚手板横铺时，需要在横向水平杆下增设纵向支托杆，并且纵向支托杆间距要求不得大于 500mm。

2.2.13　门洞结构与搭建要求

门洞的结构与搭建要求如下。

（1）门洞桁架中伸出上下弦杆的杆件端头，均需要增设一个防滑扣件，并且该扣件宜紧靠主节点位置的扣件。

（2）单排脚手架过窗洞时，需要增设立杆或增设一根纵向水平杆，如图 2-43 所示。

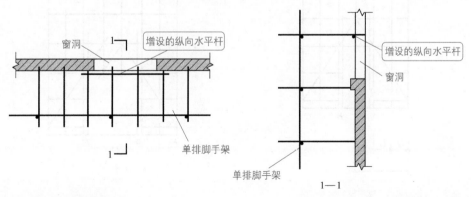

图 2-43　单排脚手架过窗洞的要求

（3）单排、双排脚手架门洞，需要采用上升斜杆、平行弦杆桁架结构形式。斜杆与地面的倾角一般在 45°～ 60° 之间。

（4）单排、双排脚手架门洞桁架的形式要求如下：当步距小于纵距时，需要采用 A 型。

当步距大于纵距时，需要采用 B 型，并且步距为 1.8m 时，纵距不应大于 1.5m；步距为 2m 时，纵距不应大于 1.2m。

（5）单排脚手架门洞位置，需要在平面桁架的每一节间设置一根斜腹杆。

（6）双排脚手架门洞位置的空间桁架，除下弦平面外，需要在其余 5 个平面内的节间设置一根斜腹杆，如图 2-44 所示。

（7）单排、双排脚手架斜腹杆需要采用旋转扣件固定在与之相交的横向水平杆的伸出端上，旋转扣件中心线到主节点的距离一般不宜大于 150mm。斜腹杆在 1 跨内跨越 2 个步距时，需要在相交的纵向水平杆位置，增设一根横向水平杆，并且把斜腹杆固定在其伸出端上。

（8）单排、双排脚手架斜腹杆需要采用通长杆件，当必须接长使用时，需要采用对接扣件连接，也可以采用搭接，并且搭接构造需要符合有关规定。

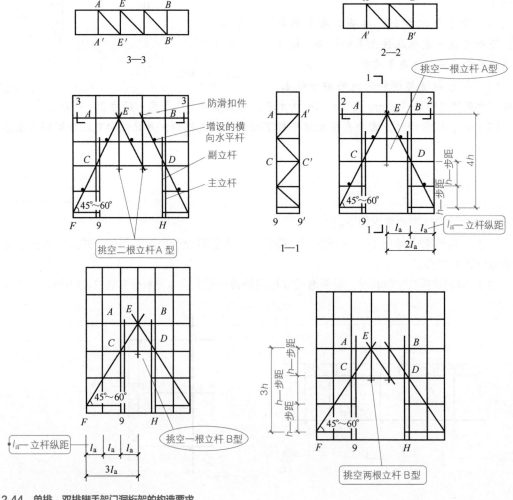

图 2-44　单排、双排脚手架门洞桁架的构造要求

 **干货与提示**

门洞桁架下的两侧立杆需要为双管立杆，副立杆高度一般要求高于门洞口 1～2 步。

2.2.14　满堂脚手架结构与搭建要求

满堂脚手架的结构与搭建要求如下。

（1）剪刀撑需要用旋转扣件固定在与之相交的水平杆或立杆上，旋转扣件中心线到主节点的距离不宜大于 150mm。

（2）满堂脚手架，架体搭设高度在 8m 及以上时，需要在架体底部、顶部、竖向间隔不超过 8m 分别设置连续水平剪刀撑。

（3）满堂脚手架，架体搭设高度在 8m 以下时，需要在架顶部设置连续水平剪刀撑。

（4）满堂脚手架，需要在架体外侧四周、内部纵向横向每 6 ～ 8m，由底到顶设置连续竖向剪刀撑。

（5）满堂脚手架操作层支撑脚手板的水平杆间距不得大于 1/2 跨距。

（6）满堂脚手架搭设高度，一般不宜超过 36m。

（7）满堂脚手架的高宽比不宜大于 3。如果高宽比大于 2 时，则要在架体的外侧四周、内部水平间隔 6 ～ 9m、竖向间隔 4 ～ 6m 设置连墙件与建筑结构拉结。如果无法设置连墙件时，则需要采取设置钢丝绳张拉固定等措施。

（8）满堂脚手架局部承受集中荷载时，需要根据实际荷载来计算，并且要局部加固。

（9）满堂脚手架立杆的构造需要符合有关规定。

（10）满堂脚手架立杆接长接头，必须采用对接扣件连接。

（11）满堂脚手架施工层，一般不得超过 1 层。

（12）满堂脚手架水平杆长度一般不宜小于 3 跨。

（13）满堂脚手架水平剪刀撑一般宜在竖向剪刀撑斜杆相交平面设置。剪刀撑宽度一般应为 6 ～ 8m。

（14）常用敞开式满堂脚手架结构的设计尺寸见表 2-7。

表 2-7　常用敞开式满堂脚手架结构的设计尺寸

步距 /m	立杆间距 /m	支架高宽比不大于	下列施工荷载时最大允许高度 /m	
			$2kN/m^2$	$3kN/m^2$
0.9	1×1	2	36	33
	0.9×0.9	2	36	36
1.2	1.3×1.3	2	20	13
	1.2×1.2	2	24	19
	1×1	2	36	32
	0.9×0.9	2	36	36
1.5	1.3×1.3	2	18	9
	1.2×1.2	2	23	16
	1×1	2	36	31
	0.9×0.9	2	36	36
1.7 ～ 1.8	1.2×1.2	2	17	9
	1×1	2	30	24
	0.9×0.9	2	36	36

注：1. 脚手板自重标准值取 0.35kN/m²。

2. 地面粗糙度为 B 类，基本风压 $w_0 = 0.35kN/m^2$。

3. 立杆间距不小于 1.2m×1.2m，施工荷载标准值不小于 3kN/m² 时，立杆上需要增设防滑扣件，防滑扣件要安装牢固，并且顶紧立杆与水平杆连接的扣件。

⚡ 干货与提示

满堂脚手架需要设爬梯，爬梯踏步间距不得大于 300mm。最少跨数为 2、3 跨的满堂脚手架，需要根据有关规定设置连墙件。

2.2.15 满堂支撑架结构与搭建要求

2.2.15.1 满堂支撑架的基本要求

满堂支撑架的一些要求如下。

（1）满堂支撑架步距与立杆间距，一般不宜超过表 2-8 规定的上限值。立杆伸出顶层水平杆中心线到支撑点的长度一般不得超过 0.5m。

表 2-8 满堂脚手架立杆计算长度系数

步距 /m	立杆间距 /m			
	0.9×0.9	1.0×1.0	1.2×1.2	1.3×1.3
	高宽比不大于 2	高宽比不大于 2	高宽比不大于 2	高宽比不大于 2
	最少跨数 5	最少跨数 4	最少跨数 4	最少跨数 4
0.9	3.482	3.571	—	—
1.2	2.758	2.825	2.971	3.011
1.5	2.335	2.377	2.505	2.569
1.8	2.017	2.079	2.176	—

注：1. 步距两级间计算长度系数根据线性插入值。

2. 立杆间距两级间，纵向间距与横向间距不同时，计算长度系数根据较大间距对应的计算长度系数取值。立杆间距两级之间值，计算长度系数取两级对应的较大的 μ 值（即计算长度系数值）。要求高宽比相同。

（2）满堂支撑架搭设高度，一般不宜超过 30m。

（3）满堂支撑架立杆、水平杆的构造要求需要符合有关规定。

（4）竖向剪刀撑斜杆与地面的倾角一般为 45°～60°。水平剪刀撑与支架纵（或横）向夹角一般为 45°～60°。

（5）满堂支撑架剪刀撑的固定需要符合有关规定。剪刀撑斜杆的接长需要符合有关规定。

（6）满堂支撑架的可调底座、可调托撑螺杆伸出长度一般不宜超过 300mm，插入立杆内的长度一般不得小于 150mm。

（7）当满堂支撑架高宽比不满足表 2-9～表 2-12 的规定（高宽比大于 2 或 2.5）时，满堂支撑架需要在支架的四周、中部与结构柱进行刚性连接，并且连墙件水平间距一般为 6～9m，竖向间距一般为 2～3m。无结构柱部位，需要采取预埋钢管等措施与建筑结构进行刚性连接。有空间部位，满堂支撑架需要超出顶部加载区投影范围向外延伸布置 2～3 跨。支撑架高宽比不应大于 3。

2.2.15.2 普通型满堂支撑架剪刀撑

满堂支撑架需要根据架体的类型设置普通型剪刀撑，其需要符合的一些规定如下。

（1）在架体外侧周边、内部纵向横向每 5～8m，要从底到顶设置连续竖向剪刀撑，并且剪刀撑宽度一般为 5～8m。

表2-9　**满堂支撑架**（剪刀撑设置普通型）**立杆计算长度系数** μ_1

步距/m	立杆间距/m×m											
	0.4×0.4		0.6×0.6		0.75×0.75		0.9×0.9		1.0×1.0		1.2×1.2	
	高宽比 不大于2.5		高宽比 不大于2.5		高宽比 不大于2		高宽比 不大于2		高宽比 不大于2		高宽比 不大于2	
	最少跨数8		最少跨数5		最少跨数5		最少跨数5		最少跨数4		最少跨数4	
	a=0.5 m	a=0.2 m	a=0.5 m	a=0.2 m	a=0.5 m	a=0.2 m	a=0.5 m	a=0.2 m	a=0.5 m	a=0.2 m	a=0.5 m	a=0.2 m
0.6	1.839	2.846	1.839	2.846	1.629	2.526	1.699	2.622	—	—	—	—
0.9	—	—	1.599	2.251	1.422	2.005	1.473	2.066	1.532	2.153	—	—
1.2	—	—	—	—	1.257	1.669	1.301	1.719	1.352	1.799	1.403	1.869
1.5	—	—	—	—	—	—	1.215	1.540	1.241	1.574	1.298	1.649
1.8	—	—	—	—	—	—	1.131	1.388	1.165	1.432	—	—

注：1. 步距两级间计算长度系数根据线性插入值。

2. 立杆间距0.9m×0.6m计算长度系数，同立杆间距0.75m×0.75m计算长度系数，高宽比不变，最小宽度4.2m。

3. 立杆间距两级间，纵向间距与横向间距不同时，计算长度系数根据较大间距对应的计算长度系数取值。立杆间距两级之间值，计算长度系数取两级对应的较大的 μ 值（即计算长度系数值）。要求高宽比相同。

表2-10　**满堂支撑架**（剪刀撑设置加强型）**立杆计算长度系数** μ_1

步距/m	立杆间距/m×m											
	0.4×0.4		0.6×0.6		0.75×0.75		0.9×0.9		1×1		1.2×1.2	
	高宽比 不大于2.5		高宽比 不大于2.5		高宽比 不大于2		高宽比 不大于2		高宽比 不大于2		高宽比 不大于2	
	最少跨数8		最少跨数5		最少跨数5		最少跨数5		最少跨数4		最少跨数4	
	a=0.5 m	a=0.2 m	a=0.5 m	a=0.2 m	a=0.5 m	a=0.2 m	a=0.5 m	a=0.2 m	a=0.5 m	a=0.2 m	a=0.5 m	a=0.2 m
0.6	1.497	2.3	1.497	2.3	1.477	2.284	1.556	2.395	—	—	—	—
0.9	—	—	1.294	1.818	1.285	1.806	1.352	1.903	1.377	1.94	—	—
1.2	—	—	—	—	1.168	1.546	1.204	1.596	1.233	1.636	1.269	1.685
1.5	—	—	—	—	—	—	1.091	1.386	1.123	1.427	1.174	1.494
1.8	—	—	—	—	—	—	1.031	1.269	1.059	1.305	1.099	1.355

注：1. 步距两级之间计算长度系数根据线性插入值。

2. 立杆间距两级之间，纵向间距与横向间距不同时，计算长度系数根据较大间距对应的计算长度系数取值。立杆间距两级之间值，计算长度系数取两级对应的较大的 μ 值（即计算长度系数值）。要求高宽比相同。

表2-11　**满堂支撑架**（剪刀撑设置普通型）**立杆计算长度系数** μ_2

步距/m	立杆间距/m×m					
	0.4×0.4	0.6×0.6	0.75×0.75	0.9×0.9	1×1	1.2×1.2
	高宽比 不大于2.5	高宽比 不大于2.5	高宽比 不大于2	高宽比 不大于2	高宽比 不大于2	高宽比 不大于2
	最少跨数8	最少跨数5	最少跨数5	最少跨数5	最少跨数4	最少跨数4
0.6	4.744	4.744	4.211	4.371	—	—
0.9	—	3.251	2.896	2.985	3.109	—
1.2	—	—	2.225	2.292	2.399	2.492
1.5	—	—	—	1.951	1.993	2.089
1.8	—	—	—	1.697	1.75	—

注：1. 步距两级之间计算长度系数根据线性插入值。

2. 立杆间距两级之间，纵向间距与横向间距不同时，计算长度系数根据较大间距对应的计算长度系数取值。立杆间距两级之间值，计算长度系数取两级对应的较大的 μ 值（即计算长度系数值）。要求高宽比相同。

表 2-12　**满堂支撑架**（剪刀撑设置加强型）**立杆计算长度系数** μ_2

步距 /m	立杆间距 /m×m					
	0.4×0.4	0.6×0.6	0.75×0.75	0.9×0.9	1.0×1.0	0.4×0.4
	高宽比 不大于 2.5	高宽比 不大于 2.5	高宽比 不大于 2	高宽比 不大于 2	高宽比 不大于 2	高宽比 不大于 2
	最少跨数 8	最少跨数 5	最少跨数 5	最少跨数 5	最少跨数 4	最少跨数 4
0.6	3.833	3.833	3.806	3.991	—	—
0.9	—	2.626	2.608	2.749	2.802	—
1.2	—	—	2.062	2.128	2.181	2.247
1.5	—	—	—	1.755	1.808	1.893
1.8	—	—	—	1.551	1.595	1.656

注：1. 步距两级之间计算长度系数根据线性插入值。

2. 立杆间距两级之间，纵向间距与横向间距不同时，计算长度系数根据较大间距对应的计算长度系数取值。立杆间距两级之间值，计算长度系数取两级对应的较大的 μ 值（即计算长度系数值）。要求高宽比相同。

（2）在竖向剪刀撑顶部交点平面，需要设置连续水平剪刀撑。支撑高度超过 8m，或者集中线荷载大于 20kN/m 的支撑架，或者施工总荷载大于 15kN/m²，扫地杆的设置层需要设置水平剪刀撑。水平剪刀撑到架体底平面距离与水平剪刀撑间距，一般不宜超过 8m（图 2-45）。

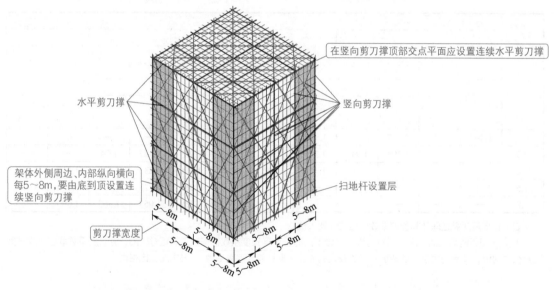

图 2-45　普通型满堂支撑架剪刀撑

2.2.15.3　加强型满堂支撑架剪刀撑

满堂支撑架需要根据架体的类型设置加强型剪刀撑，其需要符合的一些规定如下。

（1）竖向剪刀撑顶部交点平面，需要设置水平剪刀撑。

（2）立杆纵间距、横间距为（0.9m×0.9m）～（1.2m×1.2m）时，在架体外侧周边、内部纵向每 4 跨、内部横向每 4 跨（并且不大于 5m），需要从底到顶设置连续竖向剪刀撑，并且剪刀撑宽度一般为 4 跨。

（3）立杆纵间距、横间距为（0.4m×0.4m）～（0.6m×0.6m）（包括 0.4m×0.4m）时，在架体外侧周边、内部纵向每 3～3.2m、横向每 3～3.2m，需要从底到顶设置连续竖向剪刀撑，并且剪刀撑宽度一般为 3～3.2m。

（4）立杆纵间距、横间距为（0.6m×0.6m）～（0.9m×0.9m）（包括0.6m×0.6m、0.9m×0.9m）时，在架体外侧周边、内部纵向每5跨、内部横向每5跨（并且不小于3m），需要从底到顶设置连续竖向剪刀撑，并且剪刀撑宽度一般为5跨。

（5）扫地杆的设置层水平剪刀撑的设置需要符合有关规定。水平剪刀撑到架体底平面距离与水平剪刀撑间距，一般不宜超过6m。剪刀撑宽度一般为3～5m，如图2-46所示。

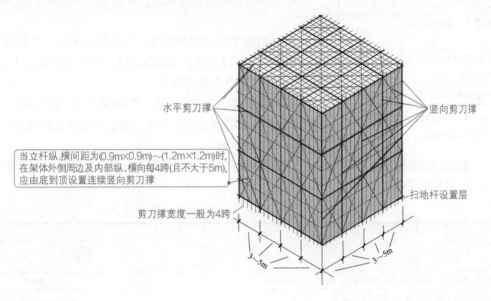

图 2-46　加强型剪刀撑

2.3　荷载

2.3.1　扣件式钢管脚手架荷载的分类

扣件式钢管脚手架的荷载分类见表2-13。

表 2-13　扣件式钢管脚手架的荷载分类

项目	分类	种类	荷载
扣件式脚手架的荷载	永久荷载	单排架、双排架、满堂脚手架	架体结构自重——立杆、横向水平杆、纵向水平杆、剪刀撑、扣件等的自重
			构件、配件自重——脚手板、挡脚板、栏杆、安全网等防护设施的自重
		满堂支撑架	架体结构自重——立杆、横向水平杆、剪刀撑、纵向水平杆、可调托撑、扣件等的自重
			构件、配件及可调托撑上主梁、次梁、支撑板等的自重
	可变荷载	单排架、双排架、满堂脚手架	施工荷载——作业层上的人员、器具、材料等的自重
			风荷载
		满堂支撑架	作业层上的人员、设备等的自重
			结构构件、施工材料等的自重
			风荷载

2.3.2 扣件式钢管脚手架荷载标准值

表 2-14 施工均布荷载标准值

类别	标准值/（kN/m²）
装修脚手架	2.0
混凝土、砌筑结构脚手架	3.0
轻型钢结构及空间网格结构脚手架	2.0
普通钢结构脚手架	3.0

注：斜道上的施工均布荷载标准值不应低于 2kN/m²。

单排、双排脚手架立杆承受的每米结构自重标准值，可以通过查脚手板自重标准值来采用，具体参阅本书附录 3。

单排、双排、满堂脚手架作业层上的施工荷载标准值，一般需要根据实际情况来确定，并且要求不应低于表 2-14 的规定。

冲压钢脚手板、木脚手板、竹串片脚手板、竹笆脚手板自重标准值，可以查阅相关表来采用。栏杆与挡脚板自重标准值，也可以查阅相关表来采用。

脚手架上吊挂的安全设施（例如安全网）的自重标准值，一般根据实际情况来采用。其中，密目式安全立网自重标准值不应低于 0.01kN/m²。

支撑架上可调托撑上主梁、次梁、支撑板等自重，一般根据实际来计算。一些具体情况可以根据表 2-15 来采用。

表 2-15 主梁、次梁及支撑板自重标准值

类别	自重标准值/（kN/m²）	
	立杆间距 > 0.75m × 0.75m	立杆间距 ≤ 0.75m × 0.75m
木质主梁（含 φ48.3×3.6 双钢管）、次梁，木支撑板	0.6	0.85
型钢次梁自重不超过 10 号工字钢自重 型钢主梁自重不超过 H100mm×100mm×6mm×8mm 型钢自重 支撑板自重不超过木脚手板自重	1	1.2

满堂脚手架立杆承受的每米结构自重标准值、满堂支撑架立杆承受的每米结构自重标准值，可以查阅相关表来采用。

2.3.3 满堂支撑架上荷载标准值

满堂支撑架上荷载标准值取值需要符合的规定要求如下。

（1）永久荷载与可变荷载（不含风荷载）标准值总和不大于 4.2kN/m² 时，施工均布荷载标准值需要根据查有关表来采用。

（2）永久荷载与可变荷载（不含风荷载）标准值总和大于 4.2kN/m² 时，需要符合的要求如图 2-47 所示。

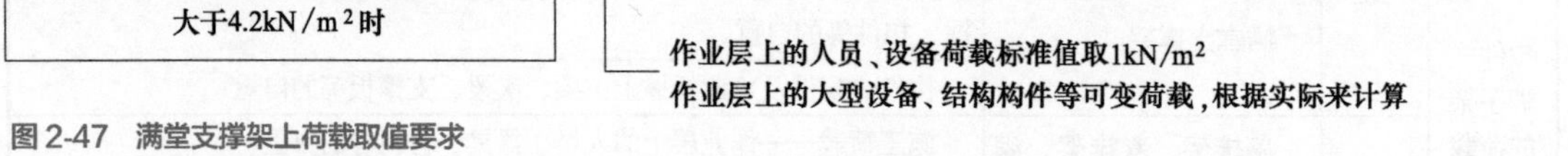

永久荷载与可变荷载(不含风荷载)标准值总和大于4.2kN/m²时	┤ 用于混凝土结构施工时，作业层上荷载标准值的取值需要符合现行行业标准《建筑施工模板安全技术规范》(JGJ 162—2016)等规定要求来确定 作业层上的人员、设备荷载标准值取1kN/m² 作业层上的大型设备、结构构件等可变荷载，根据实际来计算

图 2-47 满堂支撑架上荷载取值要求

◢ **干货与提示**

双排脚手架上同时有 2 个及以上操作层作业时，则在同一个跨距内各操作层的施工均布荷载标准值总和要求不得超过 5kN/m²。

2.4 稳定性

2.4.1 双排脚手架的稳定性

脚手架的失稳形式，有整体失稳、局部失稳等类型。一般情况下，整体失稳是脚手架的主要破坏形式。脚手架整体失稳破坏时，脚手架会呈现出内立杆、外立杆与横向水平杆组成的横向框架，沿着垂直主体结构方向大波鼓曲现象，波长均大于步距，并且与连墙件的竖向间距有关。

脚手架整体失稳破坏往往始于无连墙件的、横向刚度较差、初弯曲较大的横向框架等情况。双排脚手架的整体稳定失稳图示如图 2-48 所示。

局部失稳破坏时，立杆会在步距间发生小波鼓曲，波长与步距相近，内立杆、外立杆变形方向可能一致，也可能不一致。

如果脚手架以相等步距、纵距搭设，连墙件设置均匀的情况，在均布施工荷载作用下，立杆局部稳定的临界荷载高于整体稳定的临界荷载，脚手架破坏形式为整体失稳。

如果脚手架以不等步距、纵距搭设，或连墙件设置不均匀，或立杆负荷不均匀时，两种形式的失稳破坏均有可能出现。

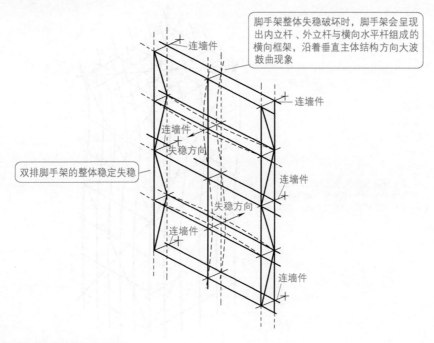

图 2-48　双排脚手架的整体稳定失稳图示

干货与提示

扣件式钢管脚手架搭设的一些要求如下。

（1）单排、双排脚手架，一次搭设高度如果超过相邻连墙件以上两步，无法设置连墙件时，则需要采取撑拉固定等措施与建筑结构拉结。

（2）单排、双排脚手架必须配合施工进度搭设，一次搭设高度一般不超过相邻连墙件以上两步。

（3）每搭完一步脚手架后，需要根据扣件式钢管脚手架搭设的技术要求、允许偏差等规定来校正步距、纵距、横距、立杆垂直度等要求。

2.4.2 满堂支撑架的稳定性

满堂支撑架的失稳形式有整体失稳、局部失稳等类型。一般情况下，整体失稳是满堂支撑架的主要破坏形式。

满堂支撑架整体失稳破坏时，其会呈现出纵横立杆与纵横水平杆组成的空间框架，沿刚度较弱方向大波鼓曲现象，无剪刀撑的支架，支架达到临界荷载时，整架大波鼓曲。如果有剪刀撑的支架，支架达到临界荷载时，以上下竖向剪刀撑交点（或剪刀撑与水平杆有较多交点）水平面为分界面，上部出现大波鼓曲，下部变形小于上部变形。

满堂支撑架整体失稳图示如图 2-49 所示。

满堂支撑架局部失稳破坏时，立杆在步距之间发生小波鼓曲，波长与步距相近，变形方向与支架整体变形可能一致，也可能不一致。

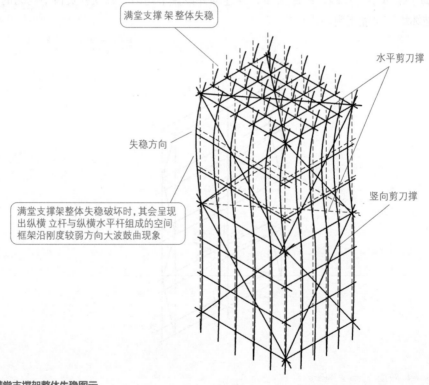

图 2-49　满堂支撑架整体失稳图示

2.5　扣件式钢管脚手架计算与计算用表

2.5.1　计算

扣件式钢管脚手架进行设计、施工时，需要进行有关计算、比较、取舍，会涉及一些公式与数据速查的情况。例如，扣件式钢管脚手架作用于脚手架上的水平风荷载标准值的确定、纵向横向水平杆的抗弯强度的计算、纵向横向水平杆弯矩设计值的计算、纵向横向水平杆的挠度的计算等。

扣件式钢管脚手架计算有关公式，可以参阅其他章节与附录，此处不再重复讲述。

2.5.2　计算用表

扣件式钢管脚手架计算，以及确定方案，往往需要查阅有关表格。例如，扣件式钢管脚手架计算单排、双排脚手架立杆承受的每米结构自重标准值，可以根据表 2-16 的规定来取用。满堂脚手架立杆承受的每米结构自重标准值，可以根据表 2-17 的规定来取用。满堂支撑架立杆承受的每米结构自重标准值，可以根据表 2-18 来取用。敞开式单排、双排、满堂脚手架与满堂支撑架的挡风系数值，可以根据表 2-19 来取用。其他相关速查用表，可以参阅附录，此处不再重复讲述。

表 2-16　单排、双排脚手架立杆承受的每米结构自重标准值

步距 /m	脚手架类型	立杆承受的每米结构自重标准值 /（kN/m）				
		纵距 1.2m	纵距 1.5m	纵距 1.8m	纵距 2m	纵距 2.1m
1.2	单排	0.1642	0.1793	0.1945	0.2046	0.2097
	双排	0.1538	0.1667	0.1796	0.1882	0.1925
1.35	单排	0.153	0.167	0.1809	0.1903	0.1949
	双排	0.1426	0.1543	0.166	0.1739	0.1778
1.5	单排	0.144	0.157	0.1701	0.1788	0.1831
	双排	0.1336	0.1444	0.1552	0.1624	0.166
1.8	单排	0.1305	0.1422	0.1538	0.1615	0.1654
	双排	0.1202	0.1295	0.1389	0.1451	0.1482
2	单排	0.1238	0.1347	0.1456	0.1529	0.1565
	双排	0.1134	0.1221	0.1307	0.1365	0.1394

注：表内中间值可以根据线性插入来计算。

表 2-17　满堂脚手架立杆承受的每米结构自重标准值

步距 h /m	横距 l_b /m	满堂脚手架立杆承受的每米结构自重标准值 /（kN/m）						
		纵距 0.6m	纵距 0.9m	纵距 1m	纵距 1.2m	纵距 1.3m	纵距 1.35m	纵距 1.5m
0.6	0.4	0.1820	0.2086	0.2176	0.2353	0.2443	0.2487	0.2620
	0.6	0.2002	0.2273	0.2362	0.2543	0.2633	0.2678	0.2813
0.90	0.6	0.1563	0.1759	0.1825	0.1955	0.2020	0.2053	0.2151
	0.9	0.1762	0.1961	0.2027	0.2160	0.2226	0.2260	0.2359
	1.0	0.1828	0.2028	0.2095	0.2226	0.2295	0.2328	0.2429
	1.2	0.1960	0.2162	0.2230	0.2365	0.2432	0.2466	0.2567
1.05	0.9	0.1615	0.1792	0.1851	0.1970	0.2029	0.2059	0.2148
1.2	0.6	0.1344	0.1503	0.1556	0.1662	0.1715	0.1742	0.1821
	0.9	0.1505	0.1666	0.1719	0.1827	0.1882	0.1908	0.1988
	1.0	0.1558	0.1720	0.1775	0.1883	0.1937	0.1964	0.2045
	1.2	0.1665	0.1829	0.1883	0.1993	0.2048	0.2075	0.2156
	1.3	0.1719	0.1883	0.1939	0.2049	0.2103	0.2130	0.2213
1.35	0.9	0.1419	0.1568	0.1617	0.1717	0.1766	0.1791	0.1865
1.5	0.9	0.1350	0.1489	0.1535	0.1628	0.1674	0.1697	0.1766
	1.0	0.1396	0.1536	0.1583	0.1675	0.1721	0.1745	0.1815
	1.2	0.1488	0.1629	0.1676	0.1770	0.1817	0.1840	0.1911
	1.3	0.1535	0.1676	0.1723	0.1817	0.1864	0.1887	0.1958
1.6	0.9	0.1312	0.1445	0.1489	0.1578	0.1622	0.1645	0.1711
	1.0	0.1356	0.1489	0.1534	0.1623	0.1668	0.1690	0.1757
	1.2	0.1445	0.1580	0.1624	0.1714	0.1759	0.1782	0.1849
1.8	0.9	0.1248	0.1371	0.1413	0.1495	0.1536	0.1556	0.1618
	1.0	0.1288	0.1413	0.1454	0.1537	0.1579	0.1599	0.1661
	1.2	0.1371	0.1496	0.1538	0.1621	0.1663	0.1683	0.1747

表 2-18　满堂支撑架立杆承受的每米结构自重标准值

步距 h/m	横距 l_b/m	满堂支撑架立杆承受的每米结构自重标准值 /（kN/m）							
		纵距 0.4m	纵距 0.6m	纵距 0.75m	纵距 0.9m	纵距 1m	纵距 1.2m	纵距 1.35m	纵距 1.5m
0.6	0.4	0.1691	0.1875	0.2012	0.2149	0.2241	0.2424	0.2562	0.2699
	0.6	0.1877	0.2062	0.2201	0.2341	0.2433	0.2619	0.2758	0.2897
	0.75	0.2016	0.2203	0.2344	0.2484	0.2577	0.2765	0.2905	0.3045
	0.9	0.2155	0.2344	0.2486	0.2627	0.2722	0.2910	0.3052	0.3194
	1.0	0.2248	0.2438	0.2580	0.2723	0.2818	0.3008	0.3150	0.3292
	1.2	0.2434	0.2626	0.2770	0.2914	0.3010	0.3202	0.3346	0.3490
0.75	0.6	0.1636	0.1791	0.1907	0.2024	0.2101	0.2256	0.2372	0.2488
0.9	0.4	0.1341	0.1474	0.1574	0.1674	0.1740	0.1874	0.1973	0.2073
	0.6	0.1476	0.1610	0.1711	0.1812	0.1880	0.2014	0.2115	0.2216
	0.75	0.1577	0.1712	0.1814	0.1916	0.1984	0.2120	0.2221	0.2323
	0.9	0.1678	0.1815	0.1917	0.2020	0.2088	0.2225	0.2328	0.2430
	1.0	0.1745	0.1883	0.1986	0.2089	0.2158	0.2295	0.2398	0.2502
	1.2	0.1880	0.2019	0.2123	0.2227	0.2297	0.2436	0.2540	0.2644
1.05	0.9	0.1541	0.1663	0.1755	0.1846	0.1907	0.2029	0.2121	0.2212
1.2	0.4	0.1166	0.1274	0.1355	0.1436	0.1490	0.1598	0.1679	0.1760
	0.6	0.1275	0.1384	0.1466	0.1548	0.1603	0.1712	0.1794	0.1876
	0.75	0.1357	0.1467	0.1550	0.1632	0.1687	0.1797	0.1880	0.1962
	0.9	0.1439	0.1550	0.1633	0.1716	0.1771	0.1882	0.1965	0.2048
	1.0	0.1494	0.1605	0.1689	0.1772	0.1828	0.1939	0.2023	0.2106
	1.2	0.1603	0.1715	0.1800	0.1884	0.1940	0.2053	0.2137	0.2221
1.35	0.9	0.1359	0.1462	0.1538	0.1615	0.1666	0.1768	0.1845	0.1921
1.5	0.4	0.1061	0.1154	0.1224	0.1293	0.1340	0.1433	0.1503	0.1572
	0.6	0.1155	0.1249	0.1319	0.1390	0.1436	0.1530	0.1601	0.1671
	0.75	0.1225	0.1320	0.1391	0.1462	0.1509	0.1604	0.1674	0.1745
	0.9	0.1296	0.1391	0.1462	0.1534	0.1581	0.1677	0.1748	0.1819
	1.0	0.1343	0.1438	0.1510	0.1582	0.1630	0.1725	0.1797	0.1869
	1.2	0.1437	0.1533	0.1606	0.1678	0.1726	0.1823	0.1895	0.1968
	1.35	0.1507	0.1604	0.1677	0.1750	0.1799	0.1896	0.1969	0.2042
1.8	0.4	0.0991	0.1074	0.1136	0.1198	0.1240	0.1323	0.1385	0.1447
	0.6	0.1075	0.1158	0.1221	0.1284	0.1326	0.1409	0.1472	0.1535
	0.75	0.1137	0.1222	0.1285	0.1348	0.1390	0.1475	0.1538	0.1601
	0.9	0.1200	0.1285	0.1349	0.1412	0.1455	0.1540	0.1603	0.1667
	1.0	0.1242	0.1327	0.1391	0.1455	0.1498	0.1583	0.1647	0.1711
	1.2	0.1326	0.1412	0.1476	0.1541	0.1584	0.1670	0.1734	0.1799
	1.35	0.1389	0.1475	0.1540	0.1605	0.1648	0.1735	0.1800	0.1864
	1.5	0.1452	0.1539	0.1604	0.1669	0.1713	0.1800	0.1865	0.1930

表 2-19　敞开式单排、双排、满堂脚手架与满堂支撑架的挡风系数值

步距 /m	敞开式单排、双排、满堂脚手架与满堂支撑架的挡风系数 φ 值										
	纵距 0.4m	纵距 0.6m	纵距 0.75m	纵距 0.9m	纵距 1m	纵距 1.2m	纵距 1.3m	纵距 1.35m	纵距 1.5m	纵距 1.8m	纵距 2m
0.6	0.260	0.212	0.193	0.180	0.173	0.164	0.160	0.158	0.154	0.148	0.144
0.75	0.241	0.192	0.173	0.161	0.154	0.144	0.141	0.139	0.135	0.128	0.125
0.90	0.228	0.180	0.161	0.148	0.141	0.132	0.128	0.126	0.122	0.115	0.112
1.05	0.219	0.171	0.151	0.138	0.132	0.122	0.119	0.117	0.113	0.106	0.103
1.20	0.212	0.164	0.144	0.132	0.125	0.115	0.112	0.110	0.106	0.099	0.096
1.35	0.207	0.158	0.139	0.126	0.120	0.110	0.106	0.105	0.100	0.094	0.091
1.50	0.202	0.154	0.135	0.122	0.115	0.106	0.102	0.100	0.096	0.090	0.086
1.6	0.200	0.152	0.132	0.119	0.113	0.103	0.100	0.098	0.094	0.087	0.084
1.80	0.1959	0.148	0.128	0.115	0.109	0.099	0.096	0.094	0.090	0.083	0.080
2.0	0.1927	0.144	0.125	0.112	0.106	0.096	0.092	0.091	0.086	0.080	0.077

2.6 允许偏差、质量要求与检验法

2.6.1 构配件允许偏差

构配件允许偏差见表 2-20。

表 2-20 构配件允许偏差

项目	允许偏差 Δ/mm	检查工具	示意图
钢管两端面切斜偏差	1.7	塞尺、拐角尺	
钢管外表面锈蚀深度	$\leqslant 0.18$	游标卡尺	
钢管弯曲 各种杆件钢管的端部弯曲 $l \leqslant 1.5\text{m}$	$\leqslant 5$	钢板尺	
立杆钢管弯曲 $3\text{m} < l \leqslant 4\text{m}$ $4\text{m} < l \leqslant 6.5\text{m}$	$\leqslant 12$ $\leqslant 20$		
水平杆、斜杆的钢管弯曲 $l \leqslant 6.5\text{m}$	$\leqslant 30$		
可调托撑支托板变形	1	钢板尺塞尺	
焊接钢管尺寸/mm 外径 48.3 壁厚 3.6	± 0.5 ± 0.36	游标卡尺	
冲压钢脚手板 板面挠曲 $l \leqslant 4\text{m}$ $l > 4\text{m}$	$\leqslant 12$ $\leqslant 16$	钢板尺	
板面扭曲（任一角翘起）	$\leqslant 5$		

2.6.2 地基基础的技术要求、允许偏差与检验法

地基基础的技术要求、允许偏差与检验法见表 2-21。

表 2-21 地基基础的技术要求、允许偏差与检验法

项目	技术要求	允许偏差 Δ/mm	检验法
表面	坚实平整	—	观察
排水	不积水		
垫板	不晃动		
底座	不滑动		
	不沉降	−10	

2.6.3 纵向水平杆高差允许偏差与检验法

纵向水平杆高差技术要求、允许偏差与检验法见表 2-22。

表 2-22 纵向水平杆高差技术要求、允许偏差与检验法

项目	允许偏差 Δ/mm	示意图	检查工具
一根杆的两端	±20	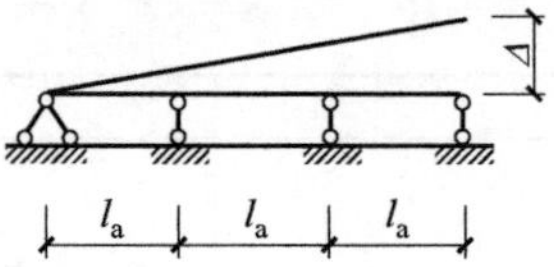	水平仪或水平尺
同跨内两根纵向水平杆高差	±10	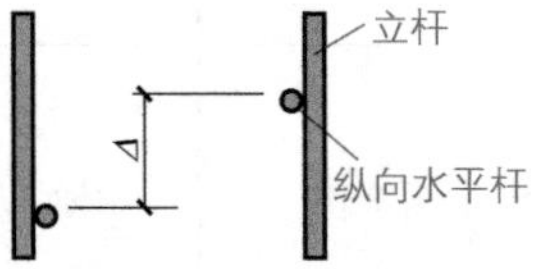	

2.6.4 剪刀撑斜杆与地面的倾角技术要求、允许偏差与检验法

剪刀撑斜杆与地面的倾角技术要求、允许偏差与检验法见表 2-23。

表 2-23 剪刀撑斜杆与地面的倾角技术要求、允许偏差与检验法

项目	倾角要求 / (°)	检查工具
剪刀撑斜杆与地面的倾角	45 ~ 60	角尺

2.6.5 脚手板外伸长度技术要求、允许偏差与检验法

脚手板外伸长度技术要求、允许偏差与检验法见表 2-24。

表 2-24 脚手板外伸长度技术要求、允许偏差与检验法

项目	技术要求	示意图	检查工具
搭接	$a \geqslant 100\text{mm}$ $l \geqslant 200\text{mm}$	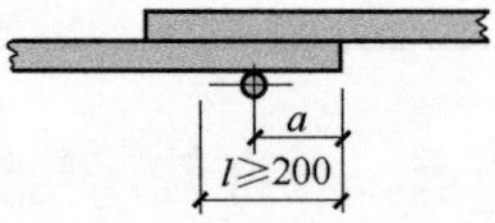	卷尺
对接	$a = 130 \sim 150\text{mm}$ $l \leqslant 300\text{mm}$	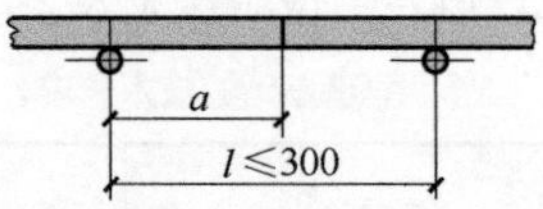	

2.6.6 扣件安装技术要求、允许偏差与检验法

扣件安装技术要求、允许偏差与检验法见表 2-25。

表 2-25　扣件安装技术要求、允许偏差与检验法

项目	技术要求	示意图	检查工具
扣件螺栓拧紧力矩	$40 \sim 65 \text{N} \cdot \text{m}$	—	扭力扳手
主节点处各扣件中心点相互距离	$a \leqslant 150\text{mm}$	立杆 纵向水平杆 横向水平杆 剪力撑	钢板尺
同步立杆上两个相隔对接扣件的高差	$a \geqslant 500\text{mm}$	立杆 纵向水平杆 ①～③—立杆编号	钢卷尺
立杆上的对接扣件至主节点的距离	$a \leqslant h/3$		钢卷尺
纵向水平杆上的对接扣件至主节点的距离	$a \leqslant l_a/3$	立杆 纵向水平杆	钢卷尺

2.6.7　单排、双排与满堂脚手架立杆垂直度技术要求、允许偏差与检验法

单排、双排与满堂脚手架立杆垂直度技术要求、允许偏差与检验法见表 2-26、表 2-27。

表 2-26　单排、双排与满堂脚手架立杆垂直度技术要求、允许偏差与检验法（一）

项目	允许偏差 Δ/mm	检验法与工具	示意图
最后验收立杆垂直度 20 ～ 50m	± 100	用经纬仪或吊线和卷尺	

表 2-27　单排、双排与满堂脚手架立杆垂直度技术要求、允许偏差与检验法（二）

搭设中检查偏差的高度 /m	脚手架允许水平偏差 /mm			检查法与工具
	总高度 50m	总高度 40m	总高度 20m	
$H=2$	± 7	± 7	± 7	用经纬仪或吊线和卷尺
$H=10$	± 20	± 25	± 50	
$H=20$	± 40	± 50	± 100	
$H=30$	± 60	± 75		
$H=40$	± 80	± 100		
$H=50$	± 100			

注：中间档次用插入法。

2.6.8　满堂支撑架立杆垂直度技术要求、允许偏差与检验法

满堂支撑架立杆垂直度技术要求、允许偏差与检验法见表 2-28、表 2-29。

表2-28 满堂支撑架立杆垂直度技术要求、允许偏差与检验法（一）

项目	允许偏差 ⊿/mm	检验法与工具
最后验收垂直度30m	±90	用经纬仪或吊线和卷尺

表2-29 满堂支撑架立杆垂直度技术要求、允许偏差与检验法（二）

搭设中检查偏差的高度/m	满堂支撑架允许水平偏差/mm 总高度30m	检验法与工具
$H = 2$	±7	
$H = 10$	±30	用经纬仪或吊线和卷尺
$H = 20$	±60	
$H = 30$	±90	

注：中间档次用插入法。

2.6.9 单双排、满堂脚手架间距技术要求、允许偏差与检验法

单双排、满堂脚手架间距技术要求、允许偏差与检验法见表2-30。

表2-30 单双排、满堂脚手架间距技术要求、允许偏差与检验法

项目	允许偏差 ⊿/mm	检查工具
步距	±20	
纵距	±50	钢板尺
横距	±20	

2.6.10 满堂支撑架间距技术要求、允许偏差与检验法

满堂支撑架间距技术要求、允许偏差与检验法见表2-31。

表2-31 满堂支撑架间距技术要求、允许偏差与检验法

项目	允许偏差 ⊿/mm	检查工具
步距	±20	
立杆间距	±30	钢板尺

2.6.11 扣件拧紧数目、质量判定要求

安装后的扣件螺栓拧紧力矩，需要采用扭力扳手来检查。抽样方法可以根据随机分布原则来进行。抽样检查数目、质量判定要求可按表2-32的规定来确定。不合格的需要重新拧紧直到合格。

表2-32 扣件拧紧数目、质量判定标准

项目	安装扣件数量/个	抽检数量/个	允许的不合格数/个
连接横向水平杆与纵向水平杆的扣件（非主节点处）	51～90	5	1
	91～150	8	2
	151～280	13	3
	281～500	20	5
	501～1200	32	7
	1201～3200	50	10
接长立杆、纵向水平杆或剪刀撑的扣件	51～90	5	0
	91～150	8	1
	151～280	13	1
连接立杆与纵（横）向水平杆或剪刀撑的扣件	281～500	20	2
	501～1200	32	3
	1201～3200	50	5

2.6.12　构配件质量检查

构配件质量检查见表 2-33。

表 2-33　构配件质量检查

项目	要求	参考抽检数量	检查法或者检查工具
钢管	需要有产品质量检验报告、质量合格证	750 根为一批，每批抽取 1 根	检查资料
	（1）钢管表面要平直光滑 （2）钢管表面不得有裂缝、错位、硬弯、结疤、压痕、分层、毛刺、深的划道，不得有严重锈蚀等缺陷 （3）钢管使用前需要涂刷防锈漆 （4）严禁钢管上打孔	全数量	目测
钢管外径、壁厚	（1）外径 48.3mm，允许偏差为 ±0.5mm （2）厚度 3.6mm，允许偏差 ±0.36mm，最小壁厚应为 3.24mm	3%	游标卡尺来测量
脚手板	新冲压钢脚手板需要有产品质量合格证	—	检查资料
	（1）板面扭曲≤5mm（任一角翘起） （2）冲压钢脚手板板面挠曲≤12mm（l≤4m）或≤16mm（l>4m）	3%	钢板尺来测量
	（1）不得有裂纹、开焊、硬弯等现象 （2）新、旧脚手板均需要涂防锈漆	全数	目测
	（1）出现扭曲变形、腐朽的脚手板不得使用 （2）木脚手板材质，需要符合现行国家标准《木结构设计规范》（GB 50005—2017）中Ⅱa级材质等有关规定要求	全数	目测
	（1）木脚手板的板厚允许偏差为 -2mm （2）木脚手板的宽度一般不宜小于 200mm，厚度一般不小于 50mm	3%	钢板尺
	竹脚手板一般需要采用由毛竹或楠竹制作的竹串片板、竹笆板	全数	目测
	（1）竹串片脚手板的板宽 250mm，板长 2000mm、2500mm、3000mm （2）竹串片脚手板所采用的螺栓直径一般宜为 3～10mm，螺栓间距一般宜为 500～600mm，螺栓离板端一般宜为 200～250mm （3）竹串片脚手板需要采用螺栓将并列的竹片连而成	3%	钢板尺
可调托撑	（1）可调托撑抗压承载力设计值不得小于 40kN （2）需要有产品质量合格证、质量检验报告	3‰	检查资料
	（1）插入立杆内的长度一般不得小于 150mm （2）可调托撑螺杆外径一般不得小于 36mm，并且可调托撑螺杆与螺母旋合长度不得少于 5 个扣，以及螺母厚度一般不小于 30mm （3）螺杆与支托板焊接需要牢固，焊缝高度一般要不小于 6mm （4）支托板厚一般不小于 5mm，变形一般不大于 1mm	3%	游标卡尺、钢板尺来测量
	支托板、螺母有裂缝的严禁使用	全数	目测
扣件	（1）需要有生产许可证、质量检测报告 （2）需要产品质量合格证、复试报告	—	检查资料
	（1）不允许有裂缝、变形 （2）不允许有螺栓滑丝 （3）扣件表面需要进行防锈处理 （4）扣件与钢管接触部位不得有氧化皮 （5）活动部位需要能灵活转动 （6）旋转扣件两旋转面间隙一般要小于 1mm	全数	目测
扣件螺栓拧紧力矩	扣件螺栓拧紧力矩值一般不应小于 40N·m，并且不得大于 65N·m	—	扭力扳手来测量

第3章

盘扣式脚手架

3.1 基础知识与施工工艺

3.1.1 承插型盘扣式钢管脚手架基础知识

承插型盘扣式钢管脚手架，又叫作承插型盘扣式钢管支架。其是立杆顶部插入可调托撑构件，底部插入可调底座构件，立杆间采用套管或插管连接。水平杆、斜杆采用杆端扣接头卡入连接盘，并且用楔形插销连接，形成结构几何不变体系的一种钢管支架。

承插型盘扣式钢管脚手架，包括脚手架和支撑架（即支撑脚手架）。承插型盘扣式钢管脚手架配件往往有立杆、水平杆、斜杆等构件。

承插型盘扣式钢管脚手架一些构件特点如下。

（1）垫板——设在底座下的一种支承板。

（2）钢脚手板——挂在支架上用于提供操作面的一种钢制脚手板。

（3）挂扣式钢梯——挂扣在支架水平杆上供施工人员上下通行的一种爬梯。

（4）基座——焊接有连接盘、连接套管底部插入可调底座，顶部可插接立杆的一种竖向杆件。

（5）连接盘——焊接于立杆上可扣接8个方向扣接头的八边形或圆环形的一种8孔板。

（6）三脚架——与立杆上连接盘扣接的侧边悬挑三角形桁架。

（7）双槽钢托梁——两端可搁置在立杆连接盘上或顶部托撑上的一种专用横梁。

（8）踢脚板——设于脚手架作业层外侧底部的一种专用防护件。

承插型盘扣式钢管脚手架如图 3-1 所示。

🔧 干货与提示

盘扣式脚手架一般是采用插销式的连接方式。轮扣式脚手架立杆连接一般是同轴心承插，节点在框架平面内的连接方式。

3.1.2 盘扣节点的特点

承插型盘扣式钢管脚手架盘扣节点，一般是由焊接于立杆上的连接盘、水平杆杆端扣接头、斜杆杆端扣接头组成，如图 3-2 所示。

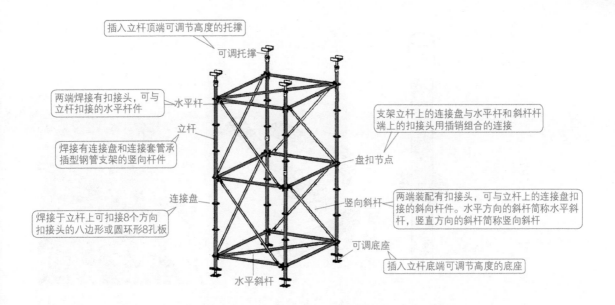

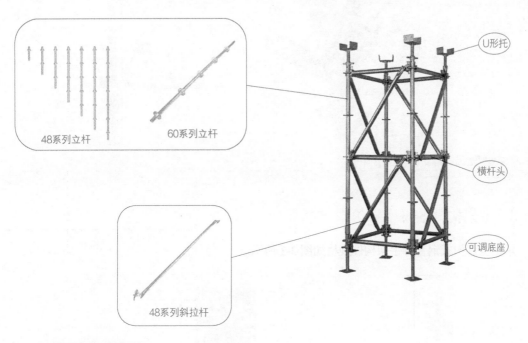

图 3-1　承插型盘扣式钢管脚手架

　　承插型盘扣式钢管脚手架盘扣节点的安装要求如下。

　　（1）插销连接，需要保证锤击自锁后不拔脱。搭设支架时，可以用质量不小于 0.5kg 的锤子连续敲击 2 次，直到插销锁紧。

　　（2）插销连接锁紧后，需要保证再次击打时，插销下沉量不大于 2mm。

　　（3）插销敲紧后，扣接头端部弧面需要与立杆外表面贴合。

　　（4）立杆盘扣节点间距，一般根据 0.5m 模数设置。

　　（5）水平杆长度，一般根据 0.3m 模数设置。

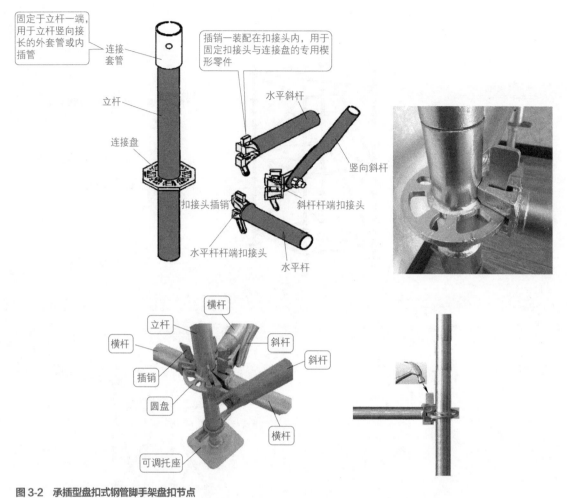

图 3-2　承插型盘扣式钢管脚手架盘扣节点

3.1.3　支架构件的规格

承插型盘扣式钢管脚手架构件规格如图 3-3 所示。

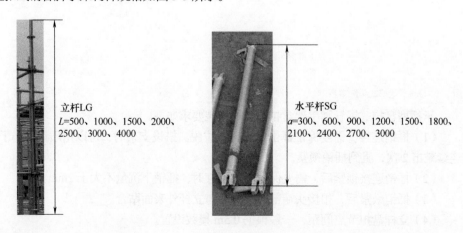

立杆LG
L=500、1000、1500、2000、2500、3000、4000

水平杆SG
a=300、600、900、1200、1500、1800、2100、2400、2700、3000

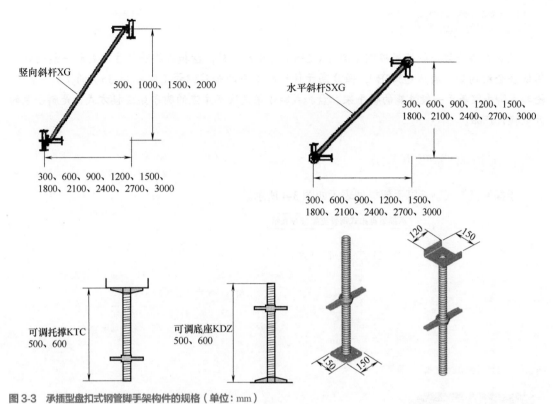

图 3-3　承插型盘扣式钢管脚手架构件的规格（单位：mm）

市场某品牌承插型盘扣式钢管脚手架参考参数见表 3-1。

表 3-1　市场某品牌承插型盘扣式钢管脚手架参考参数

48 盘扣脚手架参数				60 盘扣脚手架参数			
名称	材质	规格	单重 /kg	名称	材质	规格	单重 /kg
立杆	Q345B	48m×3.25m×0.2m	1.8	立杆	Q345B	60m×3.25m×0.2m	2.02
立杆	Q345B	48m×3.25m×0.35m	2.35	立杆	Q345B	60m×3.25m×0.5m	3.43
立杆	Q345B	48m×3.25m×0.5m	3.45	立杆	Q345B	60m×3.25m×1m	7.09
立杆	Q345B	48m×3.25m×1m	5.8	立杆	Q345B	60m×3.25m×1.5m	10.02
立杆	Q345B	48m×3.25m×1.5m	8.15	立杆	Q345B	60m×3.25m×2m	12.94
立杆	Q345B	48m×3.25m×2m	10.5	立杆	Q345B	60m×3.25m×2.5m	15.87
立杆	Q345B	48m×3.25m×2.5m	12.86	立杆	Q345B	60m×3.25m×3m	18.16
立杆	Q345B	48m×3.25m×3m	15.15	横杆	Q235	48m×2.75m×0.3m	1.36
横杆	Q235	48m×2.75m×0.3m	1.45	横杆	Q235	48m×2.75m×0.6m	2.36
横杆	Q235	48m×2.75m×0.6m	2.45	横杆	Q235	48m×2.75m×0.9m	3.32
横杆	Q235	48m×2.75m×0.9m	3.4	横杆	Q235	48m×2.75m×1.2m	4.28
横杆	Q235	48m×2.75m×1.2m	4.3	横杆	Q235	48m×2.75m×1.5m	5.24
横杆	Q235	48m×2.75m×1.5m	5.65	横杆	Q235	48m×2.75m×1.8m	6.23
横杆	Q235	48m×2.75m×1.8m	6.6	斜拉杆	Q195	0.6m×1.5m×1.61m	5.42
斜拉杆	Q195	0.6m×1.5m×1.61m	5.42	斜拉杆	Q195	0.9m×1.5m×1.71m	5.7
斜拉杆	Q195	0.9m×1.5m×1.71m	5.7	斜拉杆	Q195	1.2m×1.5m×1.86m	6.2
斜拉杆	Q195	1.2m×1.5m×1.86m	6.2				
斜拉杆	Q195	1.5m×1.5m×2.04m	6.75	顶托	20 钢	48mm×600mm	5.56
顶托	20 钢	38mm×600mm	4.92	底托	20 钢	48mm×500mm	4.29
底托	20 钢	38mm×500mm	3.41				

干货与提示

轮扣式脚手架一般采用碳钢（国标 Q235）材质的材料，盘扣式脚手架主要材料一般全部采用低合金结构钢（国标 Q345B），强度高于传统脚手架的普碳钢管（国标 Q235）的 1.5 ～ 2 倍。轮扣式脚手架属于一般性能的脚手架。盘扣式脚手架是国际主流的脚手架连接方式，是脚手架的升级换代产品。

3.1.4 脚手架类型的表示

承插型盘扣式钢管脚手架类型表示如图 3-4 所示。

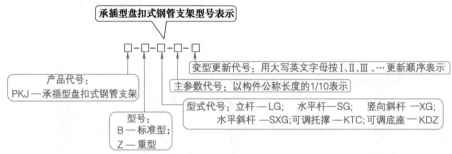

图 3-4 承插型盘扣式钢管脚手架类型表示

干货与提示

步距，就是相邻水平杆的竖向距离。应力比，就是杆件的设计计算应力值与该杆件材料强度设计值的比值。

3.1.5 主要构配件材质的特点

承插型盘扣式钢管脚手架主要构配件材质见表 3-2、表 3-3。

表 3-2 承插型盘扣式钢管脚手架主要构配件材质 1

扣接头	竖向斜杆	水平杆、水平斜杆	立杆	可调托撑			
				钢板	螺母	空心丝杆	实心丝杆
ZG230-450	Q195	Q235	Q345	Q235	QT450-10	20# 钢	Q235

表 3-3 承插型盘扣式钢管脚手架主要构配件材质 2

立杆连接盘		插销			外套管			内插管
铸钢	热锻或冲压	铸钢	热锻	冲压	铸钢	挤压	无缝钢管	无缝钢管或焊管
ZG230-450	Q235	ZG230-450	45# 钢	Q235	ZG230-450	Q235	Q345	Q235

3.1.6 承插型盘扣式脚手架构件内外表面镀层厚度要求

承插型盘扣式脚手架构件内外表面镀层厚度最小值见表 3-4。

表 3-4　承插型盘扣式脚手架构件内外表面镀层厚度最小值

类型	镀层厚度 / μm	
	局部厚度	平均厚度
铸件	60	70
钢厚度≥ 3mm	55	70
钢厚度< 3mm	45	55

3.1.7　承插型盘扣式钢管的特点与要求

3.1.7.1　承插型盘扣式钢管外径、壁厚允许偏差

承插型盘扣式钢管外径、壁厚允许偏差见表 3-5。

表 3-5　承插型盘扣式钢管外径、壁厚允许偏差

名称	型号	外径 /mm	壁厚 /mm	外径允许偏差 /mm	壁厚允许偏差 /mm
竖向斜杆	Z 或 B	48.3	2.5	± 0.5	± 0.2
		42.4	2.5	± 0.3	± 0.15
		38	2.5	± 0.3	± 0.15
		33.7	2.3	± 0.3	± 0.15
立杆	Z	60.3	3.2	± 0.3	± 0.15
	B	48.3	3.2	± 0.3	± 0.15
水平杆、水平斜杆	Z 或 B	48.3	2.5	± 0.5	± 0.2

3.1.7.2　钢材的强度、弹性模量

钢材的强度、弹性模量见表 3-6。

表 3-6　钢材的强度、弹性模量

项目	数值 /MPa
Q195 钢材抗拉、抗压、抗弯强度设计值	175
Q235 钢材抗拉、抗压、抗弯强度设计值	205
Q345 钢材抗拉、抗压、抗弯强度设计值	300
弹性模量	2.06×10^5

3.1.7.3　钢管截面特性

钢管截面特性见表 3-7。

表 3-7　钢管截面特性

外径 /mm	壁厚 /mm	截面积 /cm²	回转半径 /cm	惯性矩 /cm⁴	截面模量 /cm³
33	2.3	2.22	1.09	2.63	1.59
38	2.5	2.79	1.26	4.41	2.32
42	2.5	3.1	1.4	6.07	2.89
48.3	3.2	4.50	1.59	11.36	4.73
48.3	2.5	3.57	1.61	9.28	3.86
60.3	3.2	5.71	2.01	23.1	7.7

3.1.8　主要构配件力学性能与架体验收要求

承插型盘扣式钢管脚手架主要构配件的力学性能，需要符合的规定见表 3-8。

表 3-8 承插型盘扣式钢管脚手架主要构配件的力学性能

项目	型号	要求
连接盘单侧弯剪强度	Z	P=30kN 时，各部位不得破坏
	B	P=20kN 时，各部位不得破坏
连接盘双侧弯剪强度	Z	P=21kN 时，各部位不得破坏
	B	P=14kN 时，各部位不得破坏
连接盘抗弯强度试验	Z 或 B	弯矩值 M=80kN·cm 时，各部位不得破坏
连接盘抗拉强度试验	Z 或 B	P=25kN 时，各部位不得破坏
双槽钢搁置在连接盘上的抗剪强度	Z 或 B	P=50kN 时，各部位不得破坏
连接盘内侧环焊缝抗剪强度	Z	P=120kN 时，各部位不得破坏
	B	P=80kN 时，各部位不得破坏
可调托撑、可调底座抗压强度	Z	P=140kN 时，各部位不得破坏
	B	P=100kN 时，各部位不得破坏
单元脚手架整体抗压强度	Z	P=600kN 时，各部位不得破坏
	B	P=400kN 时，各部位不得破坏

注：P 表示试验荷载。

3.1.9 主要构配件的制作质量、形位公差要求

主要构配件的制作质量、形位公差要求见表 3-9。

表 3-9 主要构配件的制作质量、形位公差要求

名称	检查项目	公称尺寸 /mm	允许偏差 /mm	检测法
立杆	长度	—	±0.7	钢卷尺来检查
	连接盘间距	500	±0.5	钢卷尺来检查
	杆件直线度	—	L/1000	专用量具来检查
	杆端面对轴线垂直度	—	0.3	角尺来检查
	连接盘与立杆同轴度	—	0.3	专用量具来检查
可调托撑	托板厚度	5	±0.2	游标卡尺来检查
	加劲片厚度	4	±0.2	游标卡尺来检查
	丝杆外径	ϕ48、ϕ38	±0.5	游标卡尺来检查
	底板厚度	5	±0.2	游标卡尺来检查
挂扣式钢脚手板	挂钩圆心间距	—	±2	钢卷尺来检查
	宽度	—	±3	钢卷尺来检查
	高度	—	±2	钢卷尺来检查
挂扣式钢梯	挂钩圆心间距	—	±2	钢卷尺来检查
	梯段宽度	—	±3	钢卷尺来检查
	踏步高度	—	±2	钢卷尺来检查
挡脚板	长度	—	±2	钢卷尺来检查
	宽度	—	±2	钢卷尺来检查
竖向斜杆	两端螺栓孔间距	—	≤1.5	钢卷尺来检查
水平杆	长度	—	±0.5	钢卷尺来检查
	扣接头平行度	—	≤1	专用量具来检查
水平斜杆	长度	—	±0.5	钢卷尺来检查
	扣接头平行度	—	≤1	专用量具来检查

3.1.10　可调托撑、可调底座承载力

可调托撑、可调底座承载力（丝杆 $\phi48$、$\phi38$）见表 3-10。

表 3-10　可调托撑、可调底座承载力（丝杆 $\phi48$、$\phi38$）

丝杆外径 /mm	轴心抗压承载力 /kN		偏心抗压承载力 /kN	
	平均值	最小值	平均值	最小值
$\phi38$	133	113	103	86
$\phi48$	200	180	170	153

3.1.11　挂扣式钢脚手板承载力

挂扣式钢脚手板承载力要求见表 3-11。

表 3-11　挂扣式钢脚手板承载力要求

项目	平均值	最小值
挠度 /mm	≤ 10	
抗滑移强度 /kN	> 3.2	> 2.9
受弯承载力 /kN	> 5.4	> 4.9

3.1.12　承插型盘扣式架体验收要求

承插型盘扣式架体验收要求见表 3-12。

表 3-12　承插型盘扣式架体验收要求

项目	技术要求	抽检要求	评判标准
立杆	立杆综合间距是否与方案一致	全部核查	100%
	竖向接长位置处接触情况，要求无错位	检查数量不少于 30 个	100%
竖向斜杆	竖向斜杆布置位置是否与方案一致	全部核查	100%
	竖向斜杆插销是否敲紧，斜杆铸钢头是否与立杆面紧贴	每层节点抽检数量 30 个	合格率 > 90%
	水平剪刀撑层数与方案要求一致，水平斜杆夹角满足 45°～55°	全部核查	100%
可调底托	插入立杆深度 ≥ 150mm	全部核查	100%
	可调底托与地基接触良好，无虚接触现象	架体外围底托全检	100%
横杆	横杆纵向横间距是否与方案一致	全部核查	100%
	横杆插销是否敲紧，横杆铸钢头是否与立杆紧贴	每层节点抽检数量 30 个	合格率 > 90%
可调顶托	插入立杆深度 ≥ 200mm，可调顶托与钢梁接触良好，无悬空现象	每跨抽检数量不少于 30 个	100%
扫地杆高度	扫地杆高度 ≤ 400mm	全部核查	100%
其它	抱柱层数满足方案要求	全部核查	100%

3.1.13　地基承载力要求

地基承载力要求见表 3-13。

表 3-13　地基承载力要求

项目	要求			
单根立杆设计值 /kN	$F \leq 20$	$20 < F \leq 40$	$40 < F \leq 60$	$F > 60$
地基承载力要求 /kPa	$p \geq 90$	$p \geq 120$	$p \geq 150$	$p \geq 180$

3.1.14   常见计算系数与其符号

承插型盘扣式脚手架常见计算系数与其符号如下：

$[\lambda]$——杆件容许长细比；

k——支撑架悬臂端计算长度折减系数；

η——考虑支撑架稳定因素的单杆计算长度系数；

λ——杆件长细比；

μ_s——支架风荷载体型系数；

μ_z——风压高度变化系数；

μ——考虑脚手架整体稳定因素的单杆计算长度系数；

φ——轴心受压构件稳定系数。

3.2   构造特点与要求

3.2.1   支撑架斜杆、剪刀撑的布置型式

支撑架斜杆、剪刀撑布置型式如图 3-5 所示。

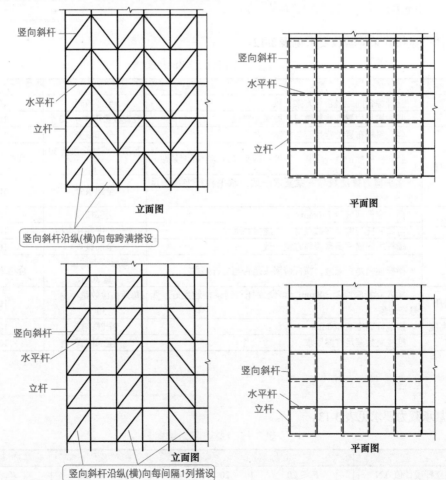

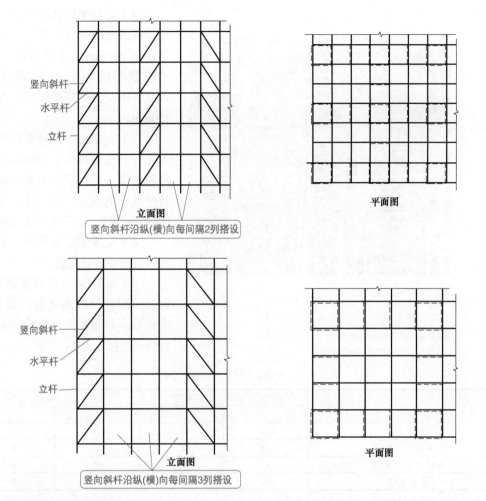

图 3-5　支撑架斜杆、剪刀撑布置型式

<svg>干货与提示</svg>

构造一般要求如下。

（1）根据施工方案计算得出的立杆纵向、横向间距选用定长的水平杆，以及根据搭设高度组合立杆、可调托撑、可调底座。

（2）搭设步距一般不宜超过 2m。

3.2.2　支撑架、满堂工作脚手架的要求

支撑架、满堂工作脚手架的一些要求如下。

（1）支撑架搭设高度与窄边宽度之比，一般宜控制在 3 以内，高宽比大于 3 的支撑架需增加构造补强措施。

（2）支架架体四周外立面向内的第一跨每层均需要设置竖向斜杆，如图 3-6 所示。

（3）支撑架需要根据支架搭设高度、单支立杆荷载合理布置斜杆或剪刀撑。布置要求不宜低于表 3-14 中的要求。

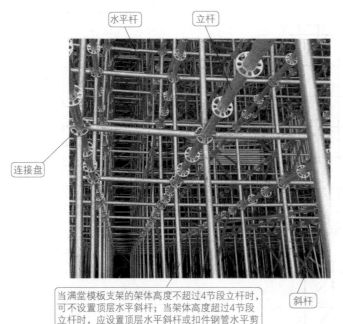

水平杆　立杆

连接盘

斜杆

当满堂模板支架的架体高度不超过4节段立杆时，可不设置顶层水平斜杆；当架体高度超过4节段立杆时，应设置顶层水平斜杆或扣件钢管水平剪刀撑。

图 3-6　承插型盘扣式钢管支撑架设置竖向斜杆

（4）支撑架可调托撑伸出顶层水平杆或双槽钢托梁的悬臂长度严禁超过 650mm，并且丝杆外露长度严禁超过 400mm，可调托撑插入立杆或双槽钢托梁长度不得小于 150mm。

（5）支撑架可调底座调丝杆插入立杆长度不得小于 150mm，丝杆外露长度一般不宜大于 300mm，作为扫地杆的最底层水平杆离可调底座的底板高度一般不应大于 550mm。

（6）支撑架的水平杆、竖向斜杆一般需要连续设置。

（7）支撑架搭设高度超过 8m 时，一般需要沿高度每间隔 4 ~ 6 个标准步距与周围已建成的结构进行可靠连接。

表 3-14　支撑架斜杆、剪刀撑布置要求

立杆最大应力比 R	支架搭设高度 H/m			
	$H \leqslant 8$	$8 < H \leqslant 16$	$16 < H \leqslant 24$	$H > 24$
$R < 0.4$	D	C	C	C
$0.4 \leqslant R < 0.65$	D	C	C	B
$0.65 \leqslant R < 0.85$	C	B	B	A
$R \geqslant 0.85$	B	A	A	A

注：A 类表示竖向斜杆沿纵（横）向每跨满搭设。
B 类表示竖向斜杆沿纵（横）向每间隔 1 列搭设。
C 类表示竖向斜杆沿纵（横）向每间隔 2 列搭设。
D 类表示竖向斜杆沿纵（横）向每间隔 3 列搭设。

（8）A、B 类支撑架，沿高度每间隔 4 ~ 6 个标准步距，需要设置扣件钢管水平剪刀撑。

（9）支撑架体内设置与单肢水平杆同宽的人行通道时，可间隔抽除第一层水平杆、斜杆形成施工人员进出通道，与通道正交的两侧立杆间需要设置竖向斜杆。

（10）支撑架体内设置与单肢水平杆不同宽人行通道时，需要在通道上部架设支撑横梁，并且横梁的型号、间距应根据荷载来确定。洞口顶部，一般要铺设封闭的防护板，两侧要设置安全网。通道两侧支撑梁的立杆间距，需要根据计算来设置，通道周围的支撑架需要连成整体。通行机动车的洞口，必须设置安全警示、防撞设施。

（11）支撑架水平剪刀撑设置立面图，如图 3-7 所示。支撑架人行通道设置图（斜杆未示意）如图 3-8 所示。

3.2.3　双排脚手架的特点与要求

双排脚手架的特点与要求如下。

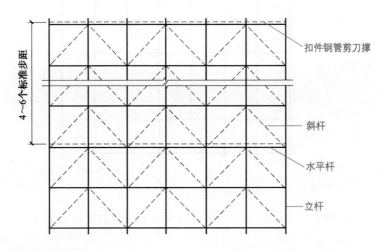

图 3-7　支撑架水平剪刀撑设置立面图

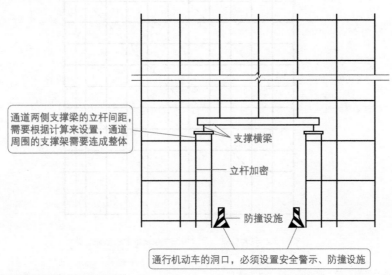

图 3-8　支撑架人行通道设置图（斜杆未示意）

（1）承插型盘扣式钢管支架搭设双排外脚手架时，搭设高度大于 24m，需要编制专项施工方案。可以根据使用要求选择架体几何尺寸，相邻水平杆步距一般不宜大于 2m。

（2）双排外脚手架首层立杆，一般宜采用不同长度的立杆交错布置，脚手架立杆底部宜配置可调底座或垫板。

（3）设置双排脚手架人行通道时，需要在通道上部架设支撑横梁，横梁截面大小需要根据跨度以及承受的荷载计算来确定。通道两侧脚手架需要加设斜杆。洞口顶部需要铺设封闭的防护板，并且两侧需要设置安全网。

（4）设置双排脚手架设置通行机动车的洞口时，必须设置安全警示、防撞设施。

（5）双排外脚手架的防抛网设置，一般每隔 5 个步距设置一层。防抛网横向钢管长度，一般不宜短于 3m。斜撑与立杆通过斜杆扣接头或扣件连接。

（6）双排脚手架的外侧立面上设置竖向斜杆的要求如图 3-9 所示。

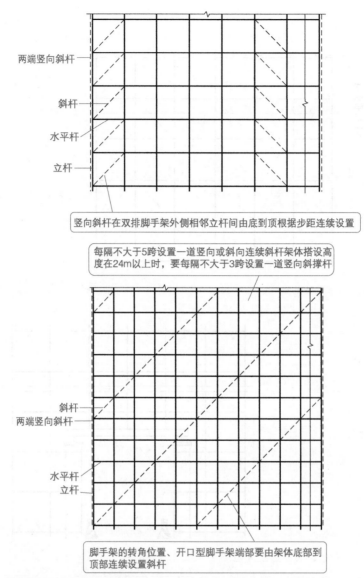

图 3-9 双排脚手架的外侧立面上设置竖向斜杆的要求

3.3 荷载

3.3.1 承插型盘扣式钢管支架荷载内容

承插型盘扣式钢管支架上永久荷载、可变荷载的内容如图 3-10 所示。

3.3.2 支撑架永久荷载标准值的取值

模板自重标准值，可以根据混凝土结构模板设计图纸来确定。支架自重一般根据支架搭设尺寸等计算来确定。对肋形楼板、无梁楼板的模板自重标准值可以根据表 3-15 的规定来确定。

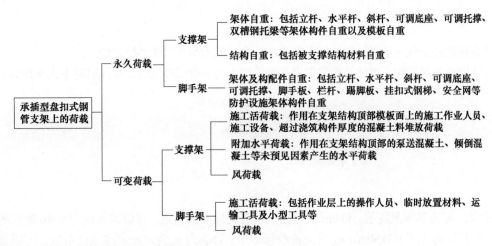

图 3-10 承插型盘扣式钢管支架上永久荷载、可变荷载

表 3-15 楼板模板自重标准值

名称	木模板自重标准值 /（kN/m²）	定型钢模板自重标准值 /（kN/m²）	铝合金模板自重标准值 /（kN/m²）
平板的模板、小楞	0.3	0.5	0.25
楼板模板（包括梁模板）	0.5	0.75	0.3

干货与提示

特殊钢筋混凝土结构，需要根据实际情况来确定。普通板钢筋混凝土自重，可以采用 25.1kN/m³。普通梁钢筋混凝土自重，可以采用 25.5kN/m³。

3.3.3 脚手架永久荷载标准值的取值

脚手架结构自重，一般根据脚手架搭设尺寸等计算来确定。脚手架附件自重，可以根据如下一些规定来确定。

（1）作业层的栏杆、挡脚板自重标准值，可以根据 0.17kN/m 来取值。

（2）脚手架外侧满挂密目式安全立网自重标准值，可以根据 0.01kN/m² 来取值。

（3）钢脚手板、木脚手板、竹笆片自重标准值，可以根据 0.35kN/m² 来取值。

3.3.4 支撑架可变荷载标准值的取值

3.3.4.1 附加水平荷载

附加水平荷载，可以取计算工况下的竖向永久荷载标准值的 2%，并且应作用在支撑架上端水平方向。

3.3.4.2 脚手架施工活荷载

脚手架施工活荷载，可以根据实际情况来确定，并且不应低于表 3-16 的规定要求。

表 3-16 脚手架施工活荷载标准值

类别	标准值 /（kN/m²）
防护脚手架	1
结构脚手架与工作架	3
装修脚手架	2

3.3.4.3 风荷载

风荷载就是空气流动对工程结构所产生的压力，其大小与风速的平方成正比。

脚手架计算风荷载，也就是确定作用在脚手架上的风荷载标准值，可以根据下式来计算：

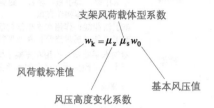

$$w_k = \mu_z \mu_s w_0$$

式中，w_0 为基本风压值，kN/m^2，可以根据有关标准来确定，可以取重现期 $n=10$ 对应的风压值，但是不得小于 $0.3kN/m^2$；w_k 为风荷载标准值，kN/m^2；μ_z 为风压高度变化系数，可以查相关表来确定；μ_s 为支架风荷载体型系数，可以根据表 3-17 来确定。

表 3-17 支撑架、脚手架风荷载体型系数 μ_s 的确定

背靠建筑物状况		全封闭墙	敞开、框架、开洞墙
脚手架状况	全封闭、半封闭	1ϕ	1.3ϕ
	敞开	μ_{stw}	

注：1. μ_{stw} 值可将支撑架、脚手架视为桁架，根据现行国家标准《建筑结构荷载规范》（GB 50009—2012）等规定来计算。

2. 半封闭情况，也就是沿支撑结构外侧全高全长用密目网封闭 30% ～ 70%。

3. ϕ 为挡风系数，可以根据 $\phi = 1.2A_n/A_w$ 来计算，其中 $1.2A_n$ 为挡风面积；A_w 为迎风面积。

4. 敞开情况，也就是沿支撑结构外侧全高全长无密目网封闭。

5. 密目式安全立网全封闭脚手架挡风系数 ϕ 一般不宜小于 0.8。

6. 全封闭情况，也就是沿支撑结构外侧全高全长用密目网封闭。

3.3.5 荷载的分项系数

计算支撑架、脚手架，需要根据正常搭设、使用过程中可能出现的荷载情况，根据承载能力极限状态、正常使用极限状态，分别进行荷载组合，以及要取各自最不利的荷载组合进行设计。

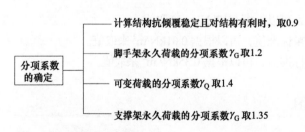

图 3-11 分项系数的参考确定

计算支撑架、脚手架构件承载力时的荷载设计值，可以取其标准值乘以荷载的分项系数。

荷载分项系数的参考确定如图 3-11 所示。

计算支撑架、脚手架立杆底部地基承载力、正常使用状态构件变形（挠度）时的荷载设计值，可以取其标准值乘以荷载的分项系数。其中，各类荷载分项系数均取 1。

计算支撑架、脚手架构件的承载力，包括抗剪、抗弯、稳定性等参数或者性能。

干货与提示

荷载分项系数是在设计计算中，反映了荷载的不确定性并与结构可靠度概念相关联的一个数值。

3.3.6　荷载效应的组合

支撑架、脚手架承载力计算，一般需要采用荷载基本组合来确定。支撑架、脚手架变形验算，一般需要采用荷载效应标准组合来确定。

支撑架、脚手架承载力计算，可以根据短暂设计进行计算。承载力计算需要符合的要求如图 3-12 所示。

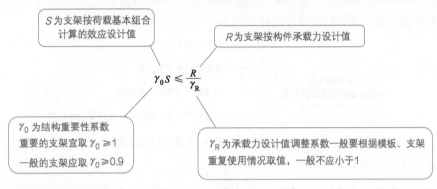

图 3-12　承载力计算需要符合的要求

设计承重构件时，可以根据使用过程中可能出现的荷载取其最不利荷载效应组合进行计算。有关荷载效应组合见表 3-18。

表 3-18　有关荷载效应组合

计算项	荷载效应组合	
	支撑架	脚手架
立杆地基承载力	永久荷载（G_1、G_2）+ 施工均布荷载 Q_1 + 风荷载 Q_3	永久荷载 G_3 + 施工均布荷载 Q_4 + 风荷载 Q_3
立杆稳定	永久荷载（G_1、G_2）+ ϕ_c 施工均布荷载 Q_1 + ϕ_w 风荷载 Q_3	永久荷载 G_3 + 施工均布荷载 Q_4 + ϕ_w 风荷载 Q_3
水平杆变形	永久荷载（G_1、G_2）+ 施工均布荷载 Q_1	永久荷载 G_3 + 施工均布荷载 Q_4
水平杆承载力	永久荷载（G_1、G_2）+ 施工均布荷载 Q_1	永久荷载 G_3 + 施工均布荷载 Q_4
支架抗倾覆稳定	永久荷载（G_1、G_2）+ 未预见因素产生的水平荷载 Q_2	—

注：1. 表中的"+"仅表示各项荷载参与组合，而不代表代数相加。

2. ϕ_c 为施工荷载组合系数，参考取 0.7。

3. ϕ_w 为风荷载组合系数，参考取 0.6。

4. Q_1 为施工活荷载；Q_2 为附加水平荷载；Q_3 为风荷载；Q_4 为施工均布荷载。

5. G_1 为架体自重；G_2 为结构自重；G_3 为架体及构配件自重。

干货与提示

荷载效应组合，就是指结构或结构构件在使用期间，除了承受恒荷载外，还可能同时承受两种或两种以上的活荷载。这就需要给出这些荷载同时作用时产生的效应，即荷载效应组合。荷载效应，则是指在某种荷载作用下结构的内力或位移。各种荷载可能同时出现在结构上，但是出现的概率不同或者相同。

3.4 结构设计计算与地基计算

3.4.1 结构设计计算

支撑架、脚手架结构设计，一般采用概率极限状态设计法，采用分项系数的设计表达式。支撑架、脚手架架体结构设计，需要保证整体结构形成几何不变体系。

双排脚手架一般需要进行的设计计算如图 3-13 所示。

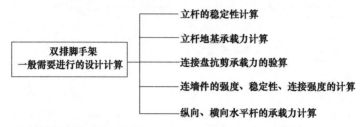

图 3-13 双排脚手架一般需要进行的设计计算

支撑架、满堂工作脚手架一般需要进行的设计计算如图 3-14 所示。

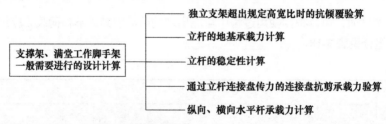

图 3-14 支撑架、满堂工作脚手架一般需要进行的设计计算

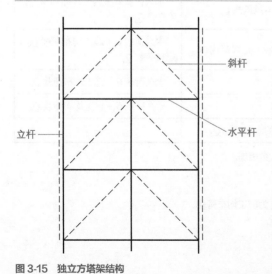

图 3-15 独立方塔架结构

钢材的强度设计值、截面积等设计参数，需要符合有关规定。

支撑架搭设成双向均有竖向斜杆的独立方塔架形式时，可以根据带有斜腹杆的格构柱结构形式来进行计算分析。独立方塔架结构如图 3-15 所示。

承插型盘扣式钢管支架立杆，如果不考虑风荷载时，可以根据承受轴向荷载杆件来计算。如果考虑风荷载时，可以根据压弯杆件来计算。

杆件变形量有控制要求时，可以根据正常使用极限状态验算其变形量。受弯构件的挠度要求一般不应超过表 3-19 中规定的容许值。

表 3-19 受弯构件的容许挠度

构件类别	容许挠度 [v]
受弯构件	$l/150$ 和 10mm

注：l 表示受弯构件跨度。

　　长细比就是指杆件的计算长度与杆件截面的回转半径之比，即长细比 = 计算长度 / 回转半径。长细比不可单纯地理解为构件长度与细度（或厚度）之比，其还是弹性变形能力柔度的又一称呼。

　　支撑架立杆长细比一般不得大于150，脚手架与满堂工作架立杆长细比一般不得大于210。其他杆件中的受压杆件长细比一般不得大于230，受拉杆件长细比一般不得大于350。柔度（长细比）大，则变形就大，构件的稳定性就差。柔度的大小与下列因素有关：

　　（1）构件的长度——长度越长，柔度越大；

　　（2）构件的截面尺寸——截面尺寸大，柔度小；

　　（3）构件两端的约束情况——固定约束比滑动约束的柔度小，有约束比无约束柔度小。

3.4.2　地基承载力计算

　　地基承载力是地基土单位面积上随荷载增加所发挥的承载潜力。立杆底部地基承载力需要满足的要求如图 3-16 所示。

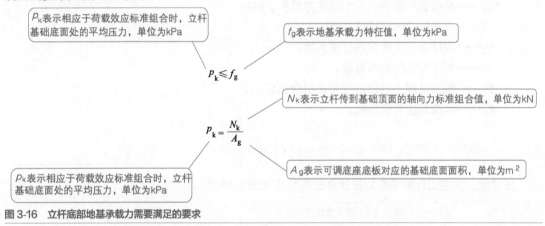

图 3-16　立杆底部地基承载力需要满足的要求

　　支架搭设在结构楼面上时，需要对支承架体的楼面结构进行承载力验算。如果不能满足承载力要求时，则需要采取楼面结构下方设置附加支撑等加固措施。

　　在荷载作用下，地基会产生变形。随着荷载的增大，地基变形会逐渐增大。地基小范围的极限平衡状态，大都可以恢复到弹性平衡状态，地基尚能趋于稳定。但是荷载继续增大，地基承载力会不足而失去稳定。

3.5　支撑架、满堂工作脚手架的计算

3.5.1　支撑架、满堂工作脚手架立杆轴向力设计值的计算

　　支撑架、满堂工作脚手架立杆轴向力设计值的计算公式如图 3-17 所示。

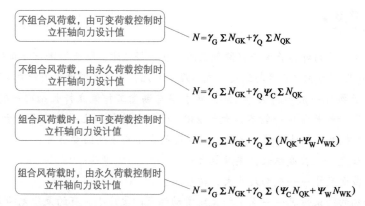

图 3-17 支撑架、满堂工作脚手架立杆轴向力设计值的计算公式

式中 N_{GK}——支撑架为模板及支架自重、新浇筑混凝土自重、钢筋自重标准值产生的轴向力总和，满堂工作脚手架为构配件自重标准值产生的轴力，kN；

N_{QK}——施工人员、施工设备荷载标准值；

N_{WK}——风荷载标准值产生的轴向力总和，kN；

N——立杆轴向力设计值，kN；

γ_G——支撑架永久荷载的分项系数；

γ_Q——可变荷载的分项系数；

Ψ_C——施工荷载、其他可变荷载组合值系数；

Ψ_W——风荷载组合值系数。

3.5.2 支撑架、满堂工作脚手架立杆计算长度

支撑架、满堂工作脚手架立杆计算长度公式如图 **3-18** 所示。

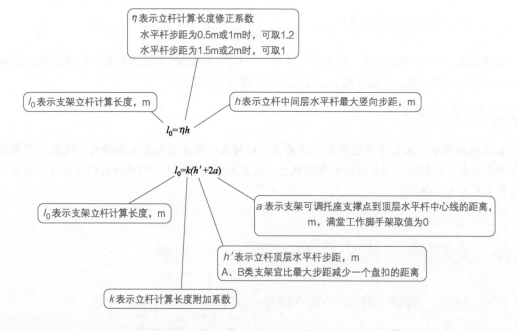

图 3-18 支撑架、满堂工作脚手架立杆计算长度公式

其中，立杆计算长度附加系数 k 可以根据表 3-20 来确定。

表 3-20　立杆计算长度附加系数

架体搭设高度 H/m	$H \leqslant 8$	$8 < H \leqslant 16$	$16 < H \leqslant 24$	$H > 24$
k	1	1.085	1.155	1.255

3.5.3　立杆稳定性的计算

立杆稳定性的计算公式如图 3-19 所示。

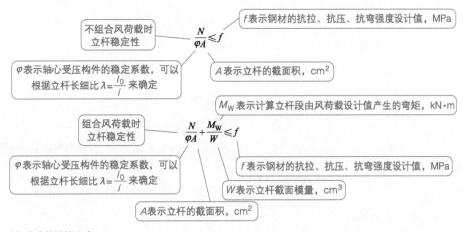

图 3-19　立杆稳定性计算公式

3.5.4　盘扣节点连接盘的抗剪承载力的计算

盘扣节点连接盘的抗剪承载力的计算公式如图 3-20 所示。

图 3-20　盘扣节点连接盘的抗剪承载力的计算公式

3.5.5　整体抗倾覆稳定性的计算

高度在 8m 以上，高宽比大于 3，四周无拉结的高大支撑架的独立架体，整体抗倾覆稳定性的计算如图 3-21 所示。

M_T 表示设计荷载下支撑架倾覆力矩，kN·m

$$M_R \geqslant M_T$$

M_R 表示设计荷载下支撑架抗倾覆力矩，kN·m

图 3-21　整体抗倾覆稳定性的计算

3.6 双排脚手架的计算

3.6.1 无风荷载立杆承载的验算

无风荷载立杆承载的验算如图 3-22 所示。

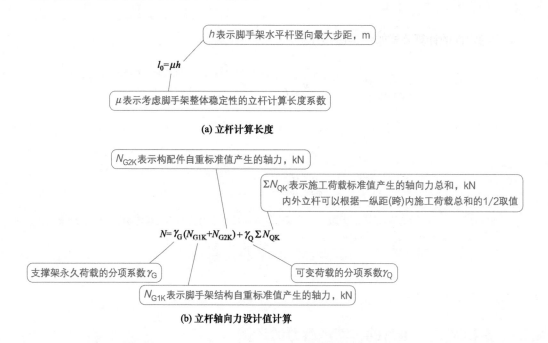

(a) 立杆计算长度

(b) 立杆轴向力设计值计算

图 3-22 无风荷载立杆承载的验算

脚手架整体稳定性的立杆计算长度系数 μ，可以根据表 3-21 来确定。

表 3-21 脚手架立杆计算长度系数

类别	连墙件布置	
	2 步 3 跨	3 步 3 跨
双排架	1.45	1.7

3.6.2 组合风荷载时立杆承载力的计算

组合风荷载时立杆承载力的计算如图 3-23 所示。

3.6.3 风荷载产生的连墙件的轴向力设计值

风荷载产生的连墙件的轴向力设计值的计算如图 3-24 所示。

3.6.4 连墙件的计算

连墙件的轴向力设计值的计算如图 3-25 所示。

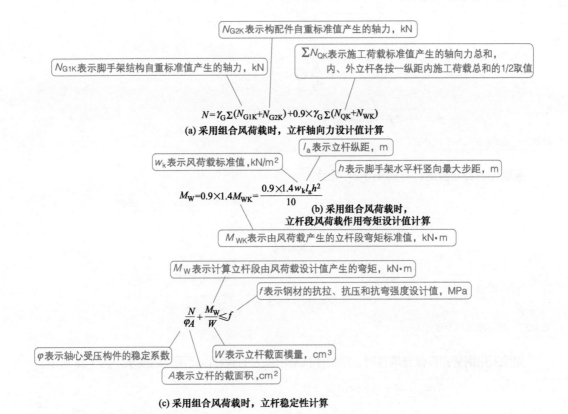

图 3-23   组合风荷载时立杆承载力的计算

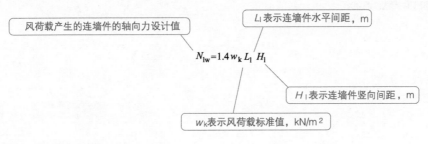

图 3-24   风荷载产生的连墙件的轴向力设计值的计算

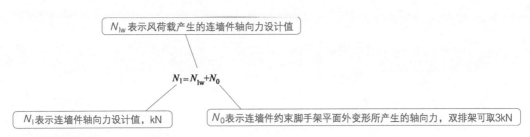

图 3-25   连墙件的轴向力设计值的计算

连墙件的抗拉承载力的计算如图 3-26 所示。

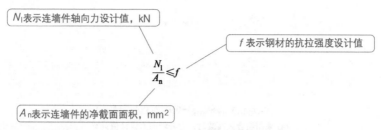

图 3-26 连墙件的抗拉承载力的计算

连墙件的稳定性的计算如图 3-27 所示。

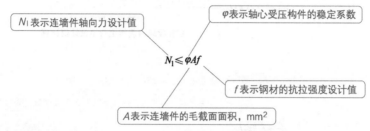

图 3-27 连墙件的稳定性的计算

如果采用钢管扣件做连墙件时，则扣件抗滑承载力的验算需要满足的要求如图 3-28 所示。

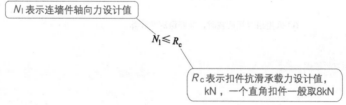

图 3-28 钢管扣件连墙件的要求

第 **4** 章

轮扣式脚手架

轮扣式脚手架
的特点

4.1 基础知识

4.1.1 轮扣式脚手架的特点

　　轮扣式脚手架，全称为多功能轮扣式脚手架。轮扣式脚手架是由承插型盘扣式钢管支架衍生出来的一种建筑支撑系统。

　　轮扣式脚手架支撑系统，是没有专门的锁紧零件、没有活动零件、能够双向自锁、可以自由调节、受力性能合理、可标准化包装的一种钢管脚手架。

　　轮扣式钢管脚手架结构特点，就是由立杆、横杆、焊接在立杆上的轮扣盘、插头、保险销等构件组成，立杆采用套管承插连接，横杆采用端插头插入立杆上的轮扣盘，并且用保险销固定，形成结构几何不变体系的一种钢管脚手架。

　　轮扣式脚手架与盘扣式钢管支架比较的优点如图 4-1 所示。另外，轮扣式脚手架也优于碗扣脚手架、门式脚手架。

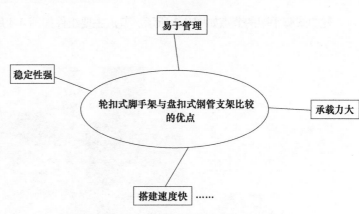

图 4-1　轮扣式脚手架与盘扣式钢管支架比较的优点

　　干货与提示

　　框架式支撑结构，就是由立杆、水平杆等构配件组成，节点具有一定转动刚度的支撑结构。框架式支撑结构包括无剪刀撑框架式支撑结构、有剪刀撑框架式支撑结构。

4.1.2 轮扣式多功能脚手架应用的选择

　　轮扣式多功能脚手架应用的选择如图 4-2 所示。

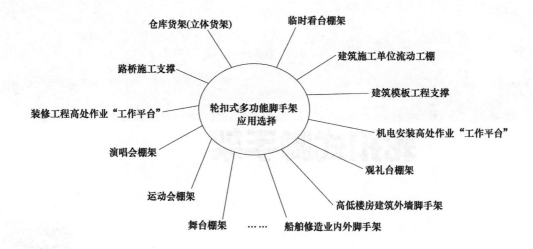

图 4-2　轮扣式多功能脚手架应用的选择

干货与提示

　　轮扣式脚手架，可以说是盘扣式脚手架的简化版。轮扣式脚手架主要是在立杆上焊接的承接花盘由盘扣式 8 个孔变成轮扣式 4 个孔。简单一点，立杆上焊盘为 4 个孔的为轮扣，立杆上焊盘是 8 个孔的为盘扣式。

4.1.3　轮扣式脚手架的节点

　　轮扣式脚手架的节点如图 4-3 所示。节点主要组件如图 4-4 所示。

轮扣式脚手架的节点

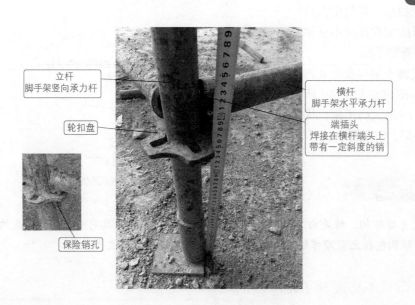

图 4-3　轮扣式脚手架的节点

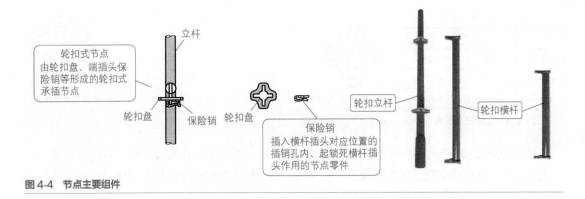

图 4-4　节点主要组件

4.2　轮扣脚手架的结构与配件

4.2.1　立杆的特点、功能及要求

4.2.1.1　简述

立杆是杆上焊有连接的轮盘、连接套管的一种竖向支撑杆件。立杆分为标准杆、非标准杆。标准立杆如图 4-5 所示。非标准杆管长度见表 4-1。

立杆轮扣盘，又叫作花盘、连接轮盘。其一般为可连接水平 4 个方向端插头的圆环形孔板（即连接轮盘可以扣接 4 个方向）。立杆轮扣盘间距一般是根据 0.6m 模数来设置的。轮扣盘大样如图 4-6 所示。连接轮盘一般是焊接在立杆上，其扣接头多为八边形的孔板。

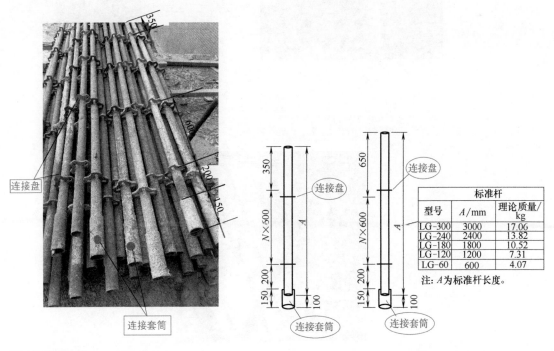

标准杆		
型号	A/mm	理论质量/kg
LG-300	3000	17.06
LG-240	2400	13.82
LG-180	1800	10.52
LG-120	1200	7.31
LG-60	600	4.07

注：A 为标准杆长度。

图 4-5　标准立杆

表 4-1 非标准杆管长度

型号	*A*/mm	理论质量 /kg
LG-210	2100	12.21
LG-150	1500	8.87
LG-90	900	5.71

注：*A* 为非标准杆管长度

轮扣盘的厚度不小于10mm
轮扣盘的宽度最窄处不得小于10mm
轮扣盘外形尺寸不应小于120mm

(a) 轮扣盘大样图 (一)

(b) 轮扣盘大样图 (二)

图 4-6 轮扣盘大样

立杆在轮扣脚手架结构中的应用如图 4-7 所示。从应用图中可以发现立杆上有连接套管。立杆连接套管，又叫作套筒，其往往位于立杆下面，即立杆连接套管是焊接在立杆下端的一种专用外套管。带专用外套管的立杆如图 4-8 所示。

立杆连接套管规格一般不小于 57mm×3.2mm，宜采用无缝钢管。立杆连接套管，有采用无缝钢管的套管，也有采用铸钢的套管。立杆连接套管长度一般不小于 160mm，可插入长度一般不小于 110mm。套管内径与立杆钢管外径间隙一般小于 2mm。

4.2.1.2 立杆的一些要求和规定

立杆的一些要求和规定如下。

立杆

轮扣

插头

横杆

垫板设于底座下的支承板

立杆连接套管一般焊接在立杆一端，其主要用于立杆竖向接长的专用外套管

横杆两端一般焊接有扣接头，并且与立杆扣接的一种水平杆件

连接轮盘一般焊接在立杆上，其扣接头为八边形的孔板。连接轮盘可以扣接4个方向

图 4-7 立杆在轮扣脚手架结构中的应用

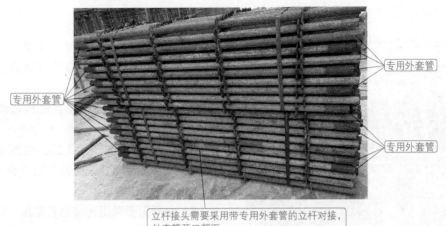

立杆接头需要采用带专用外套管的立杆对接，
外套管开口朝下

图 4-8　带专用外套管的立杆

（1）立杆间的连接，一般需要采用立杆插套连接。

（2）立杆插套长度一般不应小于 160mm，外伸长度一般不应小于 100mm。

（3）立杆插套套管内径与立杆钢管外径间隙一般不应大于 1.5mm。

（4）立杆一般宜采用截面直径 48mm×3.2mm 或以上规格的钢管。

（5）立杆插套壁厚一般不应小于 3.2mm，焊接端插入长度一般不应小于 60mm。

（6）轮扣盘在立杆上的间距一般宜根据 0.6m 的模数来设置。

（7）模板支架立杆钢管规格，一般不小于 48.3mm×3.6mm。轮扣盘的厚度一般不小于 10mm，宽度最窄位置一般不小于 10mm。模板支架立杆轮扣盘，一般采用钢板冲压整体成型的立杆。

（8）模板支架立杆的种类、规格见表 4-2、表 4-3。

表 4-2　模板支架立杆的种类、规格（1）

名称	规格 /mm	型号	长度 L/mm	参考质量 /kg	备注
立杆	$\phi48.3×3.6$	LG300	300	2.56	带连接套管
		LG600	600	3.76	
		LG1200	1200	6.57	
		LG1800	1800	9.38	
		LG2400	2400	12.18	
		LG3000	3000	14.99	

355　　$n×600$　　355

L

带连接套管立杆示意图

表 4-3　模板支架立杆的种类、规格（2）

名称	规格 /mm	型号	长度 L/mm	参考质量 /kg	备注
立杆	$\phi48.3×3.6$	LC_12500	2510	11.28	不带连接套管

355　　600　　600　　600　　355

2510

不带连接套管立杆示意图

4.2.1.3 模板支撑架立杆的布置和安装

立杆间距不应大于1.2m

立杆接头需要采用带专用外套管的
立杆对接，外套管开口朝下

图4-9 立杆布置的要求

（1）当立杆基础不在同一高度上时，需要综合考虑配架组合或采用扣件式钢管杆件连接搭设。

（2）每根立杆底部一般宜设置可调底座或垫板。

（3）立杆间距不应大于1.2m，如图4-9所示。

（4）立杆接头需要采用带专用外套管的立杆对接，外套管开口朝下。

（5）立杆需要采用连接套管连接，同一水平高度内相邻立杆连接位置需要错开，错开高度一般不宜小于600mm。两根相邻立杆的接头不宜设置在同步内。

（6）模板支架立杆基础不在同一高度时，必须将高处的扫地杆与低处扫地杆拉通。

（7）立杆需要加密时，非加密区立杆、水平杆要与加密区间距互为倍数。加密区水平杆需要

向非加密区延伸不少于2跨，如图4-10所示。

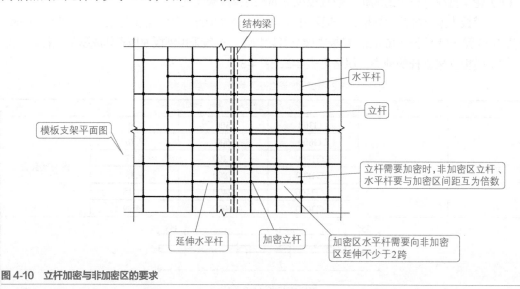

结构梁

水平杆

立杆

模板支架平面图

立杆需要加密时，非加密区立杆、
水平杆要与加密区间距互为倍数

延伸水平杆　　加密立杆　　加密区水平杆需要向非加密
区延伸不少于2跨

图4-10 立杆加密与非加密区的要求

4.2.2 横杆的特点、功能及要求

4.2.2.1 概述

横杆，又叫作水平杆。轮扣式脚手架标准横杆长度如图4-11所示，横杆长度一般是根据0.3m模数来设置的。横杆的端插头侧面，一般为圆弧形，并且圆弧与立杆外表往往是一致的，也就是端插头下部窄上部宽的楔形。横杆端头如图4-12所示。

横杆的特点、
功能及要求

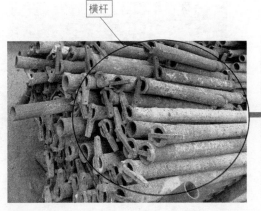

标准横杆参数		
型号	长度/mm	理论质量/kg
HG-240	2400	9.93
HG-180	1800	7.63
HG-150	1500	6.48
HG-120	1200	5.32
HG-90	900	4.17
HG-60	600	3.02
HG-30	300	1.87

图 4-11　标准横杆长度

横杆钢管，一般规格不小于48.3mm×3mm。横杆端插头一般是采用铸钢制造，材料厚度一般不小于10mm。水平杆端插头长度一般不小于100mm，下伸的长度一般不小于40mm，侧面与立杆钢管外表面形成良好的弧面接触。

横杆的一些要求和规定如下。

（1）横杆端插头需要焊接在横杆的两端，其厚度、下伸的长度需要满足有关要求。

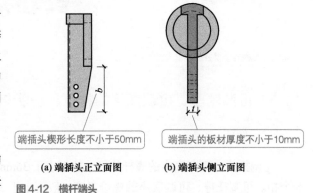

端插头楔形长度不小于50mm

端插头的板材厚度不小于10mm

(a) 端插头正立面图　　**(b) 端插头侧立面图**

图 4-12　横杆端头

（2）横杆端插头需要与轮扣盘匹配，端插头插入轮扣盘内，其外表面需要与轮扣内表面相吻合，并且保证锤击自锁后不拔脱，抗拔力不得小于3kN。

（3）横杆一般宜采用截面直径为48mm×3.2mm或以上规格的钢管。

4.2.2.2　模板支架横杆的要求

模板支架横杆的种类和规格见表4-4。

表 4-4　模板支架横杆的种类和规格

名称	规格/mm	型号	长度L/mm	参考质量/kg
水平杆	φ48.3×3	HG300	300	1.25
		HG450	450	1.76
		HG600	600	2.27
		HG900	900	3.29
		HG1200	1200	4.32

水平杆示意图

模板支架横杆的一些要求如下。

（1）模板横杆需要根据步纵横向通长满布设置，不得缺失。

（2）模板支架要设置纵向、横向横杆，底步横杆距地高度一般不超过550mm。

（3）横杆的步距不得大于1.8m，如图4-13所示。

干货与提示

立杆连接套管一般焊接在立杆一端，其主要用于立杆竖向接长的专用外套管。横杆两端一般焊接有扣接头，并且与立杆扣接。

模板水平杆需要根据步纵横向
通长满布设置，不得缺失

模板支架要设置纵向、横向水平杆，
底步水平杆距地高度一般不超过550mm

水平杆的步距不得大于1.8m

图 4-13　模板支架横杆的要求

4.2.3　可调底座、可调托撑的特点、功能与要求

4.2.3.1　概述

可调托撑、可调底座的螺杆外径一般不小于 36mm，调节螺母与可调螺杆啮合一般不得少于 5 个扣。可调托撑、可调底座的螺母厚度一般不小于 30mm。可调托撑、可调底座一般长度不小于 500mm，如图 4-14 所示。

可调托撑
安装在立杆顶端可调节高度的顶托

可调托撑

图 4-14　可调托撑、可调底座

可调托撑、可调底座，可以采用实心螺杆，或者空心螺杆。

可调托撑、可调底座的钢板一般采用 Q235B。可调托撑钢板厚度，一般不小于 5mm。可调底座钢板厚度，一般不小于 6mm。可调托撑托板需要设置开口挡板，挡板高度一般不小于 40mm。可调底座钢板的长度、宽度，一般不小于 150mm。

可调托撑、可调底座钢板，一般与螺杆环焊。托板下需要设置加劲板，并且受压承载力设计值不小于 40kN。

可调底座、可调托撑的一些要求和规定如下。

（1）可调底座、可调托撑的螺杆外径需要满足要求。

（2）可调底座、可调托撑的螺杆与调位螺母的旋合长度一般不少于 5 个扣，并且螺母高度不小于 30mm，厚度不小于 5mm。

（3）可调底座、可调托撑一般宜采用梯形螺纹。

（4）可调底座螺杆与底座板需要焊接牢固，底座钢板厚度需要满足要求。

（5）可调托撑螺杆与"U"型钢板需要焊接牢固，并且"U"型钢板厚度需要满足要求。

4.2.3.2　模板支架的可调托撑、可调底座

模板支架可调托撑、可调底座的种类、规格见表 4-5。

模板支架可调托撑的一些要求如下。

（1）当模板支架跨度为一跨时，模板支架侧向需要采取可靠的相关稳固措施。

（2）可调托撑上的主楞梁要居中，并且其间隙每边不大于 2mm。

（3）可调托撑螺杆伸出立杆顶端长度一般不超过 300mm，插入立杆的长度一般不小于 200mm。

（4）可调托撑伸出顶层水平杆的悬臂长度严禁超过 650mm。

表 4-5　模板支架可调托撑、可调底座的种类、规格

名称	规格 /mm	型号	长度 L /mm	参考质量 /kg
可调托撑	T36×5	KTC-50	500	6.56
	T36×5	KTC-60	600	7.87
可调底座	T36×6	KTZ-50	500	6.75
	T36×6	KTZ-60	600	8.09

可调拖撑、可调底座示意图

4.2.4　轮扣式钢管剪刀撑的特点和要求

常见的轮扣式钢管剪刀撑特点如图 4-15 所示。目前，由于扣件式钢管操作安装比较方便，有的工程采用钢管（扣件式钢管）作为轮扣式钢管剪刀撑。

4.2.5　模板支架主要构配件材质的规定

模板支架主要构配件材质需要符合的规定见表 4-6。

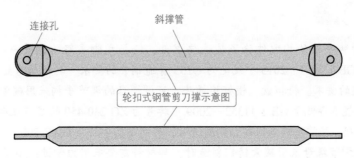

连接孔　　斜撑管

轮扣式钢管剪刀撑示意图

图 4-15

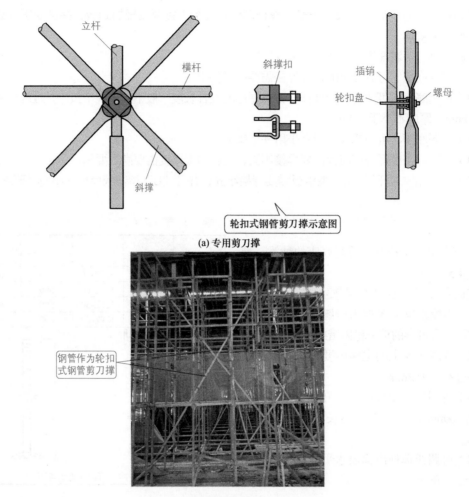

(a) 专用剪刀撑

(b) 钢管剪刀撑

图 4-15 常见的轮扣式钢管剪刀撑特点

表 4-6 模板支架主要构配件材质需要符合的规定

| 立杆 | 水平杆 | 立杆连接套管 | 可调托撑、可调底座 | | | 轮扣盘 | 端插头 |
			螺杆	托撑钢板、底座钢板	螺母		
Q235B 或 Q345	Q235B 或 Q345	20 号无缝钢管 或 ZG270-500	Q235B 或 20 号无缝钢管	Q235B	ZG270-500	Q345 或 ZG270-500	ZG270-500

> **干货与提示**

　　轮扣式钢管脚手架的构配件除了特殊要求外，轮扣式脚手架的钢管一般需要符合 GB/T 13793—2016 或 GB/T 3091—2015 中规定的 Q235 普通钢管的要求，其材质需要符合 GB/T 700—2006 等相关规定的要求。轮扣盘、横杆端插头、可调螺母的调节手柄采用碳素铸钢制造时，其材料力学性能一般不得低于 GB/T 11352—2009 中牌号为 ZG 230-450 的屈服强度、抗拉强度、伸长率的要求。底座、托撑螺杆采用碳素钢制造时，其材质需要符合 GB/T 700—2006 中 Q235 等相关规定的要求。调节螺母采用碳素铸钢制造时，其材料需要采用力学性能不低于 GB/T 11352—2009 中规定的 ZG 270-500 牌号的铸钢等相关规定的要求。

4.2.6　模板支架主要构配件力学性能指标的要求

模板支架主要构配件力学性能指标要求如图 4-16 所示。

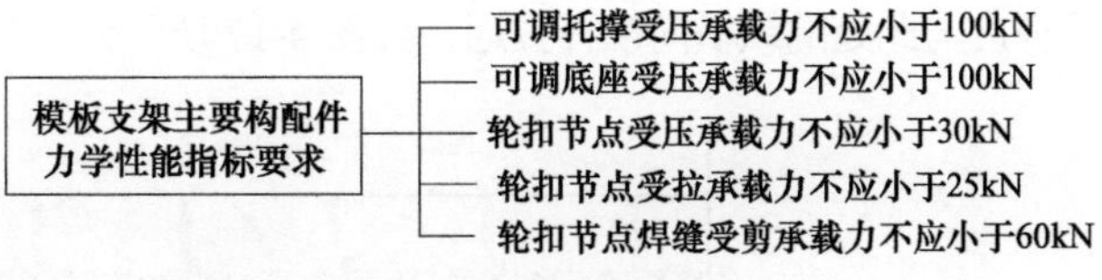

> **干货与提示**

立杆、水平杆、轮扣盘严禁使用废旧钢管或钢板改制的。模板支架主要构配件上需要有不易磨损的标识，

模板支架主要构配件力学性能指标要求	── 可调托撑受压承载力不应小于100kN
	── 可调底座受压承载力不应小于100kN
	── 轮扣节点受压承载力不应小于30kN
	── 轮扣节点受拉承载力不应小于25kN
	── 轮扣节点焊缝受剪承载力不应小于60kN

图 4-16　模板支架主要构配件力学性能指标要求

以及标明生产厂家代号、商标、材质牌号等标识。模板支架杆件焊接制作，有的是在专用工艺装备上进行，采用二氧化碳气体保护焊。

4.2.7　构配件允许公差的要求

构配件允许公差要求见表 4-7。

表 4-7　构配件允许公差要求

名称	项目	公称尺寸 /mm	允许偏差 /mm	检测工具
立杆	长度	600、900、1200、1500、1800、2100、2400、3000	±1.5	钢卷尺
	厚度	3.2	±0.32	游标卡尺
	外径	48.3	±0.5	游标卡尺
	轮扣盘间距	600	±0.5	钢卷尺
	杆件垂直度	—	$L/1000$	专用量具
可调托撑	托撑板厚度	≥5	±0.2	游标卡尺
	丝杆外径	≥36	±2	游标卡尺
可调底座	底座板厚度	≥6	±0.2	游标卡尺
	丝杆外径	≥36	±2	游标卡尺
横杆	长度	600、900、1000、1200、1500、1800	±0.5	钢卷尺
轮扣盘	厚度	≥8	±0.5	游标卡尺
端插头	厚度	≥10	±0.3	游标卡尺
	下伸长度	≥45	+0.5	游标卡尺

注：L 表示长度。

4.2.8　模板支架构配件外观质量的要求

模板支架构配件外观质量的要求如下。

（1）冲压件不得有毛刺、裂纹、氧化皮等缺陷。

（2）钢管要光滑、无分层、无结疤、无裂纹、无锈蚀、无毛刺等，不得采用横断面接长的钢管。

（3）各焊缝要饱满，焊渣清除干净，不得有未焊透、夹渣、咬肉、裂纹等缺陷。

（4）构配件表面要涂刷防锈漆或进行镀锌处理，涂层要均匀牢靠，表面要光滑。连接位置不得有毛刺等现象。

（5）铸造件表面要平整，不得有砂眼、缩孔、裂纹等缺陷，表面粘砂要清除干净。

4.2.9　轮扣脚手架结构与搭建要求

轮扣脚手架结构与搭建要求如下。

（1）模板支撑架、脚手架立杆搭设位置，需要根据安全专项施工方案放线来确定，并且定位要准确，不得任意搭设。

（2）坡道、台阶、坑槽、凸台等部位的支撑结构，如果支撑结构地基高差变化时，高处扫地杆应与此处的纵横向横杆拉通，如图4-17所示。

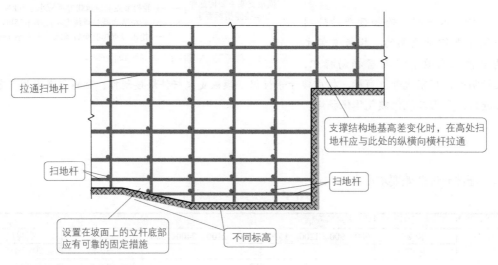

拉通扫地杆

支撑结构地基高差变化时，在高处扫地杆应与此处的纵横向横杆拉通

扫地杆

扫地杆

设置在坡面上的立杆底部应有可靠的固定措施

不同标高

图 4-17   地基高差变化时的扫地杆要求

（3）当横杆与立杆上同一步距对应的轮扣盘对准时，可以用小锤敲击横杆，使横杆端插头插入轮扣盘内，并且击紧端插头轮扣盘孔使之吻合，然后插入保险销，以保证横杆与立杆可靠连接。

（4）可调底座、垫板，需要准确地放置在定位线上，以及保持水平。

（5）连墙件、斜撑必须与架体同步搭设。

（6）设置在坡面上的立杆底部，需要有可靠的固定措施。

干货与提示

模板支撑架、满堂支撑架搭设的一些注意事项如下。

（1）建筑楼板多层连续施工时，需要保证上下层支撑立杆在同一轴线上。

（2）每搭完一步支撑架后，需要及时校正步距、立杆的纵横间距、立杆的垂直偏差与横杆的水平偏差。立杆的垂直偏差不得大于模板支架总高度的1/500，且不得大于50mm。

（3）模板支撑架搭设，需要与模板施工相配合，可以利用可调托撑调整底模标高。

（4）支撑架搭设完成后混凝土浇筑前，需要由项目技术负责人组织相关人员进行自检，并且报监理进行验收，合格后才可以浇筑混凝土。

4.3　轮扣脚手架构造特点与要求

4.3.1　双排轮扣脚手架的要求、规定

双排轮扣脚手架的一些要求、规定如下。

（1）脚手架的剪刀撑的设置，剪刀撑可以采用旋转扣件固定在与之相交的立杆上，并且旋转扣件中心线到主节点的距离一般不大于 150mm。

（2）脚手架的剪刀撑的设置，开口型双排脚手架的两端一般均必须设置扣件式钢管横向斜撑。

（3）脚手架首层立杆一般宜采用不同长度的立杆交错布置，并且错开立杆竖向距离需要符合有关规定。

（4）双排脚手架搭设高度一般不大于 24m。如果双排脚手架搭设高度大于 24m 时，则需要另行专门设计。

（5）脚手架的剪刀撑的设置，双排脚手架必须在外侧两端、转角、中间间隔不超过 15m 的立面上，各设置一道轮扣式钢管剪刀撑，或者扣件式钢管剪刀撑，并且由底到顶部连续设置，如图 4-18 所示。

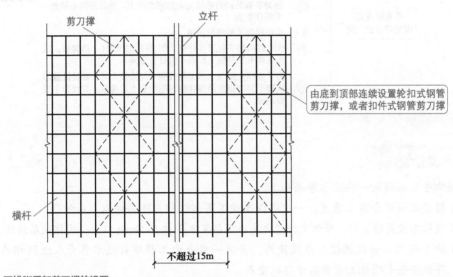

剪刀撑　立杆

由底到顶部连续设置轮扣式钢管剪刀撑，或者扣件式钢管剪刀撑

横杆

不超过15m

图 4-18　双排脚手架剪刀撑的设置

（6）当设置双排脚手架人行通道时，洞口两侧应设置安全网，洞口顶部应铺设封闭的防护板。

（7）当设置双排脚手架人行通道时，一般需要在通道上部架设支撑横梁，并且通道两侧脚手架需要加设钢管横向斜杆，以及横梁截面大小可以根据跨度、承受荷载的计算来确定。

（8）高度 24m 以上的双排脚手架，可以采用刚性连墙件与建筑物相连接。连墙件与脚手架立面、墙体需要保持垂直，并且同一层连墙件宜在同一平面，水平间距一般不大于 3 跨，与主体结构外侧面距离一般不宜大于 300mm，竖向间距可以通过计算来确定。

（9）架体高度超过 40m 并且存在风涡流作用时，则需要采取抗上升翻流作用的连墙措施。

（10）连墙件的设置，必须采用可以承受拉压荷载的构造。

（11）连墙件抗滑扣件、焊脚尺寸，一般根据计算来确定。

（12）连墙件需要设置在有横杆的节点旁，并且连接点到节点距离不得大于 300mm，大于 300mm 时，连墙件下需要加设短钢管顶杆。如果采用钢筋（预埋端）及钢管（扣接端）焊接的组合连墙件时，预埋钢筋直径不应小于 20mm，并且预埋钢筋与钢筋双面焊接，焊接长度不小于钢筋直径的 5 倍，连墙件要采用直角扣件与立杆连接。如果采用钢管连墙件时，连墙件应采用直角扣件与立杆连接。

（13）通行机动车的洞口，必须设置安全警示、防撞等设施。

（14）斜道的形式、构造需要符合如图 4-19 所示的规定。

图4-19　斜道的形式、构造需要符合的规定

（15）作业层设置需要符合如图4-20所示的规定。

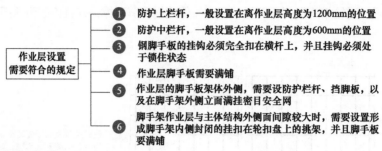

图4-20　作业层设置需要符合的规定

干货与提示

双排脚手架搭设的一些注意事项如下。

（1）搭设必须配合施工进度，一次搭设高度不得超过相邻连墙件以上两步距。

（2）架体搭设到顶层时，外侧立杆需要高出顶层架体平台1500mm以上，用作顶层的防护立杆。

（3）脚手架可以分段搭设、分段使用，并且一般是由工程项目技术负责人组织相关人员进行验收。符合安全专项施工方案后才可以使用。

（4）连墙件必须随脚手架高度上升在规定位置处设置，严禁任意拆除。

（5）有抗拔要求时，立杆对接需要增加锁销连接。

（6）作业层必须满铺脚手板。

（7）作业层脚手架外侧，需要设挡脚板、护身栏杆。护身栏杆可以用横杆在立杆的0.6m、1.2m的轮扣盘节点处布置两道，并且在外侧满挂密目式安全立网。

（8）作业层与主体结构间的空隙，需要设置内侧防护网。

4.3.2　门洞设置与门洞桁架构造的要求

4.3.2.1　门洞设置要求

门洞设置需要符合的规定如下。

（1）门洞的主立杆、副立杆、平行弦杆、斜撑杆、门洞上方两步内的立杆、纵横横杆可以采用扣件式钢管进行搭设。

（2）双排脚手架门洞桁架的型式，步距等于1.8m时，纵距不应大于1.55m。步距小于纵距时，则可以采用a型。步距大于纵距时，则可以采用b型。

（3）双排脚手架门洞宜采用上升斜杆、平行弦杆桁架结构型式，斜杆与地面的倾角一般为45°～60°。

4.3.2.2　双排脚手架门洞桁架构造的要求

双排脚手架门洞桁架构造的要求如下。

（1）门洞桁架下的两侧立杆，一般要求为双管立杆。副立杆高度，一般高于门洞口 1～2 步。

（2）门洞桁架中伸出上下弦杆的杆件端头，一般均要增设一个防滑扣件，并且该扣件宜紧靠主节点位置的扣件。

（3）双排脚手架门洞位置的空间桁架，除了下弦平面外，应在其余 5 个平面内的相关节间设置一根斜腹杆。

（4）斜腹杆一般采用旋转扣件固定在与之相交的横向横杆的伸出端上，旋转扣件中心线到主节点的距离不宜大于 150mm。

（5）斜腹杆一般宜采用通长杆件。

（6）斜腹杆在 1 跨内跨越 2 个步距时，则宜在相交的纵向横杆位置，增设一根横向横杆，将斜腹杆固定在其伸出端上。

4.4　模板支撑架构造特点、要求

4.4.1　模板支架构造的一般规定

模板支架构造的一般规定如下。

（1）模板支架设计，需要根据施工图纸进行统筹布置，不同开间、不同进深的支架均要可靠连接。

（2）模板支架支撑高度不大于 3m 且梁截面面积不大于 0.2m² 且楼板厚度不大于 200mm 时，可以采用无剪刀撑框架式支撑结构。如果超出该规定，则需要采用有剪刀撑框架式支撑结构。

（3）当模板支架支撑高度大于 5m 或楼板厚度大于 350mm 或梁截面面积大于 0.5mm² 时，需要组织专家对专项施工方案进行论证。

（4）有稳固既有结构时，模板支架需要与稳固的既有结构可靠连接，并且需要符合下列一些规定。

① 竖向连接间隔一般不超过 2 步，并且宜优先布置在有水平剪刀撑的水平杆层。

② 水平方向连接间隔不宜大于 8m。

③ 遇柱时，可以采用扣件式钢管抱柱拉结，并且拉结点需要靠近主节点设置，偏离主节点的距离不应大于 300mm。抱柱拉结措施如图 4-21 所示。

④ 侧向无可靠连接的模板支架高宽比不应大于 3。当高宽比大于 3 且四周不具备拉结条件时，需要采取扩大架体下部尺寸或其他构造措施。

⚙ **干货与提示**

模板支架地基的一些要求如下。

（1）搭设场地需要平整坚实，并且需要有排水措施，以防产生不均匀沉降。

（2）地基承载力需要满足受力要求。

（3）立杆支架在地基土上时，立杆底部需要设置木垫板。木垫板厚度要一致并且不小于 50mm、宽度不小于 200mm、长度不小于 2 跨。

（4）立杆支架在混凝土结构上时，立杆底部需要设置槽钢垫板或木垫板，并且垫板长度一般不小于2跨。

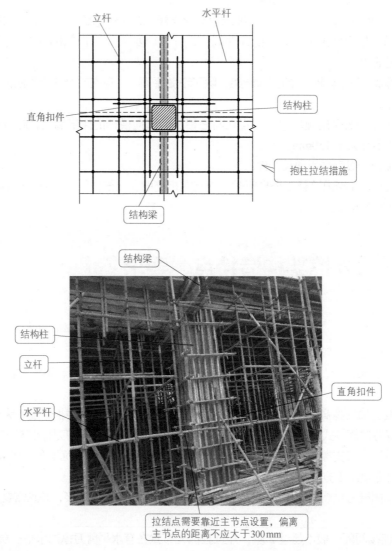

图 4-21　抱柱拉结措施

4.4.2　模板支架剪刀撑的特点、要求

模板支架剪刀撑的特点、要求如下。

（1）剪刀撑的斜杆接长一般采用搭接形式，并且搭接长度不小于1m，并且应采用不少于2个旋转扣件等距离固定好，以及端部扣件盖板边缘离杆端距离一般不小于100mm。扣件螺栓的拧紧力矩不小于40N·m，且不应大于65N·m。

（2）每对剪刀撑斜杆一般是分开设置在立杆的两侧。

（3）模板支架的剪刀撑，可以采用扣件式钢管进行搭接。

（4）模板支架水平杆步距需要满足设计要求，顶部步距要比标准步距缩小一个轮扣节点间距。

（5）竖向剪刀撑的布置要求如下：

① 模板支架外侧周圈，需要连续布置竖向剪刀撑；

② 模板支架中间需要在纵向、横向分别连续布置竖向剪刀撑。竖向剪刀撑间隔不大于 6 跨，并且不大于 6m。每个剪刀撑的跨数不超过 6 跨，并且宽度不大于 6m；

③ 竖向剪刀撑杆件底端需要与垫板或地面顶紧，倾斜角度一般为 45°～60°，并且采用旋转扣件每步与立杆固定，旋转扣件宜靠近主节点，中心线与主节点的距离不宜大于 150mm。

（6）高度超过 5m 需要设水平剪刀撑，并要符合以下要求：

① 底步需要连续设置水平剪刀撑；

② 顶步必须连续设置水平剪刀撑；

③ 水平剪刀撑的间隔层数不应大于 6 步且不大于 6m，每个剪刀撑的跨数不应超过 6 跨且宽度不大于 6m，如图 4-22 所示；

④ 水平剪刀撑需要采用旋转扣件每跨与立杆固定，并且旋转扣件宜靠近主节点。

水平剪刀撑实例如图 4-23 所示。

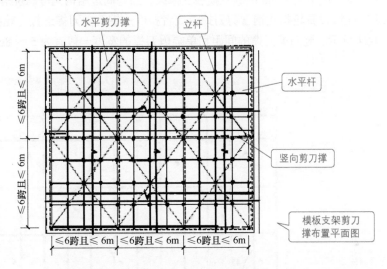

(a) 高度超过5m需要设水平剪刀撑时应符合的要求

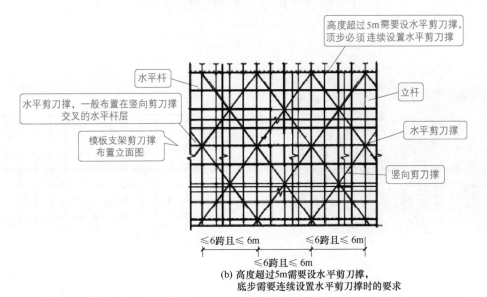

(b) 高度超过5m需要设水平剪刀撑，
底步需要连续设置水平剪刀撑时的要求

图 4-22　高度超过 5m 需要设水平剪刀撑的要求

水平剪刀撑

图 4-23 水平剪刀撑实例

（7）搭设高度不大于 5m 的满堂模板支撑架，当与周边结构无可靠拉结时，架体外周、内部需要在竖向连续设置轮扣式钢管剪刀撑，或者扣件式钢管剪刀撑连接。轮扣式钢管剪刀撑示意图如图 4-24 所示。竖向剪刀撑的间距和单幅剪刀撑的宽度一般宜为 5～8m，并且不大于 6 跨。

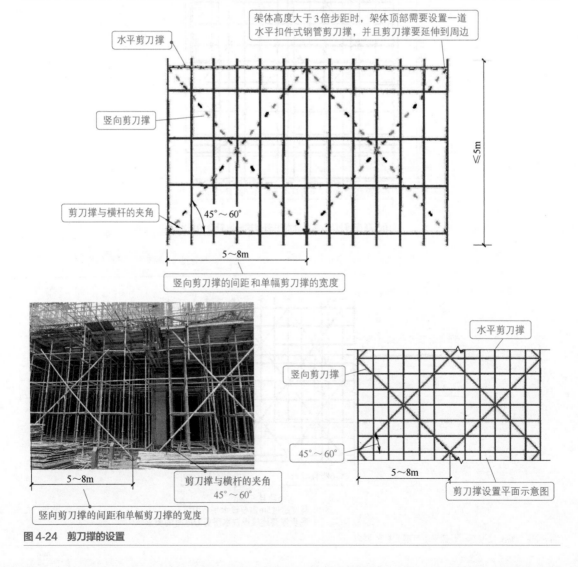

架体高度大于 3 倍步距时，架体顶部需要设置一道水平扣件式钢管剪刀撑，并且剪刀撑要延伸到周边

水平剪刀撑

竖向剪刀撑

剪刀撑与横杆的夹角

45°～60°

≤5m

5～8m

竖向剪刀撑的间距和单幅剪刀撑的宽度

竖向剪刀撑

水平剪刀撑

45°～60°

5～8m

剪刀撑与横杆的夹角
45°～60°

5～8m

剪刀撑设置平面示意图

竖向剪刀撑的间距和单幅剪刀撑的宽度

图 4-24 剪刀撑的设置

剪刀撑与横杆的夹角宜为 45°～60°。架体高度大于 3 倍步距时，架体顶部需要设置一道水平扣件式钢管剪刀撑，并且剪刀撑要延伸到周边。

（8）支撑架的竖向剪刀撑、水平剪刀撑，需要与支撑架同步搭设，剪刀撑的搭接长度不得小于 1m，并且采用扣件式钢管剪刀撑的不得少于 2 个扣件连接，以及扣件盖板边缘到杆端不小于 100mm。扣件螺栓的拧紧力矩不小于 40N·m，且不应大于 65N·m。

（9）当架体搭设高度大于 5m 且不超过 8m 时，需要在中间纵横向每隔 4～6m 设置由下到上的连续竖向轮扣式钢管剪刀撑，或者扣件式钢管剪刀撑，并且同时四周设置由下到上的连续竖向轮扣式钢管剪刀撑或扣件式钢管剪刀撑，以及在顶层、底层、中间层每隔 4 个步距设置扣件式钢管水平剪刀撑。

（10）当同时满足如图 4-25 所示的规定时，可以采用无剪刀撑框架式支撑结构。

同时满足这几个规定时，可以采用无剪刀撑框架式支撑结构	❶ 被支撑结构自重的荷载标准值小于5kPa的情况
	❷ 搭设高度在5m以下的情况
	❸ 支撑结构与既有结构有可靠连接的情况
	❹ 支撑结构支承在坚实均匀地基土或结构土上的情况

图 4-25　可以采用无剪刀撑框架式支撑结构的几个规定

（11）模板支撑架的高宽比不宜大于 3。如果高宽比大于 3 时，则在架体的周边、内部采用计算确定水平间隔的距离、竖向间隔的距离，并且设置连墙件与建筑结构进行拉结。如果无法设置连墙件的情况，则应设置钢丝绳张拉固定等措施进行拉固处理。

（12）模板支撑架立杆顶层横杆到模板支撑点的高度一般不大于 650mm，丝杆外露长度一般不大于 300mm，可调托撑插入立杆长度一般不小于 150mm，如图 4-26 所示。

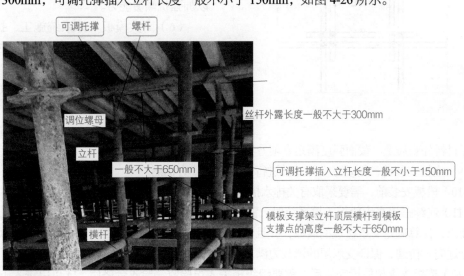

图 4-26　模板支撑的要求

（13）模板支撑架可调底座调节丝杆外露长度一般不大于 200mm，最底层横杆离地高度一般不大于 500mm。

（14）一般需要设置纵向扫地杆、横向扫地杆，并且扫地杆高度一般不超过 550mm。

干货与提示

① 模板支撑架搭设高度一般要求不超过 20m，并且立杆需要采用可调托撑，或者采用可调

托座传递竖向荷载。如果搭设高度超过20m时，则需要另行专门设计。

②模板支撑架需要根据施工方案计算确定纵横向横杆间距、步距，并且根据支模高度组合套插的立杆段、可调托撑、可调底座或垫板。

4.4.3　高大模板支撑系统构造的要点

高大模板支撑系统构造要点如下。

（1）高大模板支撑系统立杆的纵横横杆间距、步距，需要根据受力计算来确定，并且满足轮扣横杆、立杆的模数关系。步距一般不宜大于1.2m，并且顶层横杆与底模距离不应大于650mm。

（2）同一区域的立杆纵向间距一般要成倍数关系，并且根据先主梁、再次梁、后楼板的顺序排列，使梁板架体通过横杆纵横拉结形成整体。模数不匹配位置需要确保横杆两侧延伸至少扣接两根轮扣立杆。

（3）当架体高度大于8m时，高大模板支撑系统的顶层横杆步距宜比中间标准步距缩小一个轮扣间距。

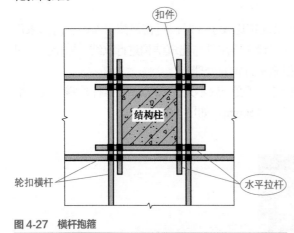

图4-27　横杆抱箍

（4）当架体高度大于20m时，顶层两步横杆均宜缩小一个轮扣间距。

（5）高支模的水平拉杆，需要根据水平间距6～9m，竖向每隔2～3m与周边结构墙柱、梁采取抱箍、顶紧等措施（图4-27），以加强抗倾覆能力。

（6）高大模板支撑系统施工、拆除前，需要由项目技术负责人对操作队伍进行搭设方法、拆除方法的安全交底、技术交底。

（7）安全技术交底需要具有时效性、针对性。

（8）高大模板支撑系统的主受力杆件必须确保材料外观质量、截面强度满足专项方案的性能要求。

（9）模板安装前，需要对立杆基础进行平整、承载力检测。

（10）模板安装前，需要采取有关排水措施。

（11）连续搭设高大模板支撑系统时，需要分析多层楼板间荷载传递对架体、楼板结构的承载力要求，计算确定支承楼板的层数，并且使上下楼层架体立杆保持在同一垂直线上，以便荷载能安全地向下传递，保证支承层的承载力满足要求。

（12）模板支撑架搭设完毕后，需要组织相关人员验收。验收合格后，才可以进入下一工序施工。

（13）支承层架体拆除，需要考虑上层荷载的影响，必要时要保留部分支顶后拆或加设回头顶等措施。

（14）支模拆除的顺序，一般是先拆除非承重模板，后拆承重模板。

（15）支模拆除的顺序、方法，需要根据方案的规定进行，并且经审核批准后才可以实施，同时需要严格遵守从上而下的原则。

（16）后浇带位置支撑架两侧，需要延伸到已浇结构至少一跨。等后浇带混凝土浇筑完成并达到设计强度后，才可以统一拆除。

（17）外飘结构的架体高宽比大于 3 时，需要在边跨楼板设置连墙件拉结，并且与结构墙柱抱箍。结构柱距大于 6m 时，需要保留边跨楼板两排立杆与外飘架体横杆拉结。如果采用悬挑型钢作为外飘结构架体立杆支承时，则需要对型钢进行相关强度、稳定性验算，并且设置相应的卸荷措施。

4.4.4　模板支架的检查验收

4.4.4.1　搭设前的检查与验收

轮扣式模板支架的施工准备、搭设、拆卸，与轮扣式脚手架具有许多相同的要求，在此不再讲解。模板支架搭设前的检查与验收要求见表 4-8。

表 4-8　模板支架搭设前的检查与验收要求

项目	要求	允许偏差 /mm	检验法
排水	有排水措施、不积水	—	观察法
垫板	应平整、无翘曲，不得采用已开裂垫板	—	观察法
	厚度符合要求	±5	钢卷尺量
	宽度	−20	钢卷尺量
地基承载力	满足承载能力要求	—	检查计算书、地质勘察报告
平整度	场地应平整	10	水准仪测量

4.4.4.2　搭设完成后的检查与验收

模板支架搭设完成后的检查与验收要求见表 4-9。

表 4-9　模板支架搭设完成后的检查与验收要求

项目		要求	允许偏差	检查法
立杆垂直度		—	1.5‰	经纬仪或吊线
水平杆水平度		—	3‰	水平尺
水平杆抗拔力		不小于 1.2kW	—	测力计
构造要求（剪刀撑）		按规程要求	—	—
杆件间距 /mm	步距	—	±10	钢卷尺
	纵、横距	—	±5	钢卷尺

4.4.4.3　使用过程中的检查项目

模板支架在使用过程中需要进行的检查项目如图 4-28 所示。

4.4.4.4　模板支架需要提供的技术资料

模板支架需要提供的技术资料如图 4-29 所示。

4.4.5　模板支架的安全管理与维护

模板支架安全管理与维护的要求如下。

（1）工地临时用电，需要根据现行行业标准《施工现场临时用电安全技术规范》（JGJ 46—2005）等有关规定执行。

需要检查施工是否超载

需要检查安全防护措施是否符合要求

需要检查水平杆是否有松动现象

需要检查基础是否有不均匀沉降

需要检查立杆底部与垫板是否有活动或悬空

图 4-28　模板支架在使用过程中需要进行的检查项目

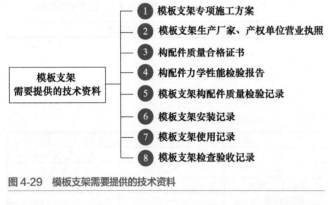

模板支架
需要提供的技术资料

1 模板支架专项施工方案
2 模板支架生产厂家、产权单位营业执照
3 构配件质量合格证书
4 构配件力学性能检验报告
5 模板支架构配件质量检验记录
6 模板支架安装记录
7 模板支架使用记录
8 模板支架检查验收记录

图 4-29　模板支架需要提供的技术资料

（2）模板支架搭设、拆除人员，需要经考试合格的专业架子工持证上岗。

（3）模板支架搭设、拆除人员，作业时必须戴安全帽、系安全带、穿防滑鞋。

（4）支撑结构作业层上施工荷载不得超过设计允许荷载。

（5）混凝土浇筑过程中，需要派专人观测模板支架的工作状态。如果发生异常，观测人员需要及时报告施工负责人。情况紧急时，应迅速撤离施工人员，以及进行相应的处理。

（6）高度5m以上的柱、墙等竖向混凝土构件，必须先浇筑，等混凝土达到一定强度后，再浇筑梁、板等水平混凝土构件。

（7）梁一般要从跨中向两端，梁每层浇筑厚度不得大于400mm。

（8）楼板一般局部从中央向四周对称分层浇筑。楼板局部混凝土堆置高度不得超过楼板厚度100mm。为确保均匀加载，避免局部超载偏心作用使架体倾斜失稳。

（9）模板支架使用期间，严禁擅自拆除架体结构杆件。如果需拆除，则必须经过审批通过后方可施工。

（10）严禁在模板支架基础或者开挖深度影响范围内进行挖掘等有关危害作业。

（11）模板支架拆除时，需要注意对轮扣盘、端接头的保护。

（12）拆除的模板支架构件，需要安全传递到地面，严禁抛掷。

（13）模板立架上进行电气焊作业时，必须有防火措施与专人监护。

4.5　设计计算与用表参数

4.5.1　钢材截面积特性

钢材截面积特性见表 4-10。

表 4-10　钢材截面积特性

外径 d/mm	壁厚 t/mm	截面积 A/mm²	惯性矩 I/mm⁴	回转半径 i/mm	截面模量 W/mm³
48.3	3.6	506	127085	15.9	5262
48.3	3.24	459	117009	16	4845
48.3	3	427	109996	16.1	4555
48.3	2.7	387	100888	16.2	4178

4.5.2　模板支架每米结构自重的标准值

模板支架每米结构自重的标准值见表 4-11。

表 4-11　模板支架每米结构自重的标准值

步距 h/m	横距 l_b/m	模板支架每米结构自重标准值/(kN/m)				
		纵距 l_a 0.30m	纵距 l_a 0.45m	纵距 l_a 0.6m	纵距 l_a 0.9m	纵距 l_a 1.2m
0.6	0.3	0.1038	0.1136	0.1234	0.1429	0.1625
	0.45	0.1136	0.123	0.1331	0.1527	0.1722
	0.6	0.1234	0.133	0.1429	0.1625	0.182
	0.9	0.1429	0.153	0.1625	0.182	0.2016
	1.2	0.1625	0.172	0.182	0.2016	0.2211
0.9	0.3	0.0878	0.0944	0.1009	0.1139	0.1269
	0.45	0.0944	0.101	0.1074	0.1204	0.1335
	0.6	0.1009	0.107	0.1139	0.1269	0.14
	0.9	0.1139	0.12	0.1269	0.14	0.153
	1.2	0.1269	0.133	0.14	0.153	0.166
1.2	0.3	0.0798	0.0847	0.0896	0.0994	0.1092
	0.45	0.0847	0.09	0.0945	0.1043	0.1141
	0.6	0.0896	0.095	0.0994	0.1092	0.1189
	0.9	0.0994	0.104	0.1092	0.1189	0.1287
	1.2	0.1092	0.114	0.1189	0.1287	0.1385
1.5	0.3	0.0751	0.079	0.0829	0.0907	0.0985
	0.45	0.079	0.083	0.0868	0.0946	0.1024
	0.6	0.0829	0.087	0.0907	0.0985	0.1063
	0.9	0.0907	0.095	0.0985	0.1063	0.1142
	1.2	0.0985	0.102	0.1063	0.1142	0.122
1.8	0.3	0.0719	0.0751	0.0784	0.0849	0.0914
	0.45	0.0751	0.078	0.0816	0.0882	0.0947
	0.6	0.0784	0.082	0.0849	0.0914	0.0979
	0.9	0.0849	0.088	0.0914	0.0979	0.1044
	1.2	0.0914	0.095	0.0979	0.1044	0.111

4.5.3 有剪刀撑框架式支撑结构的扫地杆高度与悬臂长度修正系数

有剪刀撑框架式支撑结构的扫地杆高度与悬臂长度修正系数见表4-12。

表4-12 有剪刀撑框架式支撑结构的扫地杆高度与悬臂长度修正系数

β_α 　　n_x α	3	4	5	6
≤ 0.2	1	1	1	1
0.4	1.036	1.03	1.028	1.026
0.6	1.144	1.111	0.101	1.096

注：α——α_1、α_2中的较大值；

　　α_1——扫地杆高度h_1与步距h之比；

　　α_2——悬臂长度h_2与步距h之比；

　　n_x——单元框架的x向跨数；

　　β_α——有剪刀撑框架式支撑结构的扫地杆高度与悬臂长度修正系数。

4.5.4 有剪刀撑框架式支撑结构的计算长度系数

有剪刀撑框架式支撑结构的计算长度系数见表4-13。

表4-13 有剪刀撑框架式支撑结构的计算长度系数

n_x	K 　　α_x	\multicolumn{7}{c}{有剪刀撑框架式支撑结构的计算长度系数 μ}

n_x	K ＼ α_x	0.4	0.6	0.8	1.0	1.2	1.4	1.6
3	0.4	1.40	1.46	1.49	1.51	1.52	1.53	1.54
	0.6	1.55	1.63	1.68	1.71	1.72	1.74	1.75
	0.8	1.66	1.76	1.82	1.86	1.89	1.91	1.92
	1.0	1.75	1.86	1.94	1.99	2.02	2.04	2.06
	2.0	1.96	2.13	2.25	2.33	2.40	2.44	2.48
	3.0	2.07	2.26	2.41	2.51	2.59	2.66	2.71
	4.0	2.16	2.37	2.53	2.65	2.74	2.81	2.87
4	0.4	1.52	1.57	1.60	1.61	1.61	1.61	1.61
	0.6	1.70	1.76	1.80	1.82	1.82	1.83	1.83
	0.8	1.84	1.92	1.97	1.99	2.00	2.01	2.01
	1.0	1.95	2.04	2.10	2.13	2.15	2.16	2.17
	2.0	2.24	2.39	2.49	2.55	2.60	2.63	2.65
	3.0	2.39	2.58	2.71	2.79	2.85	2.90	2.93
	4.0	2.52	2.73	2.88	2.98	3.05	3.10	3.15
5	0.4	1.59	1.63	1.66	1.67	1.67	1.67	1.67
	0.6	1.78	1.84	1.87	1.88	1.88	1.88	1.88
	0.8	1.94	2.01	2.04	2.05	2.06	2.06	2.06
	1.0	2.07	2.14	2.19	2.20	2.21	2.22	2.22
	2.0	2.43	2.56	2.64	2.68	2.71	2.73	2.75
	3.0	2.63	2.80	2.90	2.97	3.01	3.05	3.07
	4.0	2.78	2.98	3.11	3.19	3.25	3.29	3.32

n_x	K \ α_x	有剪刀撑框架式支撑结构的计算长度系数 μ						
		0.4	0.6	0.8	1.0	1.2	1.4	1.6
6	0.4	1.63	1.67	1.73	1.74	1.74	1.74	1.74
	0.6	1.84	1.88	1.90	1.91	1.91	1.91	1.91
	0.8	2.00	2.06	2.08	2.09	2.09	2.09	2.09
	1.0	2.14	2.20	2.23	2.24	2.25	2.25	2.25
	2.0	2.55	2.67	2.73	2.76	2.78	2.80	2.81
	3.0	2.79	2.95	3.03	3.09	3.12	3.15	3.16
	4.0	2.98	3.16	3.27	3.34	3.38	3.41	3.44

注：n_x——单元框架的 x 向跨数；

$\quad$ K——有剪刀撑框架式支撑结构的刚度比，按 $K=\dfrac{EI}{hk}+\dfrac{l_y}{6h}$ 计算；

$\quad$ E——弹性模量，MPa；

$\quad$ I——杆件的截面惯性矩，mm^4；

$\quad$ l_x——立杆的 x 向间距，mm；

$\quad$ l_y——立杆的 y 向间距，mm；

$\quad$ α_x——单元框架 x 向跨距与步距 h 之比，按 $\alpha_x=\dfrac{l_x}{h}$ 计算；

$\quad$ h——立杆步距，mm；

$\quad$ k——节点转动刚度，按 15kN·m/rad 取值。

x 向定义如下：

① 当纵向、横向立杆间距相同时，x 向为单元框架立杆跨数大的方向；

② 当纵向、横向立杆间距不同时，x 向应分别取纵向、横向进行计算，μ 取计算结果较大值。

4.5.5 无剪刀撑框架式支撑结构的计算长度系数

无剪刀撑框架式支撑结构的计算长度系数见表4-14。

表 4-14 无剪刀撑框架式支撑结构的计算长度系数

n_z	K \ α	无剪刀撑框架式支撑结构的计算长度系数 μ							
		0.1	0.2	0.3	0.4	0.5	0.6	0.7	0.8
1	0.4	1.65	1.68	1.73	1.79	1.88	2	2.14	2.31
	0.6	1.87	1.91	1.97	2.04	2.13	2.25	2.38	2.54
	0.8	2.06	2.12	2.19	2.27	2.36	2.48	2.61	2.75
	1	2.24	2.30	2.38	2.47	2.57	2.68	2.81	2.96
	2	2.97	3.07	3.18	3.29	3.41	3.54	3.68	3.82
	3	3.55	3.68	3.81	3.95	4.08	4.23	4.38	4.53
	4	4.05	4.20	4.35	4.50	4.66	4.82	4.98	5.14
2	0.4	1.79	1.81	1.83	1.86	1.92	2.02	2.15	2.31
	0.6	2.04	2.06	2.09	2.14	2.20	2.28	2.40	2.54
	0.8	2.26	2.29	2.33	2.37	2.44	2.52	2.63	2.76
	1	2.46	2.49	2.54	2.59	2.66	2.74	2.85	2.97
	2	3.27	3.33	3.39	3.46	3.54	3.63	3.74	3.85
	3	3.91	3.99	4.07	4.15	4.24	4.34	4.45	4.56
	4	4.47	4.55	4.64	4.74	4.84	4.95	5.06	5.18

n_z		无剪刀撑框架式支撑结构的计算长度系数 μ							
	K＼α	0.1	0.2	0.3	0.4	0.5	0.6	0.7	0.8
3	0.4	1.85	1.86	1.88	1.90	1.94	2.02	2.15	2.31
	0.6	2.12	2.13	2.15	2.18	2.23	2.30	2.41	2.55
	0.8	2.35	2.37	2.39	2.42	2.47	2.54	2.64	2.77
	1	2.56	2.58	2.61	2.65	2.70	2.77	2.86	2.98
	2	3.41	3.45	3.49	3.54	3.60	3.68	3.76	3.86
	3	4.08	4.13	4.19	4.25	4.32	4.40	4.48	4.58
	4	4.66	4.72	4.78	4.85	4.93	5.01	5.10	5.20
4	0.4	1.89	1.89	1.90	1.92	1.95	2.03	2.15	2.31
	0.6	2.16	2.17	2.18	2.20	2.24	2.31	2.41	2.51
	0.8	2.40	2.41	2.43	2.45	2.49	2.55	2.65	2.77
	1	2.62	2.63	2.65	2.68	2.72	2.78	2.87	2.98
	2	3.49	3.52	3.55	3.59	3.64	3.70	3.78	3.87
	3	4.18	4.21	4.26	4.30	4.36	4.43	4.50	4.59
	4	4.77	4.81	4.86	4.92	4.98	5.05	5.12	5.21
5	0.4	1.91	1.91	1.92	1.93	1.96	2.03	2.16	2.31
	0.6	2.19	2.19	2.20	2.22	2.25	2.31	2.41	2.55
	0.8	2.43	2.44	2.45	2.47	2.50	2.56	2.65	2.77
	1	2.65	2.66	2.68	2.70	2.73	2.79	2.87	2.98
	2	3.54	3.56	3.59	3.62	3.66	3.71	3.78	3.87
	3	4.24	4.27	4.30	4.34	4.39	4.45	4.51	4.59
	4	4.84	4.87	4.91	4.96	5.01	5.07	5.14	5.22

注：n_z——立杆步数；

    K——无剪刀撑框架式支撑结构的刚度比，按 $K=\dfrac{EI}{hk}+\dfrac{l_{max}}{6h}$ 计算；

    E——弹性模量，MPa；

    I——杆件的截面惯性矩，mm^4；

  l_{max}——立杆纵向间距 l_a、横向间距 l_b 中的较大值，mm；

    h——水平杆步距，mm；

    k——节点转动刚度，按 15kN·m/rad 取值；

    α——α_1、α_2 中的较大值；

    α_1——扫地杆高度 h_1 与步距 h 之比；

    α_2——悬臂长度 h_2 与步距 h 之比。

水平杆与立杆截面尺寸不同时：

$$K=\frac{EI}{hk}+\frac{l_{max}}{6h}\frac{I_2}{I_1}$$

    I_1——水平杆的截面惯性矩，mm^4；

    I_2——立杆的截面惯性矩，mm^4。

4.5.6 轮扣式脚手架计算中可参考盘扣式脚手架的情况

    轮扣式脚手架支架上的风荷载标准值公式、支撑架/脚手架风荷载体型系数、脚手架施工活荷载标准值、钢材的强度和弹性模量、受弯构件的挠度容许值，可以参考盘扣式脚手架的相关项。

    轮扣式脚手架立杆底部地基承载力需要满足要求的计算、轮扣式双排脚手架连墙件相关计算等，可以参考盘扣式脚手架的相关项。

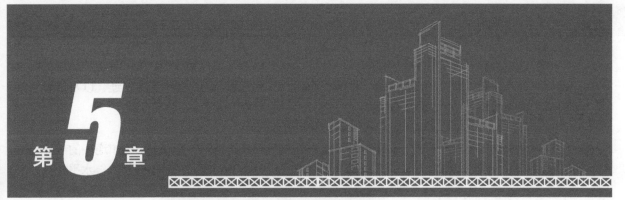

第 **5** 章

碗扣式脚手架

5.1 基础知识

5.1.1 碗扣式脚手架的配件

碗扣式脚手架是一种新型的承插式钢管脚手架。该脚手架采用了带齿的碗扣接头。碗扣式脚手架配件如图 5-1 所示。

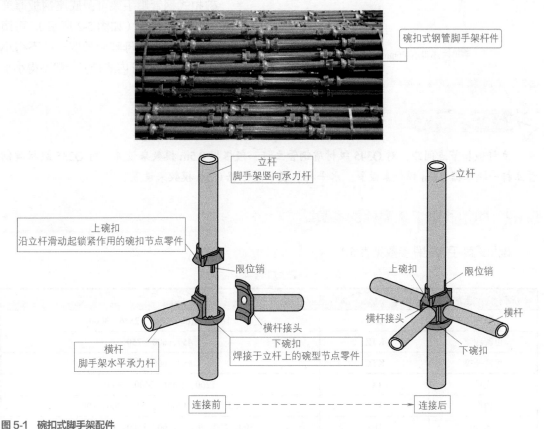

图 5-1 碗扣式脚手架配件

碗扣式脚手架一些配件的特点如下。

（1）间水平杆，就是两端焊有插卡装置，可以与纵向水平杆通过插卡装置相连，以及用于双排脚手架的一种横向水平钢管构件。

（2）连接销，就是用于立杆竖向承插接长的一种销子。

（3）水平杆，也就是横杆，其是两端焊接有连接板接头，与立杆通过上下碗扣连接的一种水平钢管构件。横杆，有纵向水平杆、横向水平杆之分。水平杆上往往有水平杆接头。水平杆接头就是焊接在水平杆两端的一种曲板状连接件。

（4）挑梁，就是双排脚手架作业平台的挑出定型构件。挑梁包括外挑宽度为 300mm 的窄挑梁、外挑宽度为 600mm 的宽挑梁等种类。

（5）限位销，就是焊接固定在立杆上用于锁紧上碗扣的一种定位销子。

（6）斜杆，就是两端带有接头，主要用作脚手架斜撑杆的一种钢管构件。根据设置方向，斜杆可以分为水平斜杆、竖向斜杆等类型。根据接头形式，斜杆可以分为专用外斜杆、内斜杆等类型。其中，内斜杆就是用于脚手架内部，两端带有扣接头的一种斜向钢管构件。

（7）专用外斜杆，就是用于脚手架端部或外立面，两端焊有旋转式连接板接头的一种斜向钢管构件。

碗扣式钢管脚手架可调底座钢板厚度一般不得小于 6mm（如图 5-2 所示），可调底座丝杆与调节螺母啮合长度一般不得小于 6 个扣，插入立杆内的长度一般不得小于 150mm。

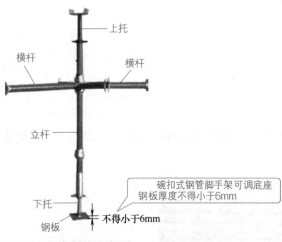

图 5-2　可调底座钢板厚度要求

干货与提示

立杆碗扣节点间距，对 Q345 级材质钢管立杆一般根据 0.5m 模数来设置。对 Q235 级材质钢管立杆一般根据 0.6m 模数来设置。水平杆长度一般根据 0.3m 模数来设置。

5.1.2　碗扣式脚手架配件的参数

碗扣式脚手架配件参数见表 5-1。

表 5-1　碗扣式脚手架配件参数

名称	型式代号	主参数系列（构件的长度）/mm
斜杆	XG	1697、2160、2343、2546、3000
可调底座	KTZ	450、600、750
可调托撑	KTC	450、600、750
立杆	LG	1200、1800、2400、3000
顶杆	DG	900、1200、1500、1800、2400、3000
横杆	HG	300、600、900、1200、1500、1800、2400

5.1.3　碗扣式脚手架配件的代号

碗扣式脚手架配件代号如图 5-3 所示。

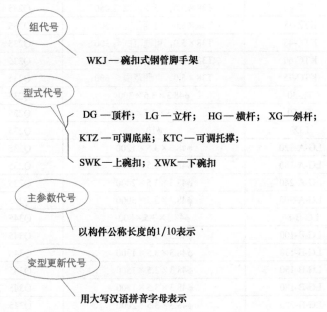

组代号

WKJ—碗扣式钢管脚手架

型式代号

DG—顶杆；　LG—立杆；　HG—横杆；　XG—斜杆；

KTZ—可调底座；　KTC—可调托撑；

SWK—上碗扣；　XWK—下碗扣

主参数代号

以构件公称长度的1/10表示

变型更新代号

用大写汉语拼音字母表示

图 5-3　碗扣式脚手架配件代号

5.1.4　碗扣式脚手架配件的型号

碗扣式脚手架配件型号如图 5-4 所示。

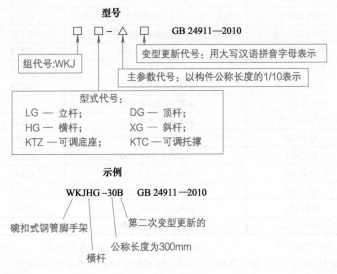

型号

□ □ － △ □　GB 24911—2010

变型更新代号：用大写汉语拼音字母表示

主参数代号：以构件公称长度的1/10表示

组代号:WKJ

型式代号：

LG — 立杆；　　　　DG — 顶杆；
HG — 横杆；　　　　XG — 斜杆；
KTZ — 可调底座；　　KTC — 可调托撑

示例

WKJHG－30B　GB 24911—2010

碗扣式钢管脚手架

第二次变型更新的

公称长度为300mm

横杆

图 5-4　碗扣式脚手架配件型号

5.1.5　碗扣式脚手架主要构配件种类、规格

碗扣式脚手架主要构配件种类、规格见表 5-2。

表 5-2　碗扣式脚手架主要构配件种类、规格

名称	常用型号	主要规格 /mm	材质	理论质量 /kg
可调底座	KTZ-45	T38×5.0，可调范围≤300	Q235	5.82
	KTZ-60	T38×5.0，可调范围≤450	Q235	7.12
	KTZ-75	T38×5.0，可调范围≤600	Q235	8.5
可调托撑	KTC-45	T38×5.0，可调范围≤300	Q235	7.01
	KTC-60	T38×5.0，可调范围≤450	Q235	8.31
	KTC-75	T38×5.0，可调范围≤600	Q235	9.69
窄挑梁	TL-30	ϕ48.3×3.5×300	Q235	1.53
宽挑梁	TL-60	ϕ48.3×3.5×600	Q235	8.6
立杆连接销	LJX	ϕ10	Q235	0.18
立杆	LG-A-120	ϕ48.3×3.5×1200	Q235	7.05
	LG-A-180	ϕ48.3×3.5×1800	Q235	10.19
	LG-A-240	ϕ48.3×3.5×2400	Q235	13.34
	LG-A-300	ϕ48.3×3.5×3000	Q235	16.48
	LG-B-80	ϕ48.3×3.5×800	Q345	4.3
	LG-B-100	ϕ48.3×3.5×1000	Q345	5.5
	LG-B-130	ϕ48.3×3.5×1300	Q345	6.9
	LG-B-150	ϕ48.3×3.5×1500	Q345	8.1
	LG-B-180	ϕ48.3×3.5×1800	Q345	9.3
	LG-B-200	ϕ48.3×3.5×2000	Q345	10.5
	LG-B-230	ϕ48.3×3.5×2300	Q345	11.8
	LG-B-250	ϕ48.3×3.5×2500	Q345	13.4
	LG-B-280	ϕ48.3×3.5×2800	Q345	15.4
	LG-B-300	ϕ48.3×3.5×3000	Q345	17.6
间水平杆	JSPG-90	ϕ48.3×3.5×900	Q235	4.37
	JSPG-120	ϕ48.3×3.5×1200	Q235	5.52
	JSPG-120+30	ϕ48.3×3.5×（1200+300）用于窄挑梁	Q235	6.85
	JSPG-120+60	ϕ48.3×3.5×（1200+600）用于宽挑梁	Q235	8.16
专用外斜杆	WXG-0912	ϕ48.3×3.5×1500	Q235	6.33
	WXG-1212	ϕ48.3×3.5×1700	Q235	7.03
	WXG-1218	ϕ48.3×3.5×2160	Q235	8.66
	WXG-1518	ϕ48.3×3.5×2340	Q235	9.3
	WXG-1818	ϕ48.3×3.5×2550	Q235	10.04
水平杆	SPG-30	ϕ48.3×3.5×300	Q235	1.32
	SPG-60	ϕ48.3×3.5×600	Q235	2.47
	SPG-90	ϕ48.3×3.5×900	Q235	3.69
	SPG-120	ϕ48.3×3.5×1200	Q235	4.84
	SPG-150	ϕ48.3×3.5×1500	Q235	5.93
	SPG-180	ϕ48.3×3.5×1800	Q235	7.14

注：1. 表中所列立杆型号标识为"-A"表示节点间距根据 0.6m 模数（Q235 材质立杆）来设置。

2. 表中所列立杆型号标识为"-B"表示节点间距根据 0.5m 模数（Q345 材质立杆）来设置。

5.1.6　碗扣式脚手架配件的要求

碗扣式脚手架配件的一些要求如下。

（1）可调托撑、可调底座，可以采用实心螺杆，也可以采用空心螺杆，但是其材质均需要

符合现行国家标准等要求。

（2）可调托撑 U 形托板、可调底座垫板，可以采用碳素结构钢，但是其材质均需要符合现行国家标准等要求。

（3）上碗扣、水平杆接头一般不得采用钢板冲压成型。

（4）水平杆接头、斜杆接头可以采用碳素铸钢铸造，但是其材质需要符合现行国家标准等要求。

（5）水平杆接头可以采用锻造成型，但是其材质需要符合现行国家标准等要求。

（6）下碗扣采用钢板冲压成型时，板材厚度不得小于 4mm，并且需要经 600 ～ 650℃的时效处理，材质不低于现行国家标准《碳素结构钢》（GB/T 700—2006）中 Q235 级钢等有关规定要求，以及严禁利用废旧锈蚀钢板改制而成。

（7）下碗扣可以采用碳素铸钢铸造，但是其材质需要符合现行国家标准等要求。

干货与提示

脚手板的材质需要符合的一些要求与规定如下。

① 冲压钢脚手板的钢板厚度一般不宜小于 1.5mm，并且板面冲孔内切圆直径一般小于 25mm。

② 单块脚手板的质量一般不宜大于 30kg。

③ 钢脚手板材质均需要符合相关现行国家标准的规定。

④ 脚手板可以采用钢料、木料、竹材料制作。

⑤ 木脚手板厚度一般不应小于 50mm，并且两端宜各设直径不小于 4mm 的镀锌钢丝箍两道。

⑥ 竹串片脚手板、竹笆脚手板一般宜采用毛竹、楠竹制作，并且需要符合相关现行国家标准的规定。

5.1.7　碗扣式脚手架配件的质量

5.1.7.1　主要构配件极限承载力性能指标

主要构配件极限承载力性能指标需要符合有关规定，如图 5-5 所示。

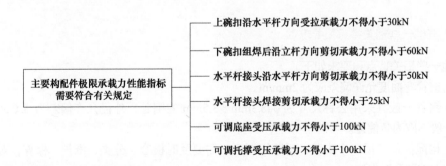

主要构配件极限承载力性能指标需要符合有关规定
- 上碗扣沿水平杆方向受拉承载力不得小于30kN
- 下碗扣组焊后沿立杆方向剪切承载力不得小于60kN
- 水平杆接头沿水平杆方向剪切承载力不得小于50kN
- 水平杆接头焊接剪切承载力不得小于25kN
- 可调底座受压承载力不得小于100kN
- 可调托撑受压承载力不得小于100kN

图 5-5　主要构配件极限承载力性能指标需要符合有关规定

5.1.7.2　构配件互换与组架需满足的需求

构配件满足互换与组架，则需要满足的一些要求如图 5-6 所示。

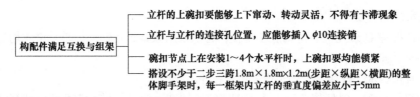

图5-6　构配件满足互换与组架

5.1.7.3　构配件外观质量要求

一些构配件外观质量要求如图 5-7 所示。

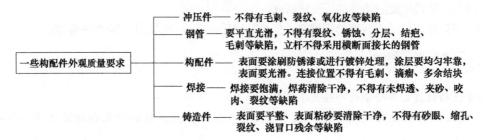

图5-7　一些构配件外观质量要求

5.1.7.4　可调托撑、可调底座的质量要求

可调托撑、可调底座的质量要求如图 5-8 所示。

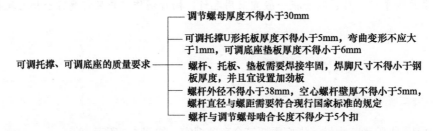

图5-8　可调托撑、可调底座的质量要求

5.1.7.5　其他一些相关特点和要求

其他一些相关特点和要求如下。

（1）钢管弯曲度允许偏差应为 2mm/m。

（2）钢管一般宜采用公称尺寸为 ϕ48.3mm×3.5mm 的钢管，外径允许偏差为 ±0.5mm，壁厚偏差一般不应为负偏差。

（3）构配件每使用一个安装、拆除周期后，需要及时检查、分类、维护、保养，对不合格品的构配件需要及时报废。

（4）立杆接长插套长度一般不得小于 160mm，外伸长度一般不得小于 110mm，焊接端插入长度一般不得小于 60mm，插套与立杆钢管间的间隙一般不得大于 2mm。

（5）立杆接长如果采用内插套时，内插套管壁厚一般不应小于 3mm。

（6）立杆接长如果采用外插套时，外插套管壁厚一般不应小于 3.5mm。

（7）立杆碗扣节点间距允许偏差应为 ±1mm。

（8）水平杆曲板接头弧面轴心线与水平杆轴心线的垂直度允许偏差一般为 1mm。

（9）下碗扣碗口平面与立杆轴线的垂直度允许偏差一般为 1mm。

（10）主要构配件需要有生产厂家标识。

5.2　碗扣式脚手架的要求与规范

5.2.1　碗扣方式连接节点的特点

碗扣式脚手架，就是节点采用碗扣方式连接的一类钢管脚手架，如图 5-9 所示。根据其用途，碗扣式脚手架可分为双排脚手架、模板支撑架等种类。

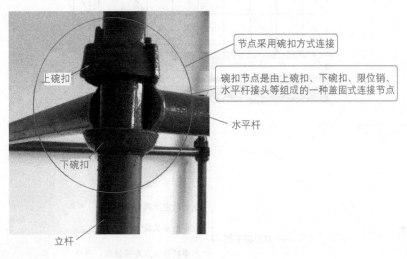

图 5-9　碗扣式脚手架节点

5.2.2　碗扣式钢管脚手架的组成

碗扣式钢管脚手架的组成如图 5-10 所示。

5.2.3　碗扣式脚手架结构特点

脚手架的结构设计，一般是采用以概率论为基础的极限状态设计法，用分项系数的设计表达式进行计算。

脚手架一般根据架体构造、搭设部位、使用功能、荷载等因素确定有关内容。双排脚手架、模板支撑架设计计算的内容如图 5-11 所示。

有风荷载作用时，脚手架立杆一般根据压弯构件来计算。无风荷载作用时，脚手架立杆一般根据轴心受压杆件来计算。

脚手架杆件长细比需要符合的一些要求如图 5-12 所示。

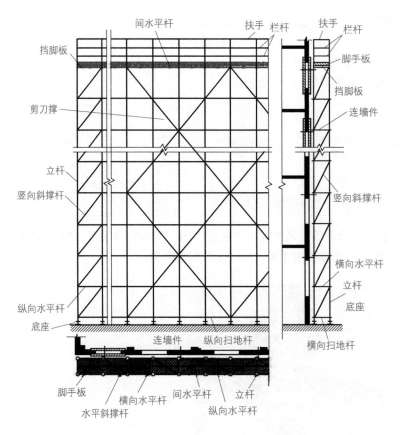

图 5-10 碗扣式钢管脚手架的组成

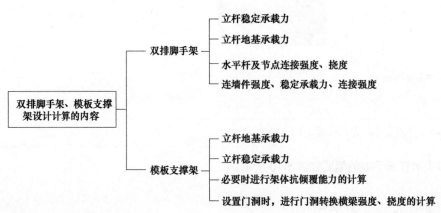

图 5-11 双排脚手架、模板支撑架设计计算的内容

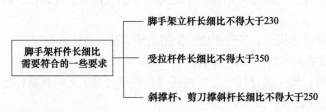

图 5-12 脚手架杆件长细比需要符合的一些要求

脚手架杆件连接点、可调托撑、底座的承载力设计值见表 5-3。

表 5-3　脚手架杆件连接点、可调托撑、底座的承载力设计值

项目		承载力设计值 /kN
立杆插套连接抗拉		15
可调托撑抗压		80
可调底座抗压		80
扣件节点抗剪（抗滑）	单扣件	8
	双扣件	12
碗扣节点	水平向抗拉（压）	30
	竖向抗压（抗剪）	25

5.2.4　碗扣式脚手架地基的要求

碗扣式脚手架地基的要求如下。

（1）地基需要坚实、平整，场地需要有排水措施，不得有积水，如图 5-13 所示。

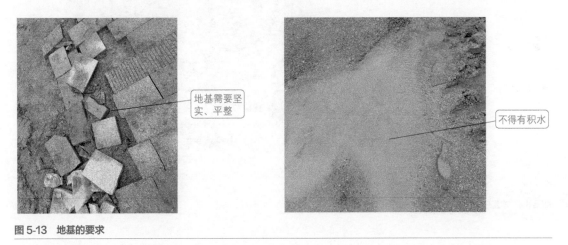

图 5-13　地基的要求

（2）承载力不足的地基土或混凝土结构层，需要进行加固处理，如图 5-14 所示。

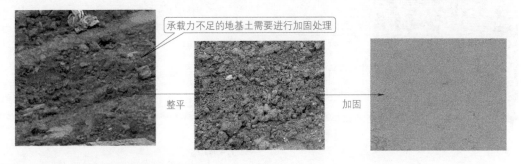

图 5-14　承载力不足的地基土需要进行加固处理

（3）混凝土结构层上的立杆底部需要设置底座或垫板，如图 5-15 所示。

（4）基础表面高差较大时，可以利用立杆碗扣节点位差配合可调底座进行调整，并且高处的立杆距离坡顶边缘不得小于 500mm。基础表面高差较小时，可以采用可调底座调整。

图 5-15　立杆底部设置垫板

（5）湿陷性黄土、膨胀土、软土地基需要有防水措施。

（6）土层地基上的立杆底部，需要设置底座与混凝土垫层，垫层混凝土标号一般不得低于 C15，厚度一般不得小于 150mm。如果采用垫板代替混凝土垫层时，则垫板一般要采用厚度不小于 50mm、宽度不小于 200mm、长度不少于两跨的木垫板，如图 5-16 所示。

碗扣式脚手架地基基础的计算如图 5-17 所示。

碗扣式脚手架地基承载力修正系数见表 5-4。

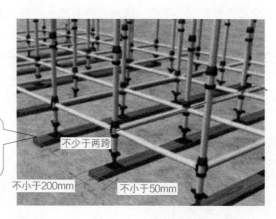

如果采用垫板代替混凝土垫层时，则垫板一般要采用厚度不小于 50mm、宽度不小于 200mm、长度不少于两跨的木垫板

不少于两跨

不小于 200mm　　不小于 50mm

图 5-16　木垫板

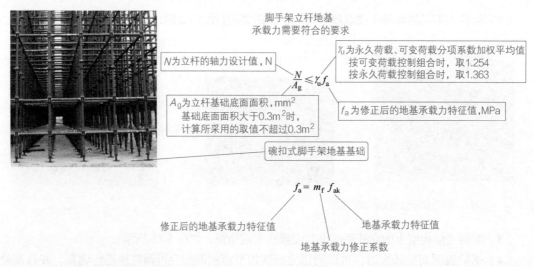

脚手架立杆地基承载力需要符合的要求

N 为立杆的轴力设计值，N

$\dfrac{N}{A_g} \le \gamma_u f_a$

A_g 为立杆基础底面面积，mm^2
基础底面面积大于 $0.3m^2$ 时，计算所采用的取值不超过 $0.3m^2$

γ_u 为永久荷载、可变荷载分项系数加权平均值
按可变荷载控制组合时，取 1.254
按永久荷载控制组合时，取 1.363

f_a 为修正后的地基承载力特征值，MPa

碗扣式脚手架地基基础

$$f_a = m_f\, f_{ak}$$

修正后的地基承载力特征值　　地基承载力修正系数　　地基承载力特征值

图 5-17　碗扣式脚手架地基基础的计算

表 5-4　碗扣式脚手架地基承载力修正系数

地基土类别	修正系数	
	原状土	分层回填夯实土
粉土、黏土	0.7	0.5
岩石、混凝土、道路路面（沥青混凝土路面、水泥混凝土路面、水泥稳定碎石道路基层）	1	—
多年填积土	0.6	—
碎石土、砂土	0.8	0.4

5.2.5　碗扣式脚手架起步立杆的要求

碗扣式脚手架起步立杆，一般需要采用不同型号的杆件交错布置，架体相邻立杆接头需要错开设置，并且不得设置在同步内，如图 5-18 所示。另外，模板碗扣式支撑架相邻立杆接头也宜交错布置。

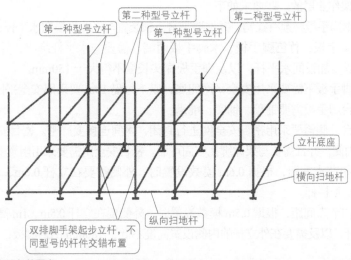

图 5-18　碗扣式脚手架立杆的要求

5.2.6　碗扣式脚手架水平杆的要求

碗扣式脚手架的水平杆，一般需要根据步距沿纵向、横向连续设置，不得缺失。在立杆的底部碗扣位置，还需要设置一道纵向水平杆、横向水平杆作为扫地杆。扫地杆距离地面高度一般不得超过 400mm，并且水平杆、扫地杆需要与相邻立杆连接牢固可靠，如图 5-19 所示。

图 5-19　扫地杆的要求

5.2.7 碗扣式脚手架的钢管扣件剪刀撑杆件的要求

碗扣式脚手架的钢管扣件剪刀撑杆件的一些要求如下。

（1）剪刀撑杆件接长需要采用搭接，搭接长度一般不得小于1m，并且需要采用不少于2个旋转扣件扣紧，以及杆端距端部扣件盖板边缘的距离不得小于100mm。

（2）剪刀撑杆件需要每步与交叉位置立杆或水平杆扣接。

（3）扣件拧紧力矩一般为 40～65N·m。

（4）竖向剪刀撑两个方向的交叉斜向钢管，一般需要分别采用旋转扣件设置在立杆的两侧。

（5）竖向剪刀撑斜向钢管与地面的倾角，一般在 45°～60° 之间。

5.2.8 碗扣式脚手架作业层的要求

碗扣式脚手架作业层的一些要求如下。

（1）工具式钢脚手板必须有挂钩，并需要带有自锁装置与作业层横向水平杆锁紧，不得浮放。

（2）竹串片脚手板、竹笆脚手板、木脚手板两端，需要与水平杆绑牢，并且作业层相邻两根横向水平杆间需要加设间水平杆，以及脚手板探头长度不得大于150mm。

（3）作业层脚手板下需要采用安全平网兜底，以下每隔10m要采用安全平网封闭。

（4）作业平台脚手板需要铺稳、铺实、铺满。

（5）作业平台外侧需要采用密目安全网进行封闭，网间连接要严密。密目安全网一般设置在脚手架外立杆的内侧，并且需要与架体绑扎牢固可靠。密目安全网需要采用阻燃安全网。

（6）立杆碗扣节点间距，根据 0.6m 模数设置时，外侧需要在立杆 0.6m、1.2m 高的碗扣节点位置搭设两道防护栏杆。

（7）立杆碗扣节点间距，根据 0.5m 模数设置时，外侧要在立杆 0.5m、1m 高的碗扣节点位置搭设两道防护栏杆，以及需要在外立杆的内侧设置高度不低于 180mm 的挡脚板，如图 5-20 所示。

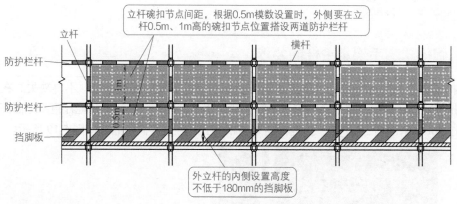

图 5-20　挡脚板的要求

5.2.9 碗扣式脚手架人员上下专用梯道或坡道的要求

双排脚手架人员上下专用梯道或坡道的一些要求如下。

（1）人行坡道坡度一般不得大于 1∶3，并且坡面要设置防滑装置。

（2）人行梯道的坡度一般不得大于 1∶1，并且坡面要设置防滑装置。

（3）通道要与架体连接固定可靠，宽度一般不得小于 900mm，并且要在通道脚手板下增设水平杆，通道可以折线上升。

（4）通道两侧、转弯平台，均需要设置脚手板、防护栏杆、安全网，并且需要符合有关规定，如图 5-21 所示。

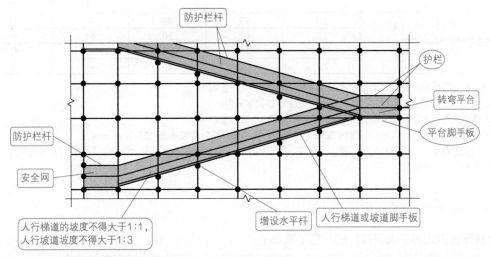

图 5-21　脚手架人员上下专用梯道或坡道的要求

5.2.10　碗扣式脚手架计算单元选取的要求

碗扣式脚手架计算单元选取的一些要求如下。

（1）脚手架上有集中荷载作用时，选取集中荷载作用范围内受力最大的杆件、构配件。

（2）选取跨距、步距增大部位的杆件、构配件。

（3）选取门洞等架体构造变化处或薄弱处的杆件、构配件。

（4）选取受力最大的杆件、构配件。

干货与提示

脚手架结构设计时，一般会先对架体结构进行受力分析，明确荷载传递路径，以及选择具有代表性的最不利杆件、构配件作为计算单元。

5.3　双排碗扣式脚手架的要求与规定

5.3.1　双排碗扣式脚手架的高度要求

双排碗扣式脚手架的搭设高度一般不宜超过 50m。如果搭设高度超过 50m 时，则需要采用分段搭设等措施。

当设置二层装修作业层、二层作业脚手板、外挂密目安全网封闭时，常用双排脚手架结构的设计尺寸、架体允许搭设高度的规定见表 5-5。

表 5-5 双排脚手架架体允许搭设高度 单位：m

连墙件设置	步距	纵距	横距	脚手架允许搭设高度		
				基本风压值 w_0/（kN/m²）		
				0.4	0.5	0.6
三步三跨	1.8	1.2	0.9	30	23	18
		1.2	1.2	26	21	17
二步三跨	1.8	1.5	0.9	48	40	34
		1.2	1.2	50	44	40
	2.0	1.5	0.9	50	45	42
		1.2	1.2	50	45	42

注：表中架体允许搭设高度的取值基于下列条件：

1. 计算风压高度变化系数时，根据地面粗糙度为 C 类来采用。

2. 作业层横向水平杆间距是根据不大于立杆纵距的 1/2 来设置。

3. 装修作业层施工荷载标准值根据 2kN/m² 来采用，脚手板自重标准值根据 0.35kN/m² 来采用。

4. 地面粗糙度、架体设计尺寸、基本风压值、脚手架用途、脚手架作业层数与上述条件不相符时，架体允许搭设高度则需要另行计算来确定。

5.3.2 双排碗扣式脚手架的斜撑杆

双排碗扣式脚手架斜撑杆的一些要求如下。

（1）架体搭设高度在 24m 以下时，需要每隔不大于 5 跨设置一道竖向斜撑杆。

（2）每道竖向斜撑杆，一般要在双排脚手架外侧相邻立杆间由底到顶按步连续来设置，如图 5-22 所示。

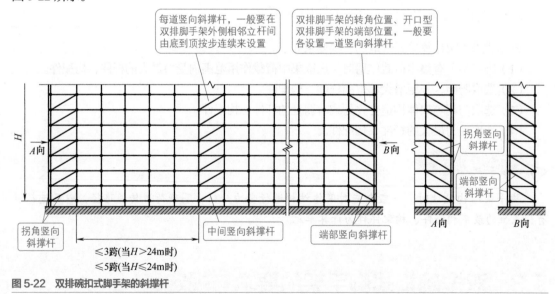

图 5-22 双排碗扣式脚手架的斜撑杆

（3）竖向斜撑杆需要采用专用外斜杆，并且设置在有纵向水平杆、横向水平杆的碗扣节点上。

（4）斜撑杆临时拆除时，拆除前需要在相邻立杆间设置相同数量的斜撑杆。架体搭设高度在 24m 及以上时，需要每隔不大于 3 跨设置一道竖向斜撑杆。相邻斜撑杆一般要对称八字形设置。

（5）采用钢管扣件剪刀撑代替竖向斜撑杆的要求，如图 5-23 所示。

5.3.3 双排碗扣式脚手架的连墙件

双排碗扣式脚手架的连墙件一些要求如下。

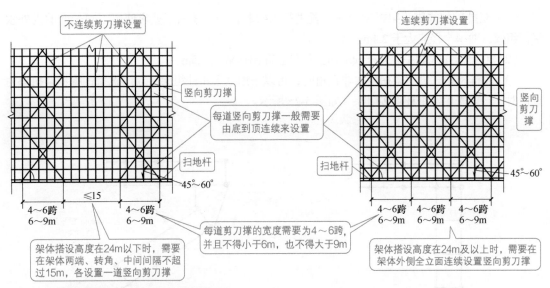

图 5-23　采用钢管扣件剪刀撑代替竖向斜撑杆的要求

（1）连墙件一般采用刚性杆件。

（2）连墙件需要采用菱形布置，或者采用矩形来布置。

（3）连墙件需要采用能承受压力、拉力的构造，并且需要与建筑结构、架体连接牢固可靠。

（4）连墙件需要从底层第一道水平杆处开始设置。

（5）连墙件要设置在靠近有横向水平杆的碗扣节点位置。如果采用钢管扣件做连墙件时，连墙件要与立杆连接，连接点距架体碗扣主节点距离不得大于 300mm。

（6）连墙件中的连墙杆一般需要呈水平设置，也可以采用连墙端高于架体端的倾斜方式来设置。

（7）双排碗扣式脚手架下部暂不能够设置连墙件时，则可以采取可靠的防倾覆措施，但是无连墙件的最大高度不得超过 6m。

（8）同一层连墙件一般需要设置在同一水平面，并且连墙点的水平投影间距不得超过三跨，竖向垂直间距不得超过三步，以及连墙点之上架体的悬臂高度不得超过两步。

（9）在架体的转角位置、开口型双排脚手架的端部要增设连墙件，连墙件的竖向垂直间距不大于建筑物的层高，且不应大于 4m。

（10）双排脚手架高度在 24m 以上时，顶部 24m 以下所有的连墙件设置层，一般需要连续设置之字形水平斜撑杆，并且水平斜撑杆要设置在纵向水平杆之下，如图 5-24 所示。

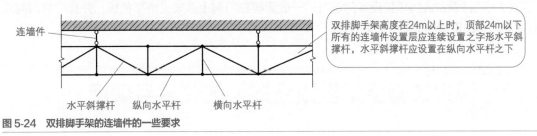

图 5-24　双排脚手架的连墙件的一些要求

5.3.4　双排碗扣式脚手架其他要求

双排碗扣式脚手架其他要求如下。

（1）双排碗扣式脚手架根据曲线布置进行组架时，一般按曲率要求使用不同长度的内外水平杆组架，曲率半径应大于 2.4m。

（2）双排碗扣式脚手架立杆顶端防护栏杆宜高出作业层 1.5m。

（3）双排碗扣式脚手架拐角为非直角时，可以采用钢管扣件组架。双排碗扣式脚手架拐角为直角时，一般采用水平杆直接组架，如图 5-25 所示。

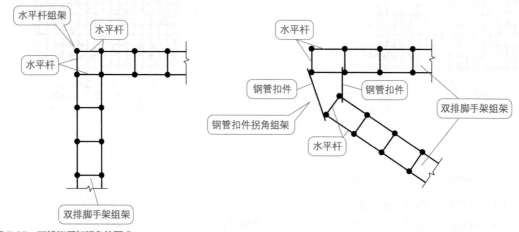

图 5-25　双排脚手架拐角的要求

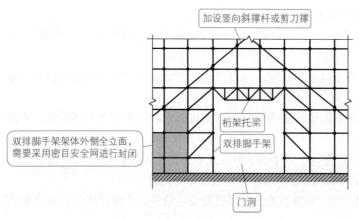

图 5-26　双排脚手架架体外侧全立面要采用密目安全网进行封闭

（4）双排碗扣式脚手架作业层需要根据规定来设置。

（5）双排碗扣式脚手架架体外侧全立面，需要采用密目安全网进行封闭，如图 5-26 所示。

（6）双排碗扣式脚手架内立杆与建筑物距离不得大于 150mm。如果双排碗扣式脚手架内立杆与建筑物距离大于 150mm 时，则需要采用脚手板或安全平网封闭。如果选用窄挑梁或宽挑梁设置作业平台时，

则挑梁需要单层挑出，严禁增加层数。

（7）双排碗扣式脚手架设置门洞时，一般需要在门洞上部架设桁架托梁，并且门洞两侧立杆需要对称加设竖向斜撑杆或剪刀撑。

5.4　碗扣式脚手架模板支撑架的要求与规定

5.4.1　水平杆步距与立杆间距的要求

水平杆步距的一些要求如下。

（1）安全等级为 I 级的模板支撑架，架体顶层两步距需要比标准步距缩小到少一个节点间

距，但是立杆稳定性计算时的立杆计算长度一般是采用标准步距。

（2）步距需要通过立杆碗扣节点间距均匀设置。

（3）立杆采用 Q235 级材质钢管时，步距一般不得大于 1.8m。

（4）立杆采用 Q345 级材质钢管时，步距一般不得大于 2m。

立杆间距的要求如下。

（1）立杆采用 Q235 级材质钢管时，立杆间距一般不得大于 1.5m。

（2）立杆采用 Q345 级材质钢管时，立杆间距一般不得大于 1.8m。

 干货与提示

模板支撑架搭设高度不宜超过 30m。

5.4.2　模板支撑架与既有建筑结构的连接

模板支撑架与既有建筑结构连接的一些要求如下。

（1）架体两端均有墙体或边梁时，可以设置水平杆与墙或梁顶紧。

（2）连接点到架体碗扣主节点的距离不得大于 300mm。

（3）连接点竖向间距不得超过两步，并且需要与水平杆同层来设置。

（4）连接点水平向间距不得大于 8m。

（5）遇柱时，需要采用抱箍式连接措施。

5.4.3　模板支撑架设置竖向斜撑杆的要求

模板支撑架设置竖向斜撑杆的要求如图 5-27 所示。每道竖向斜撑杆可沿架体纵向、横向每隔不大于两跨在相邻立杆间由底到顶连续设置，也可以沿架体竖向每隔不大于两步距采用八字形对称设置，或者采用等覆盖率的其他设置方式。

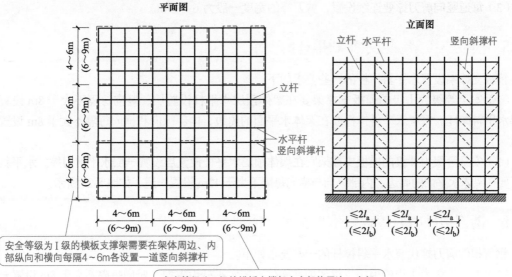

(a) 示例一

图 5-27

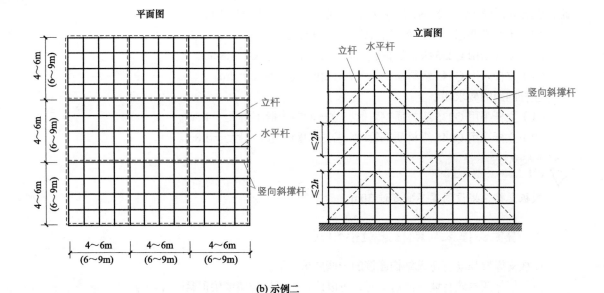

图 5-27　模板支撑架设置竖向斜撑杆的要求

h—步距；l_a—立杆纵向间距；l_b—立杆横向间距

5.4.4　钢管扣件剪刀撑代替竖向斜撑杆的要求

钢管扣件剪刀撑代替竖向斜撑杆的一些要求如下。

（1）安全等级为Ⅰ级的模板支撑架要在架体周边、内部纵向和横向每隔不大于6m设置一道竖向钢管扣件剪刀撑。

（2）安全等级为Ⅱ级的模板支撑架要在架体周边、内部纵向和横向每隔不大于9m设置一道竖向钢管扣件剪刀撑。

（3）每道竖向剪刀撑要连续设置，剪刀撑的宽度一般为 6～9m。

5.4.5　模板支撑架设置水平斜撑杆的要求

模板支撑架设置水平斜撑杆的一些要求如下。

（1）安全等级为Ⅰ级的模板支撑架要在架体顶层水平杆设置层、竖向每隔不大于8m设置一层水平斜撑杆。每层水平斜撑杆要在架体水平面的周边、内部纵向和横向每隔不大于8m设置一道。

（2）安全等级为Ⅱ级的模板支撑架宜在架体顶层水平杆设置层设置一层水平剪刀撑。水平斜撑杆要在架体水平面的周边、内部纵向与横向每隔不大于12m设置一道，如图5-28所示。

5.4.6　钢管扣件剪刀撑代替水平斜撑杆的要求

钢管扣件剪刀撑代替水平斜撑杆的一些要求如下。

（1）安全等级为Ⅰ级的模板支撑架要在架体顶层水平杆设置层、竖向每隔不大于8m设置一道水平剪刀撑。

（2）安全等级为Ⅱ级的模板支撑架要在架体顶层水平杆设置层设置一道水平剪刀撑。

（3）每道水平剪刀撑要连续设置，剪刀撑的宽度宜为 6～9m。

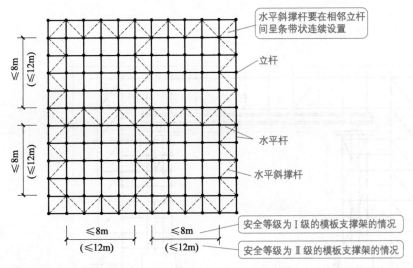

水平斜撑杆要在相邻立杆间呈条带状连续设置

立杆

水平杆

水平斜撑杆

安全等级为Ⅰ级的模板支撑架的情况

安全等级为Ⅱ级的模板支撑架的情况

≤8m（≤12m）

≤8m（≤12m）

≤8m（≤12m）　≤8m（≤12m）

图 5-28　模板支撑架设置水平斜撑杆的要求

5.4.7　模板支撑架可不设置竖向、水平向的斜撑杆与剪刀撑的情况

当满足以下条件时，模板支撑架可不设置竖向、水平向的斜撑杆与剪刀撑。

（1）场地地基坚实、均匀，需要满足承载力的要求。

（2）搭设高度小于 5m，架体高宽比小于 1.5 的情况。

（3）被支撑结构自重面荷载标准值不大于 $5kN/m^2$，线荷载标准值不大于 8kN/m 的情况。

◀ **干货与提示**

独立的模板支撑架高宽比不宜大于 3。当大于 3 时，则需要采取以下一些加强措施：

① 将架体超出顶部加载区投影范围向外延伸布置 2～3 跨，将下部架体尺寸扩大；

② 无建筑结构进行可靠连接时，一般需要在架体上对称设置缆风绳或采取其他防倾覆的措施。

5.4.8　模板支撑架设置门洞的要求

模板支撑架设置门洞的一些要求如下。

（1）对通行机动车的洞口，门洞净空需要满足既有道路通行的安全界限要求，并且需要根据规定设置导向、限宽、减速、限高、防撞等设施及标识、标示，如图 5-29 所示。

（2）横梁下立杆数量、间距，一般需要由计算来确定，并且立杆不得少于 4 排，每排横距不得大于 300mm。

（3）横梁下立杆需要与相邻架体连接牢固可靠，横梁下立杆斜撑杆或剪刀撑需要加密设置。

（4）门洞净高不宜大于 5.5m，净宽不宜大于 4m。当需要设置的机动车道净宽大于 4m 或与上部支撑的混凝土梁体中心线斜交时，则需要采用梁柱式门洞结构。

5.4.9　模板支撑架其他要求

模板支撑架一些其他要求如下。

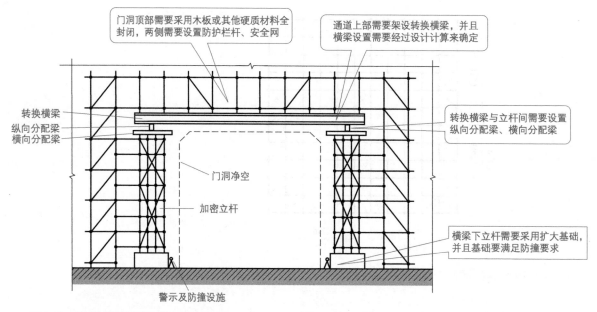

图 5-29　模板支撑架设置门洞的一些要求

（1）可调托撑、可调底座螺杆插入立杆的长度一般不得小于 150mm，伸出立杆的长度一般不得大于 300mm，安装时其螺杆需要与立杆钢管上下同心，并且螺杆外径与立杆钢管内径的间隙不得大于 3mm。

（2）可调托撑上主楞支撑梁需要居中设置，接头要设置在 U 形托板上，并且同一断面上主楞支撑梁接头数量不得超过 50%。

（3）模板支撑架每根立杆的顶部需要设置可调托撑。

（4）如果被支撑的建筑结构底面存在坡度时，要随坡度调整架体高度，可以利用立杆碗扣节点位差增设水平杆，以及配合可调托撑进行调整。

（5）立杆顶端可调托撑伸出顶层水平杆的悬臂长度一般不得超过 650mm，如图 5-30 所示。

（6）纵向、横向横杆作为扫地杆距地面高度一般不小于或等于 350mm。

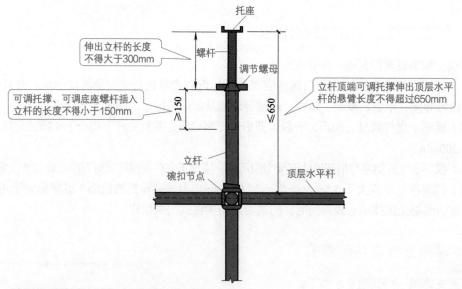

图 5-30　立杆顶端可调托撑伸出顶层水平杆的悬臂长度要求

5.5　碗扣式脚手架的搭设与拆除

5.5.1　碗扣式脚手架的搭设

碗扣式脚手架搭设的一些要求如下。

（1）脚手架立杆垫板、底座需要准确放置在定位线上。垫板要无翘曲、要平整，不得采用已开裂的垫板。底座的轴心线也需要与地面垂直，如图 5-31 所示。

（2）多层楼板上连续搭设模板支撑架时，需要分析多层楼板间荷载传递对架体、建筑结构的影响，并且上下层架体立杆宜对位设置。

（3）架体立杆在 1.8m 高度内的垂直度偏差一般不得大于 5mm。

（4）架体全高的垂直度偏差应小于架体搭设高度的 1/600，并且一般不得大于 35mm。

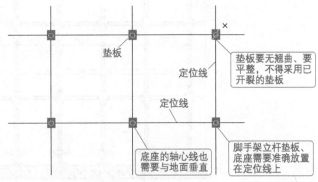

图 5-31　脚手架立杆垫板、底座要求

（5）架体相邻水平杆的高差一般不得大于 5mm。

（6）脚手架每搭完一步架体后，需要校正水平杆步距、立杆间距、立杆垂直度、水平杆水平度等距离。

（7）模板支撑架需要在架体验收合格后，才可以浇筑混凝土。

（8）双排脚手架连墙件必须随架体升高及时在规定位置设置好。当作业层高出相邻连墙件以上两步时，需要在上层连墙件安装完毕前，采取相应的临时拉结措施。

（9）双排脚手架内外侧加挑梁时，在一跨挑梁范围内不得超过 1 名施工人员操作，严禁堆放物料。

（10）碗扣节点组装时，需要通过限位销将上碗扣锁紧水平杆。

5.5.2　梁板碗扣式脚手架安装

梁板碗扣式脚手架安装图例如图 5-32 所示。

🛠 **干货与提示**

脚手架搭设的一般顺序如下。

（1）模板支撑架一般根据先立杆、后水平杆、再斜杆的顺序搭设形成基本架体单元，并且以基本架体单元逐排、逐层扩展搭设成整体支撑架体系，以及每层搭设高度不宜大于 3m。

（2）双排脚手架搭设，一般根据立杆、水平杆、斜杆、连墙件的顺序配合施工进度逐层搭设。一次搭设高度不得超过最上层连墙件两步，并且自由长度不得大于 4m。

（3）斜撑杆、剪刀撑等加固件，一般需要随架体同步搭设，不得滞后安装。

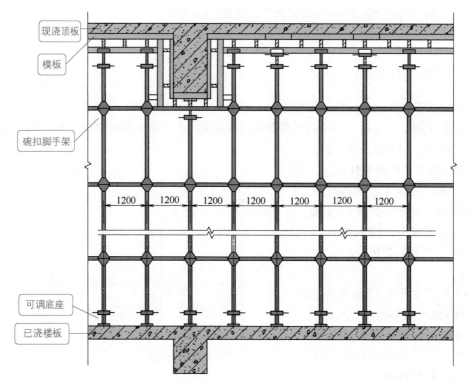

图 5-32　梁板碗扣式脚手架安装图例

5.5.3　碗扣式脚手架的拆除

碗扣式脚手架拆除的一些要求如下。

（1）脚手架拆除时，需要根据专项施工方案中规定的顺序来拆除。

（2）脚手架分段、分立面拆除时，需要确定分界处的技术处理措施，以及分段后的架体要求稳定。

（3）脚手架拆除前，需要清理作业层上的施工机具、多余的材料和杂物等。

（4）脚手架拆除作业需要设专人指挥，当有多人同时操作时，需要明确分工、统一行动，并且具有足够的相应操作面。

（5）拆除的脚手架构配件需要采用起重设备吊运或人工传递到地面，严禁抛掷。

（6）拆除的脚手架构配件需要分类堆放，以及便于运输、维护、保管等要求。

（7）双排脚手架的斜撑杆、剪刀撑等加固件，需要在架体拆除到该部位时，才能够拆除。

（8）双排脚手架的拆除作业需要符合如图 5-33 所示的规定。

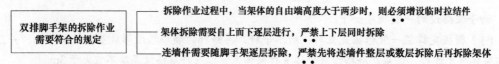

图 5-33　双排脚手架的拆除作业需要符合的规定

（9）模板架体拆除前应填写拆模申请单。

（10）预应力混凝土构件的架体拆除，一般是在预应力施工完成后进行。

（11）模板架体的拆除顺序、工艺需要符合专项施工方案的要求。

（12）模板支撑架的其他拆除需要符合如图 5-34 所示的规定。

模板支撑架的其他拆除规定
- 架体拆除必须自上而下逐层进行，严禁上下层同时拆除作业，分段拆除的高度不得大于两层
- 梁下架体的拆除，一般需要从跨中开始，对称地向两端拆除
- 需要先拆除后搭设的部分，后拆除先搭设的部分
- 悬臂构件下架体的拆除，一般需要从悬臂端向固定端拆除

图 5-34　模板支撑架的其他拆除规定

5.6　计算用表

5.6.1　双排脚手架附件自重标准值的取值

外侧安全网自重标准值需要根据实际情况来确定，并且不得低于 0.01kN/m^2。

脚手板自重标准值可以根据有关表的规定来采用，其中竹串片脚手板自重标准值为 0.35kN/m^2。

栏杆与挡脚板自重标准值，也可以根据有关表的规定来采用。具体可以参阅本书附录 3。

5.6.2　双排脚手架的施工荷载标准值的取值

同时存在 2 个及以上作业层作业时，在同一跨距内各作业层的施工荷载标准值总和取值不应低于 4kN/m^2。作业层施工荷载标准值一般需要根据实际情况来确定，并且不得低于双排脚手架施工荷载标准值。双排脚手架施工荷载标准值见表 5-6。

表 5-6　双排脚手架施工荷载标准值

双排脚手架用途	荷载标准值 /（kN/m^2）
防护	1
装饰装修工程作业	2
混凝土、砌筑工程作业	3

注：斜梯施工荷载标准值按其水平投影面积计算，取值不应低于 2kN/m^2。

5.6.3　模板支撑架永久荷载标准值的取值

混凝土、钢筋的自重标准值需要根据混凝土、钢筋实际密度来确定。对普通板的钢筋混凝土自重标准值可以采用 25.1kN/m^3。对普通梁的钢筋混凝土自重标准值可以采用 25.5kN/m^3。

模板自重标准值一般需要根据模板方案设计来确定，对一般梁板结构、无梁楼板结构模板的自重标准值，可以根据楼板模板自重标准值来确定。楼板模板自重标准值见表 5-7。

表 5-7　楼板模板自重标准值

模板类别	木模板 /（kN/m^2）	定型钢模板 /（kN/m^2）
楼板模板及支架（楼层高度为 4m 以下）	0.75	1.1
梁板模板（其中包括梁模板）	0.5	0.75
无梁楼板模板（其中包括刺楞）	0.3	0.5

5.6.4　模板支撑架的施工荷载标准值的取值

模板支撑架的施工荷载标准值的取值需要根据实际情况确定，并不得低于模板支撑架施工荷载标准值。模板支撑架施工荷载标准值见表 5-8。

表 5-8　模板支撑架施工荷载标准值

类别	荷载标准值 /（kN/m^2）
桥梁结构	4
一般浇筑工艺	2.5
有水平泵管或布料机	4

干货与提示

双排脚手架、模板支撑架架体结构自重标准值，一般根据架体方案设计、工程实际使用的架体构配件自重，取样称重取值来确定。

5.6.5 碗扣式脚手架荷载设计值

计算碗扣式脚手架的架体或构件的强度、稳定性、连接强度时，荷载设计值需要采用荷载标准值乘以荷载分项系数。荷载分项系数的取值见表5-9。

表5-9 荷载分项系数的取值

种类	项目	荷载分项系数			
		可变荷载分项系数		永久荷载分项系数	
模板支撑架	强度、稳定性	1.4		由可变荷载控制的组合	1.2
				由永久荷载控制的组合	1.35
	地基承载力	1		1	
	挠度	0		1	
	倾覆	有利	0	有利	0.9
		不利	1.4	不利	1.35
双排脚手架	强度、稳定性	1.4		1.2	
	地基承载力	1		1	
	挠度	1		1	

干货与提示

计算碗扣式脚手架的地基承载力与正常使用极限状态的变形时，荷载设计值一般需要采用荷载标准值。永久荷载与可变荷载的分项系数一般取1。

5.6.6 碗扣式脚手架的安全等级

碗扣式脚手架结构设计时，需要根据脚手架种类、搭设高度、荷载采用不同的安全等级。碗扣式脚手架安全等级的划分见表5-10。

表5-10 碗扣式脚手架安全等级的划分

模板支撑架		双排脚手架		安全等级
搭设高度 /m	荷载标准值	搭设高度 /m	荷载标准值 /kN	
≤8	≤ 15kN/m² 或≤ 20kN/m 或最大集中荷载≤ 7kN	≤40	—	Ⅱ
>8	> 15kN/m² 或> 20kN/m 或最大集中荷载> 7kN	>40	—	Ⅰ

注：模板支撑架的搭设高度、荷载中任一项不满足安全等级为Ⅱ级的条件时，则其安全等级应划为Ⅰ级。

干货与提示

碗扣式脚手架设计时，需要根据使用过程中在架体上可能同时出现的荷载，根据承载能力极限状态、正常使用极限状态分别进行荷载组合，以及取各自最不利的组合进行设计。

5.6.7　脚手架的荷载效应组合

脚手架结构、构配件承载能力极限状态设计时，需要根据规定采用荷载的基本组合。双排碗扣式脚手架荷载的基本组合的采用规定见表 5-11。模板支撑架荷载的基本组合的采用规定见表 5-12。

表 5-11　双排脚手架荷载的基本组合

计算项目	荷载基本组合
连墙件强度、稳定承载力和连接强度	风荷载 + 连墙件约束脚手架平面外变形所产生的轴力设计值
立杆地基承载力	永久荷载 + 施工荷载
水平杆及节点连接强度	永久荷载 + 施工荷载
立杆稳定承载力	永久荷载 + 施工荷载 + 风荷载组合值系数（取 0.6）× 风荷载

注：1. 表中的"+"仅表示各项荷载参与组合，而不是表示代数相加。
2. 立杆稳定承载力计算在室内或无风环境不组合风荷载。
3. 强度计算项目包括连接强度的计算。

表 5-12　模板支撑架荷载的基本组合

计算项目		荷载的基本组合
门洞转换横梁强度	由永久荷载控制的组合	永久荷载 + 施工荷载及其他可变荷载组合值系数（取 0.7）× 施工荷载
	由可变荷载控制的组合	永久荷载 + 施工荷载
倾覆		永久荷载 + 风荷载
立杆稳定承载力	由永久荷载控制的组合	永久荷载 + 施工荷载及其他可变荷载组合值系数（取 0.7）× 施工荷载 + 风荷载组合值系数（取 0.6）× 风荷载
	由可变荷载控制的组合	永久荷载 + 施工荷载 + 风荷载组合值系数（取 0.6）× 风荷载
立杆地基承载力	由永久荷载控制的组合	永久荷载 + 施工荷载及其他可变荷载组合值系数（取 0.7）× 施工荷载 + 风荷载组合值系数（取 0.6）× 风荷载
	由可变荷载控制的组合	永久荷载 + 施工荷载 + 风荷载组合值系数（取 0.6）× 风荷载

注：1. 表中的"+"仅表示各项荷载参与组合，而不是表示代数相加。
2. 立杆稳定承载力计算在室内或无风环境不组合风荷载。
3. 立杆地基承载力计算在室内或无风环境不组合风荷载。
4. 强度计算项目包括连接强度的计算。
5. 倾覆计算时，当可变荷载对抗倾覆有利时，抗倾覆荷载组合计算可不计入可变荷载。

脚手架结构、构配件正常使用极限状态设计时，可以采用荷载的标准组合见表 5-13。

对承载能力极限状态，一般根据荷载的基本组合计算荷载组合的效应设计值，并且采用如下表达式进行设计：

表 5-13　脚手架荷载的标准组合

计算项目	荷载标准组合
模板支撑架门洞转换横梁挠度	永久荷载
双排脚手架水平杆挠度	永久荷载 + 施工荷载

$$\gamma_0 S_d \leqslant R_d$$

γ_0 表示结构重要性系数　　R_d 表示架体结构或构件的抗力设计值

S_d 表示荷载组合的效应设计值

对正常使用极限状态，一般根据荷载的标准组合计算荷载组合的效应设计值，并且采用如下表达式进行设计：

$$S_d \leqslant C$$

S_d 表示荷载组合的效应设计值　　C 表示架体构件的容许变形值

第**6**章

门式钢管脚手架

6.1　门式钢管脚手架基础知识

6.1.1　门式脚手架的特点

门式脚手架，又叫作移动门式脚手架、门型脚手架、鹰架脚手架、龙门脚手架等。门式脚手架主架呈"门"字形，主要是由主框、横框、交叉斜撑、脚手板、可调底座等组成。

目前，门式脚手架最常见的就是采用钢管材料的门式钢管脚手架。门式钢管脚手架一般是以门架、连接棒、交叉支撑、水平架、锁臂、底座等组成基本结构，再以水平加固杆、剪刀撑、扫地杆加固，能够承受相应荷载，具有安全防护功能。

门式脚手架不但能够用作建筑施工的内外脚手架，又能够用作楼板、梁模板支架、移动式脚手架、满堂脚手架等。因此，门式脚手架又叫作装饰脚手架、多功能脚手架。

门式钢管脚手架包括门式作业脚手架、门式支撑架。门式作业脚手架，包括一些落地作业脚手架、悬挑脚手架、架体构架以门架搭设的建筑施工用附着式升降作业安全防护平台。门式支撑架，包括一些用于装饰装修、设备管道安装的满堂作业架和用于混凝土模板、钢结构安装的满堂支撑架。

门式脚手架具体的一些应用如下。

（1）可以用门式脚手架搭设临时的观礼台、看台。

（2）可以用门式脚手架配上简易屋架，便可构成临时工地宿舍、仓库、工棚。

（3）门式脚手架可以用于机电安装与装修工程的活动工作平台。

（4）门式脚手架可以用于楼宇、厅堂、桥梁、高架桥、隧道等模板内支顶或作飞模支承主架。

（5）门式脚手架可以作高层建筑的内外排栅脚手架。

门式脚手架常见术语解说见表 6-1。

表 6-1　门式脚手架常见术语解说

术语	解说
底座	底座又叫作底托、底撑。底座安插在门架立杆下端，将力传给基础的构件，其可以分为可调底座、固定底座
调节架	调节架是用于调整架体高度的梯形架，其高度一般为 600～1200mm，宽度与门架相同

续表

术语	解说
挂扣式脚手板	挂扣式脚手板是两端设有防松脱的挂钩，其可以紧扣在两榀门架横杆上的定型钢制脚手板
加固杆	加固杆是用于增强脚手架刚度而设置的杆件。加固杆包括剪刀撑、斜撑杆、水平加固杆、扫地杆
交叉支撑	交叉支撑就是两榀相邻门架纵向连接的交叉拉杆
脚手架高度	脚手架高度就是自门架立杆底座下皮到架体顶部栏杆（支撑架为顶部门架水平横杆）上皮间的垂直距离
连接棒	连接棒是用于门架立杆竖向组装的连接件，其可以用短钢管制作
连墙件	连墙件是将脚手架与建筑结构可靠连接，以及能够传递拉力、压力的一种构件
门架	门架是门式脚手架的主要构件，其受力杆件为焊接钢管，一般是由立杆、横杆、加强杆、锁销等相互焊接组成的门字形框架式结构件
门架步距	门式脚手架竖向相邻两榀门架横杆间的距离，其值为门架高度与连接棒凸环高度之和
门架跨距	门架跨距就是沿垂直于门架平面方向排列的相邻两榀门架间的距离，其值为相邻两榀门架立杆中心距离
门架列距	门架列距是沿门架平面方向排列的相邻两列门架间的距离，其值为两列门架中心距离
门式支撑架	门式支撑架为建筑施工提供支撑、安全作业平台的一种门式脚手架
门式作业脚手架	门式作业脚手架是采用连墙件与建筑物主体结构附着连接，为建筑施工提供作业平台、安全防护的一种门式钢管脚手架
配件	门式脚手架配件包括连接棒、交叉支撑、水平架、锁臂、挂扣式脚手板、底座、托座等
水平加固杆	水平加固杆简称水平杆。水平加固杆是设置在架体层间门架的立杆上，用于加强架体水平向连接、增强架体整体刚度的水平杆件
水平架	水平架是两端设有防松脱的挂钩，其可以紧扣在两榀门架横梁上的定型水平构件
锁臂	锁臂是门架立杆组装接头处的拉接件，其两端有圆孔挂于上下榀门架的锁销上
锁销	锁销是用于门架组装时挂扣交叉拉杆与锁臂的锁柱，以短圆钢围焊在门架立杆上，其外端有可旋转 90° 的卡销
托座	托座又叫作顶托、顶撑。托座是插放在门架立杆上端，承接上部荷载的构件。托座可以分为可调托座、固定托座

门式脚手架结构如图 6-1 所示。

图 6-1

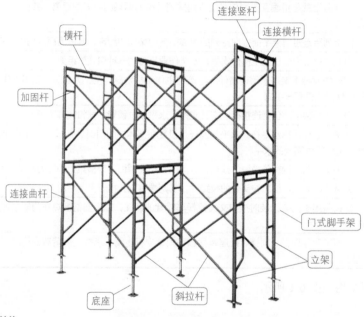

图 6-1 门式脚手架结构

6.1.2 门式脚手架的尺寸

6.1.2.1 MF1219 系列门架几何尺寸、杆件规格

MF1219 系列门架几何尺寸、杆件规格如图 6-2 所示。

6.1.2.2 MF0817 系列门架几何尺寸、杆件规格

MF0817 系列门架几何尺寸、杆件规格如图 6-3 所示。

6.1.2.3 MF1017 系列门架几何尺寸、杆件规格

MF1017 系列门架几何尺寸、杆件规格如图 6-4 所示。

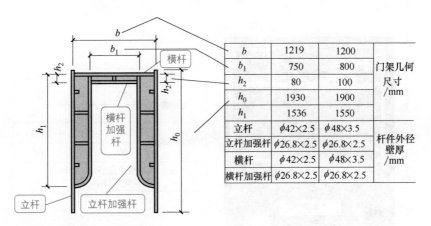

b	1219	1200	门架几何尺寸 /mm
b_1	750	800	
h_2	80	100	
h_0	1930	1900	
h_1	1536	1550	
立杆	$\phi 42 \times 2.5$	$\phi 48 \times 3.5$	杆件外径壁厚 /mm
立杆加强杆	$\phi 26.8 \times 2.5$	$\phi 26.8 \times 2.5$	
横杆	$\phi 42 \times 2.5$	$\phi 48 \times 3.5$	
横杆加强杆	$\phi 26.8 \times 2.5$	$\phi 26.8 \times 2.5$	

图 6-2　MF1219 系列门架几何尺寸、杆件规格

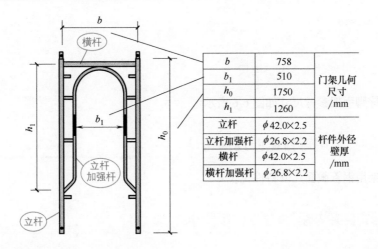

b	758	门架几何尺寸 /mm
b_1	510	
h_0	1750	
h_1	1260	
立杆	$\phi 42.0 \times 2.5$	杆件外径壁厚 /mm
立杆加强杆	$\phi 26.8 \times 2.2$	
横杆	$\phi 42.0 \times 2.5$	
横杆加强杆	$\phi 26.8 \times 2.2$	

图 6-3　MF0817 系列门架几何尺寸、杆件规格

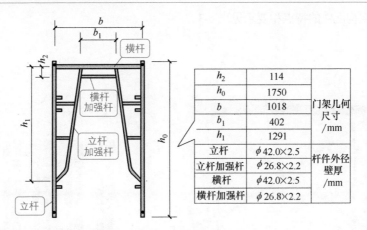

h_2	114	门架几何尺寸 /mm
h_0	1750	
b	1018	
b_1	402	
h_1	1291	
立杆	$\phi 42.0 \times 2.5$	杆件外径壁厚 /mm
立杆加强杆	$\phi 26.8 \times 2.2$	
横杆	$\phi 42.0 \times 2.5$	
横杆加强杆	$\phi 26.8 \times 2.2$	

图 6-4　MF1017 系列门架几何尺寸、杆件规格

6.1.2.4　可折叠镀锌移动脚手架参考尺寸

可折叠镀锌脚手架参考尺寸如图 6-5 所示。

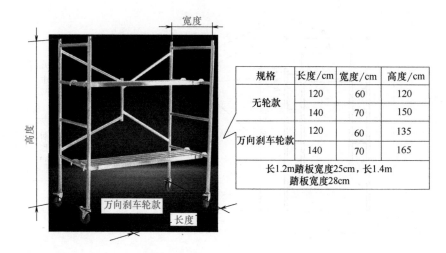

规格	长度/cm	宽度/cm	高度/cm
无轮款	120	60	120
	140	70	150
万向刹车轮款	120	60	135
	140	70	165
长1.2m踏板宽度25cm，长1.4m 踏板宽度28cm			

图6-5　可折叠镀锌脚手架参考尺寸

6.1.2.5　多功能镀锌移动脚手架参考尺寸

多功能镀锌脚手架参考尺寸如图6-6所示。

6.1.3　门式脚手架用钢管截面几何特性

门式脚手架用钢管截面几何特性见表6-2。

6.1.4　门式脚手架构配件的特点和要求

6.1.4.1　概述

门式脚手架构配件的特点和要求见表6-3。

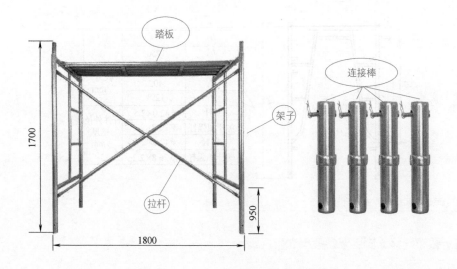

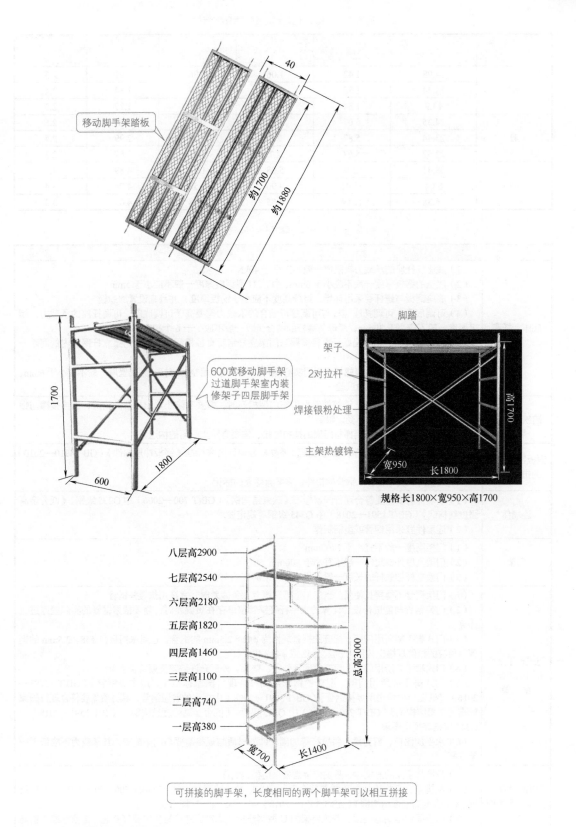

移动脚手架踏板

40

约1700

约1880

1700

600

1800

600宽移动脚手架
过道脚手架室内装
修架子四层脚手架

脚踏

架子

2对拉杆

焊接银粉处理

主架热镀锌

高1700

宽950

长1800

规格长1800×宽950×高1700

八层高2900

七层高2540

六层高2180

五层高1820

四层高1460

三层高1100

二层高740

一层高380

总高3000

宽700

长1400

可拼接的脚手架，长度相同的两个脚手架可以相互拼接

图 6-6　多功能镀锌脚手架参考尺寸

表6-2   门式脚手架用钢管截面几何特性

钢管外径 d/mm	每米长重量（标准值）/（N/m）	截面惯性矩 I/cm^4	截面模量 W/cm^3	截面回转半径 i/cm	截面积 A/cm^2	壁厚 t/mm
26.8	14.98	1.42	1.06	0.86	1.91	2.5
	14.44	1.38	1.03	0.87	1.84	2.4
	13.9	1.34	1	0.87	1.77	2.3
42	24.35	6.07	2.89	1.4	3.1	2.5
	23.44	5.87	2.8	1.4	2.99	2.4
	22.52	5.67	2.7	1.41	2.87	2.3
48	38.41	12.19	5.08	1.58	4.89	3.5
	37.4	11.91	4.96	1.58	4.76	3.4
	36.38	11.64	4.85	1.58	4.63	3.3

表6-3   门式脚手架构配件的特点和要求

名称	解说
底座、托座	（1）底座、托座的承载力极限值一般不应小于40kN （2）底座的钢板厚度一般不应小于6mm，托座U型钢板厚度一般不应小于5mm （3）底座钢板与螺杆要采用环焊，焊缝高度不应小于钢板厚度，并且宜设置加劲板 （4）可调底座、可调托座螺杆与可调螺母啮合的承载力需要高于可调底座、可调托座的承载力，螺母厚度一般不应小于30mm，螺母与螺杆的啮合齿数一般不应少于6个扣 （5）可调底座、可调托座螺杆直径需要与门架立杆钢管直径相配套，插入门架立杆钢管内的间隙一般不应大于2mm （6）可调托座、可调底座螺杆宜采用实心螺杆。如果其采用空心螺杆，则其壁厚一般不应小于6mm，并且需要进行相关的承载力试验
防松脱构造	（1）当交叉支撑、锁臂、连接棒等配件与门架相连时，需要有防止退出松脱的构造，当连接棒与锁臂一起应用时，连接棒可不受此限制 （2）脚手板、水平架、钢梯与门架的挂扣连接，需要有防止脱落的构造
钢板冲压生产的扣件要求	（1）钢板冲压生产的扣件质量与性能，需要符合现行国家标准《钢板冲压扣件》（GB 24910—2010）等规定要求 （2）连接外径为ϕ42/ϕ48钢管的扣件，需要有明显的标记
连墙件	（1）连墙件材质需要符合现行国家标准《碳素结构钢》（GB/T 700—2006）中Q235级钢、《低合金高强度结构钢》（GB/T 1591—2018）中Q345级钢等规定要求 （2）连墙件宜采用钢管或型钢制作
门架	（1）门架高度一般不宜小于1700mm （2）门架宽度外部尺寸一般不宜小于800mm （3）门架立杆加强杆的长度一般不得小于门架高度的70%
门式脚手架所用门架、配套的钢管	（1）门架钢管不得接长使用。当门架钢管壁厚存在负偏差时，宜选用热镀锌钢管 （2）门架钢管与需进行设计计算的水平杆等钢管壁厚存在负偏差时，需要根据钢管的实际壁厚进行计算 （3）门式脚手架所用门架、配套的钢管规格为ϕ42×2.5mm的钢管，也可采用直径ϕ48×3.5mm的钢管。相应的扣件规格也分别为ϕ42、ϕ48或ϕ42/ϕ48 （4）门式脚手架所用门架、配套的钢管外径、壁厚、外形允许偏差需要符合要求 （5）门式脚手架所用门架、配套的钢管需要符合现行国家标准《直缝电焊钢管》（GB/T 13793—2016）、《低压流体输送用焊接钢管》（GB/T 3091—2008）中规定的普通钢管，其材质需要符合现行国家标准《碳素结构钢》（GB/T 700—2006）中Q235级钢、《低合金高强度结构钢》（GB/T 1591—2018）中Q345级钢等规定要求 （6）水平加固杆、剪刀撑、斜撑杆等加固杆件的材质与规格需要与门架配套，其承载力不应低于门架立杆
悬挑脚手架悬挑梁、悬挑桁架	（1）悬挑脚手架的悬挑梁、悬挑桁架需要采用型钢制作 （2）悬挑梁、悬挑桁架材质需要符合现行国家标准《碳素结构钢》（GB/T 700—2006）中Q235B级钢、《低合金高强度结构钢》（GB/T 1591—2018）中Q345级钢等规定要求 （3）用于固定型钢悬挑梁、悬挑桁架的U型钢筋拉环或锚固螺栓材质需要符合现行国家标准《钢筋混凝土用钢 第1部分：热轧光圆钢筋》（GB/T 1499.1—2017）中HPB300级钢筋等规定要求

续表

名称	解说
周转使用的门架、配件	周转使用的门架与配件，需要根据有关规定进行质量类别判定与处置
铸造生产的扣件要求	铸造生产的扣件，需要采用可锻铸铁或铸钢制作，其质量、性能需要符合现行国家标准《钢管脚手架扣件》（GB 15831—2006）等规定要求

6.1.4.2 镀锌门式脚手架

镀锌门式脚手架配件的特点、要求如图 6-7 所示。镀锌门式脚手架插销（锁销）有粗 12mm、长 45mm，粗 11mm、长 40 mm 等类型。镀锌门式脚手架插销（锁销）如图 6-8 所示。

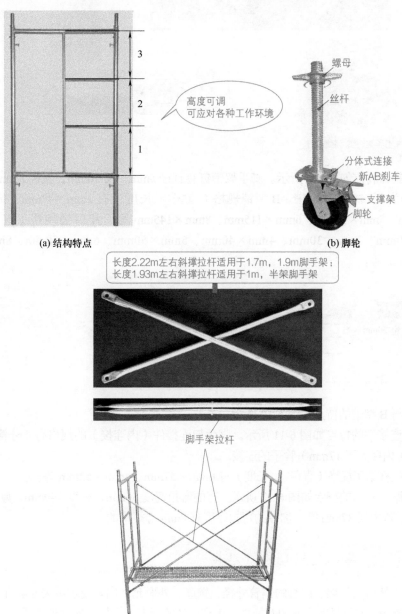

(a) 结构特点

螺母

丝杆

高度可调
可应对各种工作环境

分体式连接
新AB刹车
支撑架
脚轮

(b) 脚轮

长度2.22m左右斜撑拉杆适用于1.7m，1.9m脚手架；
长度1.93m左右斜撑拉杆适用于1m，半架脚手架

脚手架拉杆

(c) 安装位置图

图 6-7 镀锌脚手架配件的特点、要求

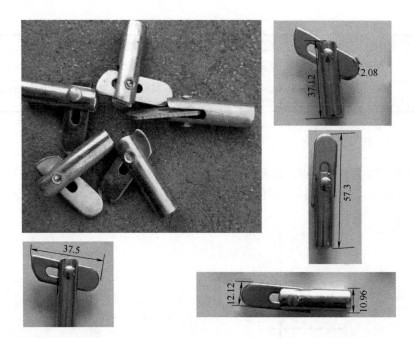

图 6-8　镀锌门式脚手架插销（锁销）

脚手架销钉特点如图 6-9 所示。脚手架销钉有直径 5mm、长 50mm，直径 8mm、长 57mm；脚手架销分为开口销、B 型销。B 型销规格（直径 × 长度）有 2mm×47mm、3mm×63mm、4mm×75mm、5mm×90mm、6mm×115mm、8mm×145mm 等。开口销规格（直径 × 长度）有 2mm×20mm、3mm×30mm、4mm×40mm、5mm×50mm、6mm×50mm、8mm×60mm、10mm×100mm 等。

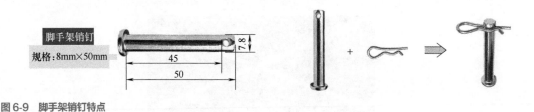

图 6-9　脚手架销钉特点

开口销与 B 型销的特点如图 6-10 所示。

脚手架连接件的特点如图 6-11 所示。脚手架连接件（内连接）的规格有 4 分管，适用于外径为 20mm（内径大于 17mm）管子的连接。

脚手架拉杆销子规格（直径 × 长度）有 6mm×57mm、4mm×52mm 等。

脚手架踏板弯扣的特点如图 6-12 所示。有的弯扣宽度 36mm、长度 140mm、厚度 5mm；弯内宽 32mm、弯内高 37mm 等。加厚的弯扣厚度有 8mm 等规格的。

6.1.5　钢管尺寸要求与外观质量要求

门式脚手架所用门架、配套的钢管外径、壁厚、外形允许偏差要求见表 6-4。门架与配件规格、型号应统一，并且具有良好的互换性、生产厂商的标志。门架与配件外观质量要求如图 6-13 所示。

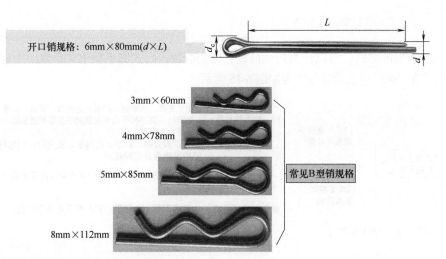

开口销规格：6mm×80mm(d×L)

3mm×60mm

4mm×78mm

5mm×85mm

常见B型销规格

8mm×112mm

图 6-10　开口销与 B 型销的特点

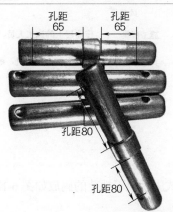

孔距 65　孔距 65

孔距 80

孔距 80

4分接头
适合外径20mm(内径大于17mm)管子

50　30　50

6分管(25mm)接头(内接)
适合外径25mm、内径大于21mm
管子

45　40　45

图 6-11　连接件的特点

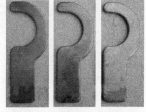

图 6-12　脚手架踏板弯扣的特点

表 6-4　门式脚手架所用门架、配套的钢管外径、壁厚、外形允许偏差

钢管直径 /mm	外形偏差			外径 /mm	壁厚 /mm
	弯曲度 /（mm/m）	椭圆度 /mm	管端端面		
26.8	1.5	0.38	与轴线垂直，无毛刺、无机械平头	± 0.5	+0.3
42 ～ 48.6					−0.2

门架与配件外观质量要求
—— 不得使用表面明显凹陷的钢管
—— 不得使用带有裂纹折痕的钢管
—— 不得使用严重锈蚀的钢管
—— 冲压件不得有毛刺、明显变形、裂纹、氧化皮等缺陷
—— 焊接件的焊缝要饱满，焊渣要清除干净
—— 焊接件的焊缝不得有未焊透、咬肉、夹渣、裂纹等缺陷

图 6-13　门架与配件外观质量要求

6.1.6　门式脚手架的荷载分类与内容

门式脚手架的荷载，可以分为永久荷载、可变荷载。门式脚手架永久荷载的内容如图 6-14 所示。门式脚手架的可变荷载的内容如图 6-15 所示。

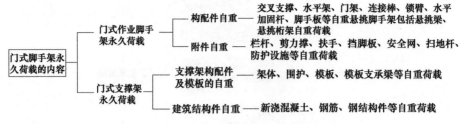

图 6-14　门式脚手架永久荷载的内容

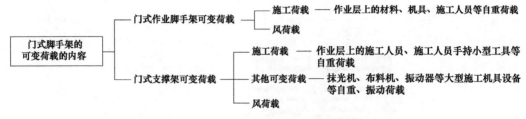

图 6-15　门式脚手架的可变荷载的内容

6.1.7　门式脚手架的码放要求

门式脚手架的码放如图 6-16 所示。门式脚手架不规范的码放如图 6-17 所示。门式脚手架的码放要求应分类和规范。

图 6-16　门式脚手架的码放　　　　　　　　　　　　　　**图 6-17　门式脚手架不规范的码放**

6.2　门式脚手架的搭建与要求

6.2.1　门式脚手架构造一般要求与规定

门式脚手架构造一般要求与规定如下。

（1）门式脚手架不同型号的门架与配件严禁混合使用。配件需要与门架配套，在不同架体结构组合工况下，均要使门架连接可靠、方便。

（2）上下榀门架立杆需要在同一轴线位置上，并且门架立杆轴线的对接偏差不得大于 2mm。

（3）上下榀门架的组装必须设置连接棒，连接棒插入立杆的深度不应小于 30mm（图 6-18），连接棒与门架立杆配合间隙不得大于 2mm。

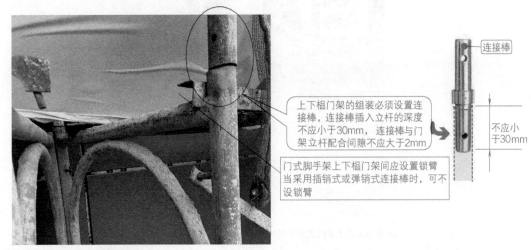

门式脚手架上下榀门架应设置锁臂，当采用插销式或弹销式连接棒时，可不设锁臂

图 6-18　连接棒插入立杆的深度

（4）门式脚手架上下榀门架间要设置锁臂。如果采用插销式或弹销式连接棒时，则可以不设锁臂。

（5）调节螺杆伸出长度一般不得大于 200mm。

（6）底部门架的立杆下端，可以设置固定底座或可调底座。门式脚手架可调底座、可调托座插入门架立杆的长度不得小于 150mm（图 6-19）。

图 6-19　可调底座、可调托座插入要求

（7）门式脚手架应设置剪刀撑，并且要符合相关要求。

（8）水平架，可以由挂扣式脚手板或在门架两侧立杆上设置的水平加固杆来代替。

（9）有的项目采用的钢梯规格，需要与门架规格配套，并且要与门架挂扣牢固。钢梯需要设栏杆扶手、挡脚板。

（10）作业人员上下门式脚手架的斜梯，可以采用挂扣式钢梯（图 6-20）。有的项目需要采用 Z 字形设置，并且一个梯段宜跨越两步或三步门架再行转折。如果采用垂直挂梯时，则需要采用护圈式挂梯，并且需要设置安全锁。

作业人员上下门式脚手架的斜梯宜采用挂扣式钢梯

稳固性差

(a) 作业人员上下门式脚手架的斜梯　　(b) 作业人员上下板稳固性差

脚手板

脚手板

应采用专用上下梯

脚手板

(c) 作业人员上下板图例

图6-20　作业人员上下门式脚手架的斜梯要求

（11）门式脚手架应设置水平加固杆，水平加固杆的构造需要符合下列规定：

①每道水平加固杆均要通长连续设置；

②水平加固杆的接长要采用搭接，并且搭接长度不宜小于1000mm，搭接处宜采用2个及以上旋转扣件扣紧；

③水平加固杆要靠近门架横杆设置，并且采用扣件与相关门架立杆扣紧。

　干货与提示

门式脚手架设置的交叉支撑要与门架立杆上的锁销锁牢，交叉支撑的设置要符合相关规定。门式作业脚手架的外侧要根据步满设交叉支撑，内侧一般宜设置交叉支撑。如果门式作业脚手架的内侧不设交叉支撑时，则需要符合以下规定：

①门式作业脚手架根据步设置挂扣式脚手板或水平架时，可以在内侧的门架立杆上每2步

第 6 章 ▶ 门式钢管脚手架　　**151**

设置一道水平加固杆；

　　② 门式支撑架要根据步在门架的两侧满设交叉支撑；

　　③ 在门式作业脚手架内侧要根据步来设置水平加固杆。

6.2.2　门式作业脚手架的构造要求与规定

　　门式作业脚手架的构造要求与规定如下。

　　（1）门式作业脚手架的搭设高度除了需要满足设计计算条件外，还不宜超过如图 6-21 所示的规定。

搭设方式	施工荷载标准值 /(kN/m²)	门式作业脚手架 搭设高度/m
落地、密目式安全立网全封闭	≤2.0	≤60
	>2.0且≤4.0	≤45

表内数据适用于10年重现期基本风压值w_0≤0.4kN/m²的地区，对于10年重现期基本风压值w_0>0.4kN/m²的地区应按实际计算确定。

(a) 落地搭设高度要求

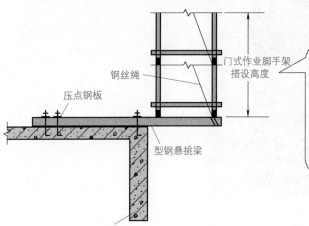

搭设方式	施工荷载标准值 /(kN/m²)	门式作业脚手架 搭设高度/m
悬挑、密目式安全立网全封闭	≤2	≤30
	>2且≤4	≤24

表内数据适用于10年重现期基本风压值w_0≤0.4kN/m²的地区，对于10年重现期基本风压值w_0>0.4kN/m²的地区应按实际计算确定。

(b) 悬挑搭设高度要求

图 6-21　门式作业脚手架搭设高度的规定

　　（2）门式作业脚手架的内侧立杆离墙面净距大于 150mm 时，则需要采取内设挑架板或其他隔离防护的安全措施，如图 6-22 所示。门式作业脚手架作业层，需要连续满铺挂扣式脚手板，并且应有防止脚手板松动或脱落的措施。如果脚手板上有孔洞时，则孔洞的内切圆直径一般不得大于 25mm。

脚手板

满铺挂扣式脚手板，并且应有防止脚手板松动或脱落的措施

净距大于150mm时，则需要采取内设挑架板或其他隔离防护的安全措施

图 6-22　内侧立杆离墙面过大时的要求

（3）门式作业脚手架顶端防护栏杆宜高出女儿墙上端或檐口上端 1.5m，如图 6-23 所示。

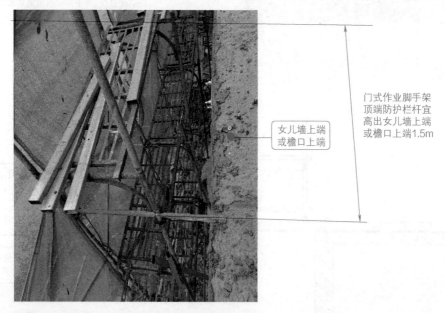

女儿墙上端或檐口上端

门式作业脚手架顶端防护栏杆宜高出女儿墙上端或檐口上端1.5m

图 6-23　门式作业脚手架防护栏杆宜高出女儿墙上端或檐口上端的要求

（4）门式作业脚手架的底层门架下端一般需要设置纵横向扫地杆。纵向通长扫地杆一般需要固定在距门架立杆底端不大于 200mm 处的门架立杆上，横向扫地杆一般需要固定在紧靠纵向扫地杆下方的门架立杆上。

（5）建筑物的转角处，门式作业脚手架内外两侧立杆上需要根据步水平设置连接杆和斜撑杆，并且将转角处的两榀门架连成一体，如图 6-24 所示。另外，连接杆、斜撑杆均需要采用扣件与门架立杆或水平加固杆扣紧。如果连接杆与水平加固杆平行时，连接杆的一端一般要采用不少于 2 个旋转扣件与平行的水平加固杆扣紧，同时另一端采用扣件与垂直的水平加固杆扣紧。

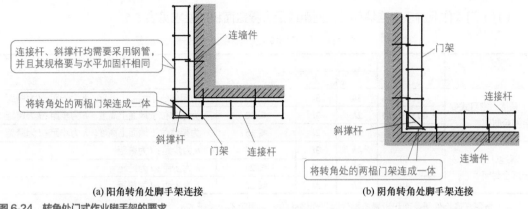

(a) 阳角转角处脚手架连接　　　　　　　　(b) 阴角转角处脚手架连接

图 6-24　转角处门式作业脚手架的要求

（6）门式作业脚手架，一般根据设计计算、构造要求设置连墙件与建筑结构拉结。

（7）门式作业脚手架连墙件，一般采用能承受压力、拉力的构造，并且与建筑结构、架体连接要牢固。

（8）门式作业脚手架连墙件，一般从作业脚手架的首层首步开始设置，连墙点之上架体的悬臂高度不得超过 2 步。

（9）门式作业脚手架连墙件设置的位置、数量，一般根据专项施工方案来确定。

（10）门式作业脚手架的转角处、开口型脚手架端部应增设连墙件，连墙件的竖向间距不得大于建筑物的层高，并且不得大于 4 m，如图 6-25 所示。

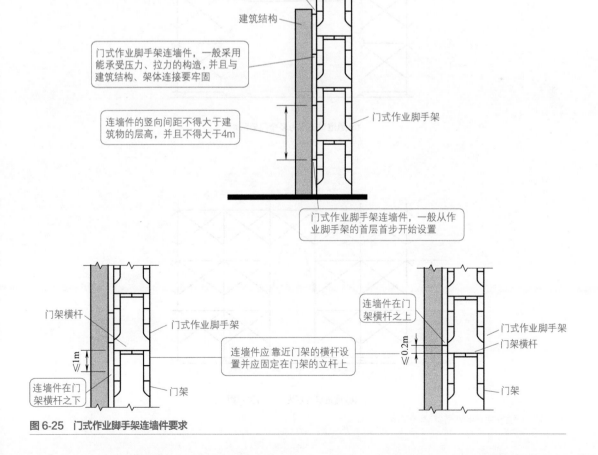

图 6-25　门式作业脚手架连墙件要求

（11）门式作业脚手架连墙件最大间距或最大覆盖面积的要求见表6-5。

表6-5　门式作业脚手架连墙件最大间距或最大覆盖面积的要求

脚手架搭设方式	脚手架高度 / m	连墙件间距 /m		每根连墙件覆盖面积 /m²	说明
		竖向	水平		
悬挑、密目式安全网全封闭	≤ 40	3h	3l	≤ 33	为架体位于地面上高度。h 为步距；l 为跨距
	> 40 ~ ≤ 60	2h	3l	≤ 22	为架体位于地面上高度。h 为步距；l 为跨距
	> 60	2h	2l	≤ 15	为架体位于地面上高度。h 为步距；l 为跨距
落地、密目式安全网全封闭	≤ 40	3h	3l	≤ 33	h 为步距；l 为跨距
		2h	3l	≤ 22	h 为步距；l 为跨距
	> 40	2h	3l	≤ 22	h 为步距；l 为跨距

注：按每根连墙件覆盖面积设置连墙件时，连墙件的竖向间距不应大于6m。

（12）连墙件宜水平设置，如果不能够水平设置时，与门式作业脚手架连接的一端，需要低于与建筑结构连接的一端，连墙杆的坡度宜小于1:3。

（13）门式作业脚手架通道口高度一般不宜大于2个门架高度，对门式作业脚手架通道口需要采取加固措施，如图6-26所示。

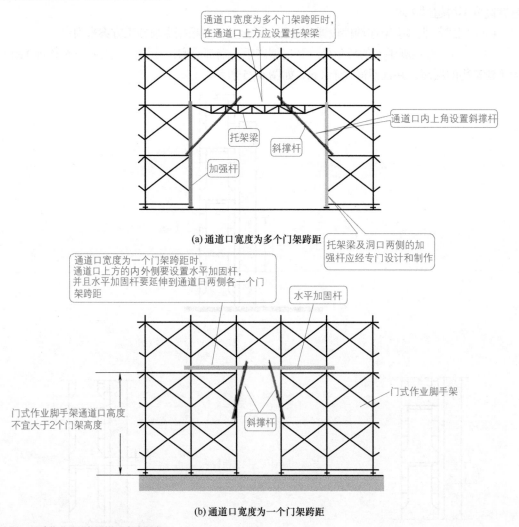

通道口宽度为多个门架跨距时，在通道口上方应设置托架梁

托架梁

斜撑杆

加强杆

通道口内上角设置斜撑杆

(a) 通道口宽度为多个门架跨距

托架梁及洞口两侧的加强杆应经专门设计和制作

通道口宽度为一个门架跨距时，通道口上方的内外侧要设置水平加固杆，并且水平加固杆要延伸到通道口两侧各一个门架跨距

水平加固杆

门式作业脚手架通道口高度不宜大于2个门架高度

斜撑杆

门式作业脚手架

(b) 通道口宽度为一个门架跨距

图6-26　门式作业脚手架通道口高度要求

（14）门式作业脚手架需要在门架的横杆上扣挂水平架，水平架设置需要符合以下一些规定：

① 每道水平架均需要连续设置；

② 如果作业脚手架安全等级为Ⅱ级时，则一般需要沿作业脚手架高度每两步设置一道水平架；

③ 如果作业脚手架安全等级为Ⅰ级时，一般需要沿作业脚手架高度每步设置一道水平架；

④ 作业脚手架的顶层、连墙件设置层与洞口处顶部一般需要设置水平架。

🖐 干货与提示

门式作业脚手架在架体外侧的门架立杆上设置纵向水平加固杆，需要符合以下一些规定。

① 架体的顶层、沿架体高度方向不超过4步设置一道，宜在有连墙件的水平层设置。

② 在作业脚手架的转角处、开口型作业脚手架端部的两个跨距内，按步设置。

作业脚手架安全等级为Ⅱ级时，门式作业脚手架外侧立面可不设置剪刀撑。作业脚手架安全等级为Ⅰ级时，剪刀撑需要符合以下一些规定。

① 宜在作业脚手架的转角处、开口型端部、中间间隔不超过15m的外侧立面上各设置一道剪刀撑。

② 作业脚手架的外侧立面上不设剪刀撑时，一般需要沿架体高度方向每间隔2～3步在门架内外立杆上分别设置一道水平加固杆。

6.2.3　门式脚手架的连接

门式脚手架架上总荷载小于或等于3kN/m²时，门式支撑架可通过门架横杆承担与传递荷载。门式脚手架架上总荷载大于3kN/m²时，门式支撑架宜在顶部门架立杆上设置托座、楞梁。楞梁需要具有足够的强度、刚度。

门式脚手架的连接图例如图6-27所示。

门式支撑架宜在顶部门架立杆上设置托座、楞梁的情况如图6-28所示。

6.2.4　门式脚手架剪刀撑的构造要求

门式脚手架应设置剪刀撑，剪刀撑的构造需要符合以下一些规定。

（1）剪刀撑斜杆的倾角一般为45°～60°，如图6-29所示。

（2）每道竖向剪刀撑均应由底到顶连续设置。

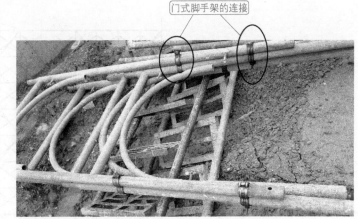

图6-27　门式脚手架的连接图例

（3）剪刀撑斜杆的接长需要符合有关规定。

（4）剪刀撑应采用旋转扣件与门架立杆、相关杆件扣紧。

（5）每道剪刀撑的宽度不应大于6个跨距，且不应大于9m；也不宜小于4个跨距，且不宜小于6m，如图6-30所示。

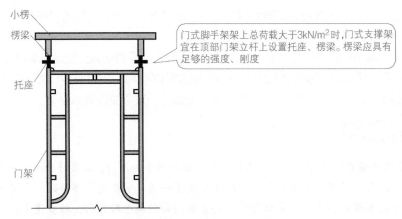

小楞

楞梁

托座

门架

门式脚手架架上总荷载大于3kN/m² 时,门式支撑架宜在顶部门架立杆上设置托座、楞梁。楞梁应具有足够的强度、刚度

图 6-28　门式支撑架宜在顶部门架立杆上设置托座、楞梁的情况

门式脚手架剪刀撑应采用旋转扣件与门架立杆、相关杆件扣紧

剪刀撑斜杆的倾角一般45°~60°

图 6-29　剪刀撑斜杆的倾角要求

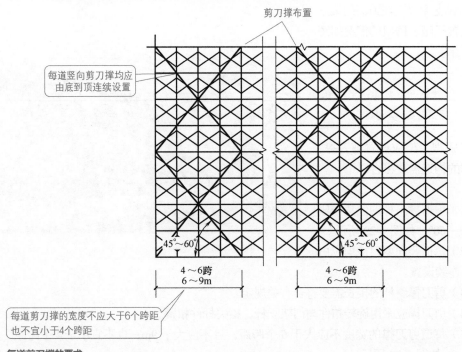

剪刀撑布置

每道竖向剪刀撑均应由底到顶连续设置

45°~60°

45°~60°

4~6跨
6~9m

4~6跨
6~9m

每道剪刀撑的宽度不应大于6个跨距也不宜小于4个跨距

图 6-30　每道剪刀撑的要求

◁ 干货与提示

脚手架竖向、水平剪刀撑的设置，根据脚手架的品种不同有所差异。盘扣式脚手架，一般是采用斜撑杆。扣件式脚手架，一般均是采用大剪刀撑。键槽承插式脚手架，一般是采用交叉拉杆。大剪刀撑与斜撑杆、交叉拉杆，可以根据功能等效。斜撑杆、交叉拉杆与大剪刀撑斜杆可根据覆盖面积相当的原则来相互替代。

门式脚手架纵向设置的交叉拉杆是门架纵向组配构件，一般根据跨由底到顶设置。门架的纵向交叉拉杆可替代脚手架的纵向剪刀撑。剪刀撑的间距、布置方式与脚手架搭设的高度、结构和构造、荷载等因素有关，需要根据实际情况来选择。

6.3 门架相关参数与计算用表

6.3.1 MF1219 系列门架的稳定承载力设计值的计算参数

MF1219 系列门架的稳定承载力设计值的计算参数需要符合表 6-6 的规定。

表 6-6　MF1219 系列门架的稳定承载力设计值的计算参数

门架规格	$\phi 48$				$\phi 42$			
门架高度 h_0/mm	1900				1930			
立杆加强杆高度 h_1/mm	1550				1536			
搭设高度 /m	壁厚 t/mm	i/cm	λ	φ	壁厚 t/mm	i/cm	λ	φ
$H \leqslant 30$	3.5	1.652	130	0.396	2.5	1.524	143	0.336
	3.4	1.657	130	0.396	2.4	1.53	143	0.336
	3.3	1.663	129	0.401	2.3	1.539	142	0.34
$30 < H \leqslant 45$	3.5	1.652	135	0.371	2.5	1.524	148	0.316
	3.4	1.657	134	0.376	2.4	1.53	148	0.316
	3.3	1.663	134	0.376	2.3	1.539	147	0.32
$45 < H \leqslant 60$	3.5	1.652	140	0.349	2.5	1.524	154	0.294
	3.4	1.657	140	0.349	2.4	1.53	154	0.294
	3.3	1.663	139	0.353	2.3	1.539	153	0.298

注：i 为门架立杆换算截面回转半径，cm；φ 为门架立杆稳定系数；λ 为门架立杆换算长细比。

6.3.2 MF0817、MF1017 系列门架的稳定承载力设计值的计算参数

MF0817、MF1017 系列门架的稳定承载力设计值的计算参数需要符合表 6-7 的规定。

表 6-7　MF0817、MF1017 系列门架的稳定承载力设计值的计算

门架代号	MF1017				MF0817			
	$\phi 42$				$\phi 42$			
门架高度 h_0/mm	1750				1750			
立杆加强杆高度 h_1/mm	1291				1260			
搭设高度 /m	壁厚 t/mm	i/cm	λ	φ	壁厚 t/mm	i/cm	λ	φ
$H \leqslant 30$	2.5	1.506	131	0.391	2.5	1.476	134	0.376
	2.4	1.511	131	0.391	2.4	1.493	132	0.386
	2.3	1.52	130	0.396	2.3	1.513	131	0.391
$30 < H \leqslant 45$	2.5	1.509	136	0.367	2.5	1.476	139	0.353
	2.4	1.511	135	0.371	2.4	1.493	137	0.362
	2.3	1.52	135	0.371	2.3	1.513	135	0.371

续表

搭设高度 /m	壁厚 t/mm	i/cm	λ	φ	壁厚 t/mm	i/cm	λ	φ
45 < H ≤ 60	2.5	1.506	142	0.34	2.5	1.476	145	0.328
	2.4	1.511	141	0.344	2.4	1.493	143	0.336
	2.3	1.52	140	0.349	2.3	1.513	141	0.344

注：i 为门架立杆换算截面回转半径，cm；φ 为门架立杆稳定系数；λ 为门架立杆换算长细比。

6.4 门架及相关构件质量要求

6.4.1 门架质量分类与要求

门架质量分类与要求见表 6-8。

表 6-8 门架质量分类与要求   单位：mm

部位、项目		A 类	B 类	C 类	D 类
加强杆	下凹	无或轻微	有	—	—
	锈蚀	无或轻微	有	较严重	深度≥0.3
	弯曲	无或轻微	有	—	—
	裂纹	无	有	—	—
立杆	锁销间距	±1.5	> 1.5 < −1.5	—	—
	锈蚀	无或轻微	有	较严重（鱼鳞状）	深度≥0.3
	立杆（中−中） 尺寸变形	±5	> 5 < −5	—	—
	下部堵塞	无或轻微	较严重	—	—
	立杆下部长度	≤ 400	> 400	—	—
	弯曲	≤ 4	> 4	—	—
	裂纹	无	微小	—	有
	下凹	无	轻微	较严重	≥ 4
	壁厚	≥ 2.2	—	—	< 2.2
	端面不平整	≤ 0.3	—	—	> 0.3
	锁销损坏	无	损伤或脱落	—	—
横杆	锈蚀	无或轻微	有	较严重	深度≥0.3
	壁厚	≥ 2	—	—	< 2
	弯曲	无或轻微	严重	—	—
	裂纹	无	轻微	—	有
	下凹	无或轻微	≤ 3	—	> 3
其他	焊接脱落	无	轻微缺陷	严重	—

6.4.2 交叉支撑质量分类与要求

交叉支撑质量分类与要求见表 6-9。

表 6-9 交叉支撑质量分类与要求

部位及项目	A 类	B 类	C 类	D 类
中部铆钉脱落	无	有	—	—
锈蚀	无或轻微	有	—	严重
弯曲 /mm	≤ 3	> 3	—	—
端部孔周裂纹	无	轻微	—	严重
下凹	无或轻微	有	—	严重

6.4.3　连接棒质量分类与要求

连接棒质量分类与要求见表 6-10。

表 6-10　连接棒质量分类与要求

部位及项目	A 类	B 类	C 类	D 类
凸环脱落	无	轻微	—	—
凸环倾斜 /mm	≤ 0.3	> 0.3	—	—
弯曲	无或轻微	有	—	严重
锈蚀 /mm	无或轻微	有	较严重	深度 ≥ 0.2

6.4.4　脚手板质量分类与要求

脚手板质量分类与要求见表 6-11。

表 6-11　脚手板质量分类与要求

部位及项目		A 类	B 类	C 类	D 类
搭钩零件	弯曲	无	轻微	—	严重
	下凹	无	轻微	—	严重
	锁扣损坏	无	脱落、损伤	—	—
	裂纹	无	—	—	有
	锈蚀	无或轻微	有	较严重	深度 ≥ 0.2mm
	铆钉损坏	无	损伤、脱落	—	—
脚手板	锈蚀	无或轻微	有	较严重	深度 ≥ 0.2mm
	面板厚	≥ 1.0mm	—	—	< 1.0mm
	裂纹	无	轻微	较严重	严重
	下凹	无或轻微	有	较严重	—
其他	脱焊	无	轻微	—	严重
	整体变形、翘曲	无	轻微	—	严重

6.4.5　可调底座、可调托座质量分类与要求

可调底座、可调托座质量分类与要求见表 6-12。

表 6-12　可调底座、可调托座质量分类与要求

部位及项目		A 类	B 类	C 类	D 类
扳手、螺母	扳手断裂	无	轻微	—	—
	螺母转动困难	无	轻微	—	严重
	锈蚀	无或轻微	有	较严重	严重
底板	翘曲	无或轻微	有	—	—
	与螺杆不垂直	无或轻微	有	—	—
	锈蚀	无或轻微	有	较严重	严重
螺杆	螺牙缺损	无或轻微	有	—	严重
	弯曲	无	轻微	—	严重
	锈蚀	无或轻微	有	较严重	严重

6.4.6 门式脚手架搭设的技术要求、允许偏差与检验方法

门式脚手架搭设的技术要求、允许偏差与检验方法见表 6-13。

表 6-13　门式脚手架搭设的技术要求、允许偏差与检验方法

项目		技术要求	允许偏差 /mm	检验方法
地基与基础	表面	坚实平整	—	观察
	排水	不积水		
	垫板	稳固		
	底座	不晃动		钢直尺检查
		无沉降	—	
		调节螺杆高度符合标准要求	≤ 200	
	纵向轴线位置	—	±20	尺量检查
	横向轴线位置	—	±10	
架体构造		符合标准及专项施工方案要求		观察尺量检查
门架安装	门架立杆与底座轴线偏差	—	≤ 2.0	尺量检查
	上下榀门架立杆轴线偏差	—		
水平度	一跨距内两榀门架高差	—	±5.0	水准仪检查水平尺检查钢直尺检查
	整体	—	±100	
垂直度	每步架	—	$h/300$、±6.0	经纬仪或线锤、钢直尺检查
	整体	—	$H/300$、±100.0	
水平加固杆		按设计要求设置	—	观察、尺量检查
脚手板		铺设严密、牢固	$d ≤ 25$	观察、尺量检查
悬挑支撑结构	型钢规格	符合设计要求	—	观察、尺量检查
	安装位置		±10	
施工层防护栏杆、挡脚板		按设计要求设置	—	观察、手扳检查
安全网		齐全、牢固、网间严密	—	观察
扣件拧紧力矩		40 ～ 65N·m	—	扭矩测力扳手检查
隐蔽工程	地基承载力	符合设计要求	—	观察、施工记录检查
	预埋件	符合设计要求	—	
连墙件	与架体、建筑结构连接	牢固	—	观察、扭矩测力扳手检查
	竖向纵向间距	按设计要求设置	±300	尺量检查
	与门架横杆距离	符合标准要求	≤ 200	
剪刀撑	间距	按设计要求设置	±300	尺量检查
	倾角	45° ～ 60°	—	角尺检查尺量检查

注：h 为步距；H 为脚手架高度；d 为孔径。

第 **7** 章

竹脚手架

7.1 基础知识

7.1.1 竹脚手架的特点

竹脚手架是采用绑扎材料将以竹杆为立杆、纵向水平杆、横向水平杆、顶撑、剪刀撑等杆件连接而成的有若干侧向约束的一种脚手架。

竹脚手架常见术语解说见表7-1。

表 7-1　竹脚手架常见术语解说

术语	解说
毛竹	产于我国江南一带的一种常绿多年生植物。其杆身茎节明显，节间多空，质地坚韧，表皮光滑
塑料篾	就是由纤维材料制成带状，在竹脚手架中用以代替竹篾的一种绑扎材料
有效直径	就是竹杆的有效部分的小头直径
整竹拼制脚手板	就是采用整竹根据大小头一顺一倒相互排列拼制而成的一种脚手板
竹笆脚手板	就是采用平放的竹片纵横编织而成的一种脚手板
竹串片脚手板	就是采用螺栓穿过并列的竹片拧紧而成的一种脚手板
竹龄	毛竹的生产年龄根据年来计算，以竹表皮颜色进行鉴别。一年生呈嫩青色，二年生呈老青色，三四年生呈深绿色，五六年生呈黄色或赤黄色，七年或七年以上生呈橘黄色
竹篾	就是采用毛竹的竹黄部分劈割而成的绑扎材料

7.1.2 竹杆的特点与要求

竹脚手架主要受力杆件需要选用生长期3～4年的毛竹。竹杆需要挺直、坚韧，不得使用严重弯曲不直、枯脆、腐烂、青嫩、虫蛀、裂纹连通两节以上的竹杆，如图7-1所示。

竹脚手架主要受力杆件的使用期限一般不宜超过1年。各类杆件使用的竹杆直径不应小于有效直径。

竹杆需要挺直、坚韧、不得使用严重弯曲不直、枯脆、腐烂、青嫩、虫蛀、裂纹连通两节以上的竹杆

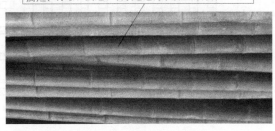

图 7-1　竹杆

干货与提示

竹杆有效直径需要符合以下一些规定。

① 搁栅、栏杆有效直径一般不得小于 60mm。

② 抛撑、剪刀撑、顶撑、斜撑、立杆、扫地杆有效直径一般不得小于 75mm。

③ 纵向、横向水平杆一般不宜小于 90mm。直径为 60～90mm 的竹杆，需要双杆合并使用。

7.1.3 竹脚手架的绑扎材料

脚手架竹杆的绑扎材料，需要选择使用合格的塑料篾、镀锌钢丝、竹篾，不得选择使用塑料绳与尼龙绳。竹杆的绑扎材料严禁重复使用，并且不得接长使用。

脚手架使用的竹篾，需要是生长期 3 年以上的毛竹竹黄部分劈剖而成的。竹篾使用前，要放置在清水中浸泡不少于 12h。

脚手架使用的竹篾，需要是新鲜、韧性强的。脚手架使用的竹篾，不得选择有断腰、发霉、虫蛀、大节疤等缺陷的竹篾。

脚手架使用的塑料篾、竹篾的规格见表 7-2。单根塑料篾的抗拉能力要求不得低于 250N。

表 7-2　脚手架使用的塑料篾、竹篾的规格

名称	厚度 /mm	长度 /m	宽度 /mm
塑料篾	0.8～1	3.5～4	10～15
竹篾	0.8～1	3.5～4	20

干货与提示

脚手架使用的钢丝需要采用 10 号镀锌钢丝，或者 8 号镀锌钢丝，并且均不得有锈蚀、机械损伤。选择 10 号钢丝的抗拉强度要求不得低于 450MPa。选择 8 号镀锌钢丝的抗拉强度要求不得低于 400MPa。

7.1.4 竹脚手架的脚手板

脚手架的脚手板，需要具有满足使用要求的平整度、整体性，并且选择竹笆脚手板、竹串片脚手板、整竹拼制脚手板，注意一般不得选择采用钢脚手板。

单块竹笆脚手板、竹串片脚手板重量要求不得超过 250N。

常用的竹脚手板构造形式与要求如图 7-2 所示。整竹拼制脚手板的特点如图 7-3 所示。

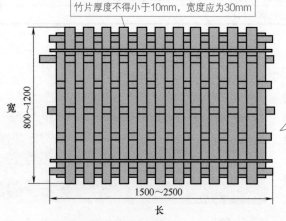

竹片厚度不得小于10mm，宽度应为30mm

宽 800～1200

长 1500～2500

竹笆脚手板

竹笆脚手板应采用平放的竹片纵横编织而成。

横片应一反一正，纵片不得少于5道且第一道用双片，四边端纵横片交点应用钢丝穿过钻孔每道扎牢。

每块竹笆脚手板应沿纵向用钢丝扎两道宽40mm双面夹筋，夹筋不得用圆钉固定

图 7-2　常用的竹脚手板构造形式与要求

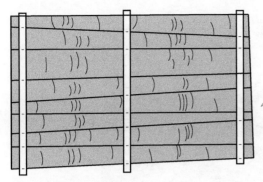

整竹拼制脚手板

整竹拼制脚手板采用大头直径为30mm、小头直径为20～25mm
的整竹大头一顺一倒相互排列而成。
板长为0.8～1.2m，宽为1.0m。
整竹间应用14号镀锌钢丝编扎，应150mm一道。
脚手板两端、中间应对称设四道双面木板条，并采用镀锌钢丝
绑牢

图 7-3　整竹拼制脚手板的特点

7.1.5　竹串片脚手板的特点

竹脚手板，可以分为竹笆脚手板、竹片脚手板（竹串片脚手板）。其中，竹笆脚手板是采用平放带常青的竹片纵横编织而成，每根竹片厚度小于8mm，宽度不小于30mm。横筋一反一正边缘处纵横筋相交点，用铁丝扎紧，板宽为0.8～1.2m，板长一般为2～2.5mm。竹片脚手板（竹串片脚手板）是采用螺栓将侧立的竹片并拉连接而成，螺栓直径为8～10mm，间距为500～600mm。首只螺栓离板端为200～250mm，板宽度大约为250mm，板厚一般不小于50mm，板长一般为2～2.5mm。

竹串片脚手板的特点如图7-4所示。竹串片脚手架的应用如图7-5所示。

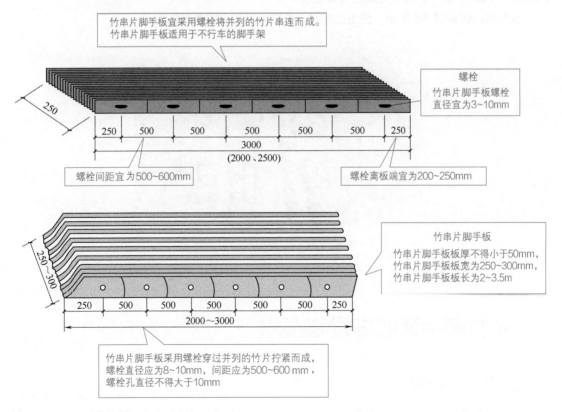

图 7-4　竹串片脚手板的特点

竹串片

图 7-5 竹串片脚手架的应用

凡是枯脆、腐烂、虫蛀、松散的竹脚手板不得使用。

7.1.6 安全网的特点

外墙脚手架的安全网一般宜采用阻燃型安全网，其材料性能指标需要符合现行国家标准《安全网》（GB 5725—2009）等规定有关要求。

安全网图例如图 7-6 所示。使用选择时，注意平网与立网要求的差异。

图 7-6 安全网

7.2 竹脚手架的搭设与要求

7.2.1 搭设基础要求

竹脚手架搭设、拆除前，均需要编制专项施工方案。双排竹脚手架的搭设高度，一般不得

超过 **24m**。满堂竹脚手架搭设高度，一般不得超过 **15m**。另外，有的项目或者地方规定，严禁采用竹脚手架。

竹脚手架的门洞口、通道，需要采取必要的加强措施与安全防护措施。竹脚手架要绑扎牢固，节点要可靠连接。

两纵向立杆间的同一跨度内，用于装饰施工的竹脚手架沿竖直方向同时作业要求不得超过 2 层。用于结构施工的竹脚手架沿竖直方向同时作业要求不得超过 1 层。

竹脚手架构件的挠度控制值需要符合表 7-3 的规定。

表 7-3　竹脚手架构件的挠度控制值

竹脚手架构件的类型	挠度控制值	L_o 的取值
横向水平杆	$L_o/150$	取 L_b，也就是内外两立杆间的距离
脚手板	$L_o/200$	取相邻两横向或纵向水平杆间的距离
纵向水平杆	$L_o/150$	取 L_a，也就是相邻两立杆间的距离

注：L_a 为立杆纵距离；L_b 为立杆横距离；L_o 为计算跨度。

竹脚手架作业层上的施工均布荷载标准值需要符合表 7-4 的规定。

表 7-4　竹脚手架作业层上的施工均布荷载标准值

类别	施工均布荷载标准值 /（kN/m^2)
结构脚手架	≤ 3
装修脚手架	≤ 2

双排脚手架（竹脚手架）搭设高度达到三步架高时，需要随搭随设剪刀撑、连墙件等杆件，并且不得随意拆除。当脚手架下部暂时不能够设连墙件时，则需要设置抛撑。

竹脚手架外侧，需要挂密目式安全立网，并且网间要严密，以防坠物伤人。另外，竹材堆放位置要设置消防设备。

干货与提示

竹脚手架连墙件，需要结合建筑物或构筑物的结构确定其使用材料、连接方法、设置位置。竹脚手架的基础、整体构造、连墙件还需要进行必要的设计与验算。竹脚手架的使用期限一般不宜超过 1 年，否则需要对杆件与节点进行检查。

7.2.2　竹脚手架双斜扣绑扎法

主节点、剪刀撑、斜杆、其他杆件相交的节点，应采用对角双斜扣绑扎。其余节点可以采用单斜扣绑扎。

竹脚手架双斜扣绑扎法图解如图 7-7 所示。

7.2.3　杆件接长处平扣绑扎法

杆件接长处平扣绑扎法，可以采用双竹篾缠绕 4 ～ 6 圈，每缠绕 2 圈收紧一次等方法进行，具体如图 7-8 所示。

7.2.4　连墙件的安装

连墙件的安装图解如图 7-9 所示。

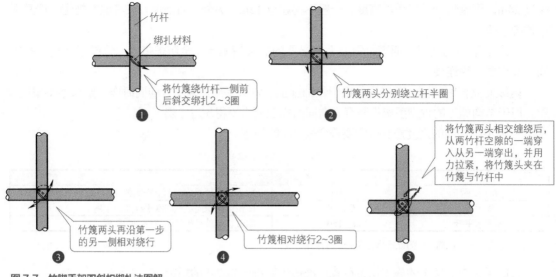

图 7-7 竹脚手架双斜扣绑扎法图解

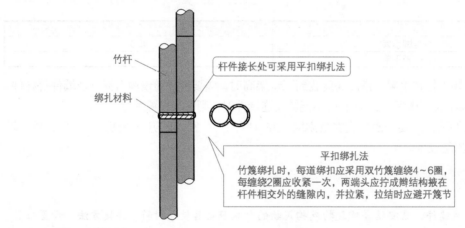

图 7-8 杆件接长处平扣绑扎法

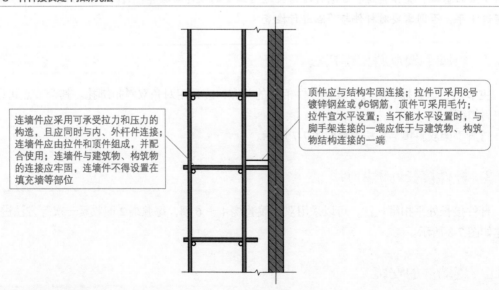

图 7-9 连墙件的安装图解

7.2.5 纵向水平杆的搭设

竹脚手架纵向水平杆需要搭设在立杆里侧，主节点位置需要绑扎在立杆上，非主节点位置需要绑扎在横向水平杆上，如图 7-10 所示。

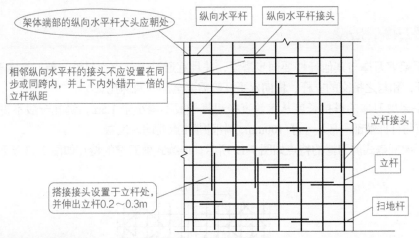

图 7-10 竹脚手架纵向水平杆的搭设

干货与提示

竹脚手架纵向水平杆搭接要求如下：

① 竹脚手架纵向水平杆搭接长度从有效直径起算一般不得小于 1.2m；

② 竹脚手架纵向水平杆搭接绑扎一般不得少于 4 道，并且两端绑扎点与杆件端部一般不小于 0.1m，中间绑扎点需要均匀设置。

7.2.6 顶撑的搭设

竹脚手架顶撑需要使用整根竹杆，不得接长，并且上下顶撑需要保持在同一垂直线上。

竹脚手架顶撑需要紧贴立杆设置，并且要顶紧水平杆。另外，竹脚手架顶撑与上方、下方的水平杆直径要匹配，两者直径相差不得大于顶撑直径的 1/3。

顶撑的搭设图解如图 7-11 所示。

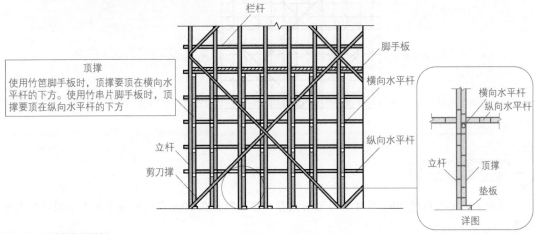

图 7-11 顶撑的搭设图解

⚙ **干货与提示**

顶撑要与立杆绑扎，并且一般不得少于3道，两端绑扎点与杆件端部的距离不小于100mm，中间绑扎点要均匀设置。

7.2.7 剪刀撑的搭设

竹脚手架剪刀撑与其他杆件要同步搭设，并且宜通过主节点。另外，剪刀撑需要紧靠脚手架外侧立杆，和与之相交的立杆、横向水平杆等需要全部两两绑扎。

竹脚手架剪刀撑的搭接长度从有效直径起算一般不得小于1.5m，绑扎一般不得少于3道，两端绑扎点与杆件端部一般不小于100mm，中间绑扎点要均匀设置。

竹脚手架间隔式剪刀撑的特点如图7-12所示。连续式剪刀撑的特点如图7-13所示。

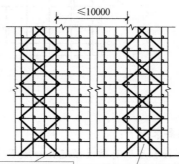

剪刀撑应在脚手架外侧由底至顶连续设置，与地面倾角为45°~60°

间隔式剪刀撑除了在脚手架外侧立面的两端设置外，架体的转角处、开口处也要加设一道剪刀撑，并且剪刀撑宽度不小于4倍立杆纵距，每道剪刀撑间的净距不得大于10m

图7-12 竹脚手架间隔式剪刀撑的特点

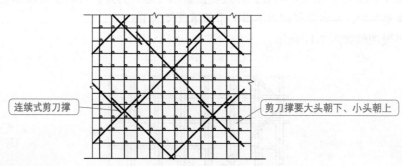

连续式剪刀撑

剪刀撑要大头朝下、小头朝上

图7-13 连续式剪刀撑的特点

⚙ **干货与提示**

竹脚手架架长超过30m时可采用间隔式剪刀撑。架长在30m以内时脚手架可采用连续式剪刀撑。

7.2.8　斜撑、抛撑的搭设

一字形、开口型双排脚手架的两端要设置横向斜撑。横向斜撑需要在同一节间由底到顶呈"之"字形连续设置，并且杆件两端要固定在与之相交的立杆上。

当竹脚手架搭设高度低于三步时，需要设置抛撑。抛撑要采用通长杆件与脚手架可靠连接，并且与地面的夹角应为 45°～60°，连接点中心到主节点的距离一般不得大于 300mm。

斜撑、抛撑的搭设如图 7-14 所示。

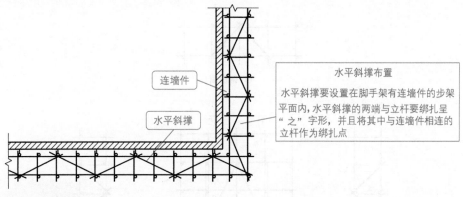

连墙件

水平斜撑

水平斜撑布置

水平斜撑要设置在脚手架有连墙件的步架平面内，水平斜撑的两端与立杆要绑扎呈"之"字形，并且将其中与连墙件相连的立杆作为绑扎点

图 7-14　斜撑、抛撑的搭设

> **干货与提示**
>
> 抛撑的拆除应在连墙件搭设后进行。

7.2.9　竹串片脚手板的对接和搭接

竹串片脚手板要设置在两根以上横向水平杆上。接头可采用对接或搭接铺设。脚手板的对接和搭接如图 7-15 所示。

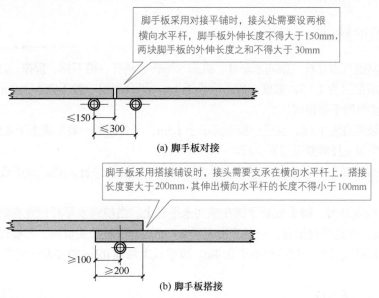

脚手板采用对接平铺时，接头处需要设两根横向水平杆，脚手板外伸长度不得大于 150mm，两块脚手板的外伸长度之和不得大于 30mm

≤150
≤300

(a) 脚手板对接

脚手板采用搭接铺设时，接头需要支承在横向水平杆上，搭接长度要大于 200mm，其伸出横向水平杆的长度不得小于 100mm

≥100
≥200

(b) 脚手板搭接

图 7-15　竹串片脚手板的对接和搭接

7.2.10　门洞的搭设

门洞位置的空间桁架除了下弦平面处，其余 5 个平面内的节间设置一根斜腹杆，上端应向上连接交搭 2 ～ 3 步纵向水平杆，并且需要绑扎牢固。

门洞桁架下的两侧立杆、顶撑，需要为双杆。副立杆高度需要高于门洞口 1 ～ 2 步。斜撑、立杆加固杆件需要随架体同步搭设，不得滞后搭设。

门洞的搭设如图 7-16 所示。

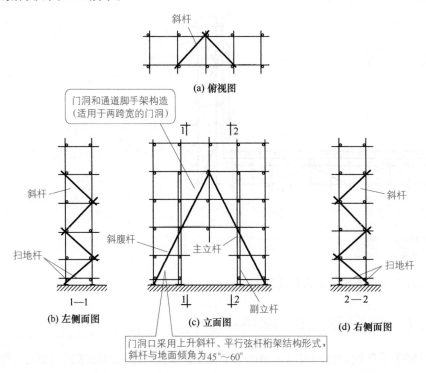

图 7-16　门洞的搭设

7.2.11　斜道的搭设

竹脚手架斜道可由立杆、横向水平杆、纵向水平杆、斜杆、剪刀撑、顶撑、连墙件等组成。

人行斜道坡度宜为 1∶3，宽度一般不应小于 1m，平台面积一般不应小于 2m²，斜道立杆与水平杆的间距要与脚手架相同。

运料斜道坡度宜为 1∶6，宽度一般不应小于 1.5m，平台面积一般不应小于 4.5m²，运料斜道与其对应的脚手架立杆需要采用双立杆。

斜道脚手板横铺时，要在横向水平杆上每隔 0.3m 加设斜平杆，并且脚手板要平铺在斜平杆上。

斜道脚手板顺铺时，脚手板要平铺在横向水平杆上。当横向水平杆设置在斜平杆上时，间距不应大于 1m。休息平台位置，一般不得大于 0.75m。脚手板接头位置，需要设双根横向水平杆，并且脚手板搭接长度一般不得小于 0.4m。脚手板上每隔 0.3m 需要设一道高 20 ～ 30mm 的防滑条。

斜道的搭设如图 7-17 所示。

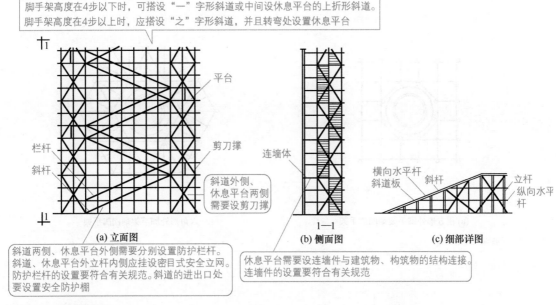

脚手架高度在4步以下时，可搭设"一"字形斜道或中间设休息平台的上折形斜道。
脚手架高度在4步以上时，应搭设"之"字形斜道，并且转弯处设置休息平台

平台

栏杆
斜杆

剪刀撑

连墙体

斜道外侧、
休息平台两侧
需要设剪刀撑

横向水平杆
斜道板　斜杆

立杆
纵向水平杆

(a) 立面图

斜道两侧、休息平台外侧需要分别设置防护栏杆。
斜道、休息平台外立杆内侧应挂密目式安全立网。
防护栏杆的设置要符合有关规范。斜道的进出口处
要设置安全防护棚

1—1
(b) 侧面图

休息平台需要设连墙件与建筑物、构筑物的结构连接。
连墙件的设置要符合有关规范

(c) 细部详图

图 7-17　斜道的搭设

干货与提示

斜道要紧靠脚手架外侧设置，并且与脚手架同步搭设。

7.2.12　烟囱、水塔脚手架的搭设

烟囱、水塔等圆形、方形构筑物脚手架，一般宜采用六角形、八角形、正方形等多边形外脚手架。

六角形、八角形、正方形等多边形外脚手架常由纵向水平杆、横向水平杆、立杆、剪刀撑、连墙件等组成。

作业层横向水平杆间距不得大于1m，距烟囱壁或水塔壁不得大于0.1m。烟囱脚手架搭设时，可以根据需要增设内立杆，并可利用烟囱结构作为增设内立杆的支撑点。

脚手架需要每二步三跨设置一道连墙件，转角处必须设置连墙件。可在结构施工时预埋连墙件的连接件，然后安装连墙件。

作业层需要满铺脚手板，并且设置防护栏杆和挡脚板，防护栏杆外侧需要挂密目式安全网，脚手板下方需要设一道安全平网。

烟囱脚手架的搭设如图 **7-18** 所示。

水塔脚手架的搭设如图 **7-19** 所示。

干货与提示

脚手架外侧应从下到上连续设置剪刀撑。架高 10 ～ 15m 时，应设一组（4 根以上双数）缆风绳对拉，每增高 10m 应加设一组。缆风绳采用直径不小于 11mm 的钢丝绳，不得用钢筋代替，与地面夹角应为 45° ～ 60°，下端要单独固定在地锚上，不得固定在树木或电杆上。

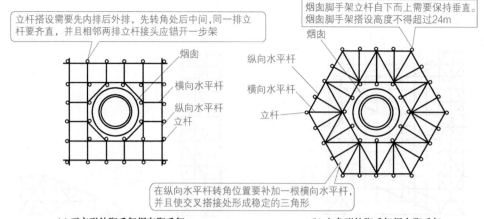

(a) 正方形外脚手架烟囱脚手架   (b) 六角形外脚手架烟囱脚手架

图 7-18 烟囱脚手架的搭设

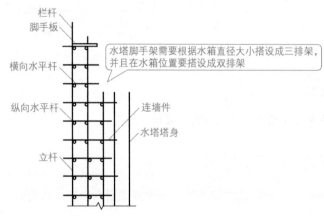

图 7-19 水塔脚手架的搭设

7.3 竹脚手架构造参数与拆除要点

7.3.1 双排竹脚手架构造参数

双排竹脚手架构造参数见表 7-5。

表 7-5 双排竹脚手架构造参数

用途	内立杆到墙面距离 /m	立杆间距 /m		步距 /m	搁栅间距 /m	
		横距	纵距		纵向水平杆在下	横向水平杆在下
装饰	≤ 0.5	≤ 1	1.5 ~ 1.8	1.5 ~ 1.8	不大于立杆纵距的 1/2	≤ 0.4
结构	≤ 0.5	≤ 1.2	1.5 ~ 1.8	1.5 ~ 1.8	不大于立杆纵距的 1/2	≤ 0.4

7.3.2 满堂竹脚手架构造参数

满堂竹脚手架构造参数见表 7-6。

表 7-6　满堂竹脚手架构造参数

用途	立杆纵横间距 /m	水平杆步距 /m	靠墙立杆离开墙面距离 /m	作业层水平杆间距	
				竹串片脚手板	竹笆脚手板 /m
装饰	≤ 1.2	≤ 1.8	≤ 0.5	小于立杆纵距的一半	≤ 0.4

7.3.3　烟囱、水塔脚手架构造参数

烟囱、水塔脚手架构造参数见表 7-7。

表 7-7　烟囱、水塔脚手架构造参数

里排立杆至构筑物边缘的距离 /m	立杆横距 /m	立杆纵距 /m	纵向水平杆步距 /m
≤ 0.5	1.2	1.2 ~ 1.5	1.2

7.3.4　竹脚手架拆除的要点

竹脚手架的拆除要点见表 7-8。

表 7-8　竹脚手架的拆除要点

项目	解说
根据拆除方案组织施工、进行安全技术交底	（1）竹脚手架拆除，需要根据拆除方案组织施工 （2）竹脚手架拆除前，需要对作业人员作书面的安全交底、技术交底
拆除竹脚手架前的准备工作	（1）首先需要对即将拆除的竹脚手架进行全面检查 （2）根据检查结果补充完善竹脚手架拆除方案，以及经方案原审批人批准后才能够实施 （3）清除竹脚手架上杂物、地面障碍物等工作
拆除竹脚手架时的规定	（1）拆除作业必须由上而下逐层进行，严禁上下同时作业，以及严禁斩断、剪断整层绑扎材料后整层滑塌、整层推倒或拉倒等情况 （2）连墙件必须随竹脚手架逐层拆除，严禁先将整层或数层连墙件拆除后再拆除架体 （3）分段拆除时，高差不得大于 2 步
注意点	（1）拆除竹脚手架的纵向水平杆、剪刀撑时，应先拆中间的绑扎点，再拆两头的绑扎点，并且由中间的拆除人员往下传递杆件 （2）竹脚手架拆到下部三步高时，则先在适当位置设置临时抛撑对架体加固后，再拆除连墙件 （3）竹脚手架需要分段拆除时，架体不拆除部分的两端需要根据有关规定采取相应的加固措施 （4）拆下竹脚手架的各种杆件、脚手板等材料，应向下传递，或者使用索具吊运到地面，严禁抛掷到地面 （5）运到地面的竹脚手架各种杆件，需要及时清理，并且分品种、分规格运到指定地点进行码放

7.4　竹脚手架搭设技术要求、允许偏差与检查要点

7.4.1　竹脚手架搭设的技术要求、允许偏差与检验方法

竹脚手架搭设的技术要求、允许偏差与检验方法见表 7-9。

表 7-9　竹脚手架搭设的技术要求、允许偏差与检验方法

项目		要求	允许偏差 Δ/mm	检查方法与工具
立杆垂直度	搭设中检查偏差的高度	不得朝外倾斜，当高度为： H=10m H=15m H=20m H=24m	25 50 75 100	用经纬仪或吊线和钢尺
	最后验收垂直度	不得朝外倾斜	100	
杆件弯曲	端部弯曲 L≤1.5m	≤20mm	0	钢尺
	顶撑	≤20mm	0	
	其他杆件	≤50mm		
顶撑	直径	与水平杆直径相匹配	与水平杆直径相差不大于顶撑的1/3	钢尺
间距	步距 纵距 横距	—	±20 ±50 ±20	钢尺
杆件搭接长度	纵向水平杆	≥1.5m	0	钢尺
	其他杆件	≥1.2m	0	
斜道防滑条	外观	不松动	—	观察
	间距	300mm	±30	钢尺
连墙件	设置间距	二步三跨或三步二跨	—	观察
	离主节点距离	≤300mm	0	钢尺
各杆件小头有效直径	纵向、横向水平杆	≥90mm		卡尺或钢尺
	搁栅、栏杆	≥60mm	0	
	其他杆件	≥75mm		
纵向水平杆高差	一根杆的两端	—	±20	水平仪或水平尺
	同跨内两根纵向水平杆	—	±10	
	同一排纵向水平杆	—	不大于架体纵向长度的1/300或200mm	
横向水平杆外伸长度偏差	出外侧立杆	≥200mm	0	钢尺
	伸向墙面	≤450mm	0	
地基基础	表面	坚实平整		观察
	排水	不积水	—	
	垫板	不松动		

7.4.2　竹脚手架的检查要点

竹脚手架的检查要点如下。

（1）竹脚手架的各种材料进入施工现场时，需要进行检查、验收。

（2）经检查、验收不合格的材料，需要及时清除出场。

（3）搭设竹脚手架前，需要对竹脚手架的地基进行检查，并且验收要合格后才能够进行后

续作业。

（4）竹脚手架搭设完毕或每搭设 2 个楼层高度，满堂脚手架搭设完毕或每搭设 4 步高度，则需要对搭设质量进行一次检查，并且验收合格后才能够交付使用或继续搭设。

（5）竹脚手架应由单位工程负责人组织技术、安全人员进行检查验收。

（6）竹脚手架搭设质量验收时，应具有专项施工方案、材料质量检验记录、安全技术交底记录、搭设质量检验记录、竹脚手架工程施工验收报告等。

（7）竹脚手架工程验收，需要对搭设质量进行全数检验。

（8）竹脚手架在拆除前，需要对架体进行检查。如果发现有连墙件、剪刀撑等加固杆件缺少、架体倾斜失稳、立杆悬空等情况，需要对架体加固后再拆除。

竹脚手架的检查要点见表 7-10。

表 7-10　竹脚手架的检查要点

项目	解说
重点检验项目	（1）安全网的张挂、防护栏杆设置要齐全牢固 （2）地基需要符合专项施工方案的要求 （3）杆件设置需要符合专项施工方案要求 （4）剪刀撑斜撑等加固杆件需要设置齐全、绑扎可靠等 （5）立杆垂直度需要符合有关规定 （6）立杆间距需要符合专项施工方案要求 （7）连墙件间距要符合专项施工方案的要求 （8）连墙件要设置牢固 （9）竹脚手架门洞搭设要符合要求 （10）主要受力杆件的规格要符合要求 （11）转角搭设要符合要求等
定期检查	（1）绑扎材料要无松脱、断裂 （2）绑扎钢丝要无锈蚀现象 （3）不得超载使用 （4）地基不得积水 （5）垫板不得松动 （6）加固杆件、连墙件要牢固 （7）架体不得出现倾斜、变形 （8）立杆不得悬空
竹脚手架在使用中遇到右面所示情况时，需要检查确认安全后使用	（1）冻结的地基土解冻后，需要检查确认安全后使用 （2）架体部分拆除，需要检查确认安全后使用 （3）架体遭受外力撞击后，需要检查确认安全后使用 （4）结构脚手架转为装饰脚手架使用前，需要检查确认安全后使用 （5）六级及以上大风、大雨、大雪、冰雪解冻后，需要检查确认安全后使用 （6）停止使用超过 1 个月后再次使用前，需要检查确认安全后使用 （7）在大规模加建或改建竹脚手架后，需要检查确认安全后使用 （8）其他特殊情况，需要检查确认安全后使用

第**8**章

附着式升降脚手架

8.1 附着式升降脚手架基础知识

升降脚手架的
特点

8.1.1 升降脚手架的特点

附着式升降脚手架，简称升降脚手架。升降脚手架俗称为外爬架、爬架网。

附着式升降脚手架是一种新型脚手架体系，其具有更安全、便捷、经济等特点。附着式升降脚手架，能够将高处作业变为低处作业，将悬空作业变为架体内部作业，这一点对于一些高层建筑应用脚手架尤为重要、实用。附着式升降脚手架应用图例如图8-1所示。

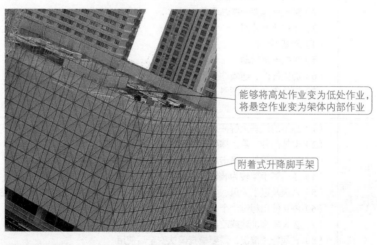

能够将高处作业变为低处作业，
将悬空作业变为架体内部作业

附着式升降脚手架

图8-1　附着式升降脚手架应用图例

附着式升降脚手架，可以分为整体式附着式升降脚手架、分片式附着式升降脚手架等种类。附着式升降脚手架，也可以分为液压附着式升降整体脚手架、电动附着式升降整体脚手架等种类。其中，液压升降整体脚手架，就是依靠液压升降装置附着在建（构）筑物上实现整体升降的一种脚手架。电动附着式升降整体脚手架，则是依靠电动葫芦升降装置进行的。常见升降脚手架的类型如图8-2所示。

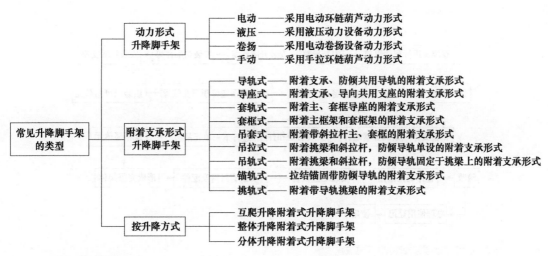

图 8-2　常见升降脚手架的类型

尽管附着式升降脚手架的类型不同，但是其基本系统一般均具备。附着式升降脚手架四大系统如图 8-3 所示。

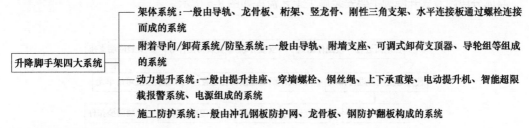

图 8-3　升降脚手架四大系统

爬架网片是升降脚手架重要的组件。根据原料，爬架网片分为喷塑爬架网片、爬架金属网片、浸塑爬架网片、镀锌爬架网片、全钢爬架网片等种类。根据孔型，爬架网分为圆孔、菱形孔、三角孔、长方孔、梅花孔、六角孔等种类。根据型式，爬架网有半米字型爬架网、全米字型爬架网、斜叉爬架网等种类。

爬架网片尺度常见的有：1.2m×1.8m、1m×2m、1.25m×2.4m、1.5m×1.8m、1.5m×2m、1.5m×2.4m 等，也可定做规格。爬架网片板厚常见的为 0.5～1.2mm。一张爬架网片的重量一般为 7～14kg。爬架网片板孔径有 5mm、6mm、8mm 等尺寸，或者定制的孔径。爬架网颜色可以自由定制，常见的为蓝色、黄色、绿色等。

⚙ 干货与提示

爬架网片上的孔可以解决黑暗问题，阳光通过孔爬架网片可使内部充分得到亮光，在里面施工不会感到黑暗、压抑，并且能防止高空坠物和施工人员坠落。

8.1.2　工艺流程步骤

8.1.2.1　整体附着式升降脚手架安装施工工艺流程

整体附着式升降脚手架安装施工工艺流程如图 8-4 所示。

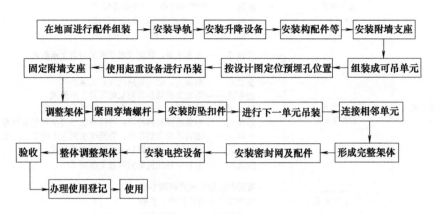

图 8-4　整体附着式升降脚手架安装施工工艺流程

8.1.2.2　整体分段附着式升降脚手架安装施工工艺流程

整体分段附着式升降脚手架安装施工工艺流程如图 8-5 所示。

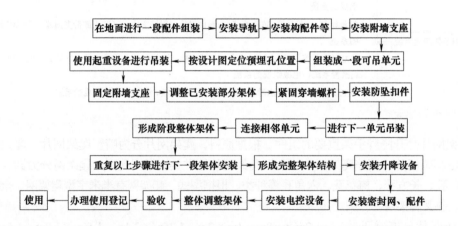

图 8-5　整体分段附着式升降脚手架安装施工工艺流程

8.1.2.3　杆件附着式升降脚手架安装施工工艺流程

杆件附着式升降脚手架安装施工工艺流程如下：安装首层施工脚手板、配件→随主体施工进度安装外立杆、内立杆、桁架、外封闭网→安装连墙件→第三层施工脚手板安装完成→根据设计图定位安装预埋孔位置→安装附墙支座→安装一段导轨→紧固穿墙螺杆→安装防坠扣件→重复以上步骤安装架体→形成完整架体结构→安装升降设备→安装密封网、配件→安装电控设备→整体调整架体→验收→办理使用登记→使用。

8.1.2.4　电动葫芦爬架网一般安装步骤

电动葫芦爬架网一般安装步骤如图 8-6 所示。

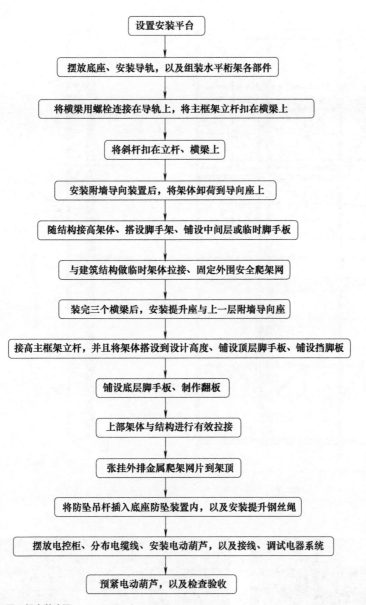

图 8-6　电动葫芦爬架网一般安装步骤

8.2　附着式升降脚手架的结构特点与施工要点

8.2.1　附着式升降脚手架架体结构特点

附着升降脚手架
架体结构特点

　　附着式升降脚手架主要由附着式升降脚手架架体结构、防倾装置、防坠落装置、附着支座、升降机构、控制装置、动力装置等构成。附着式升降脚手架的架体结构如图 8-7 所示。液压附着式升降脚手架的架体结构如图 8-8 所示。

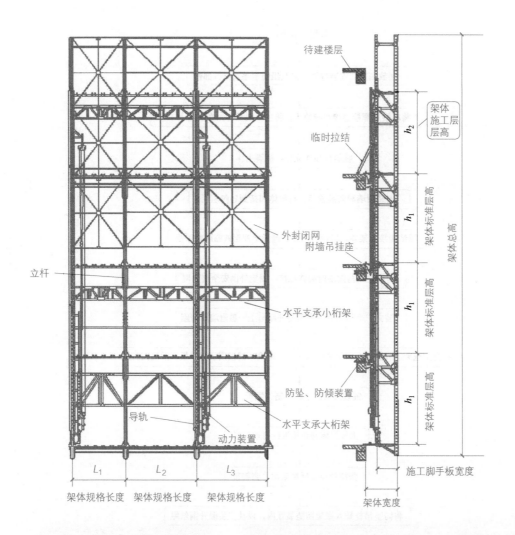

待建楼层

临时拉结

外封闭网

附墙吊挂座

立杆

水平支承小桁架

防坠、防倾装置

导轨

水平支承大桁架

动力装置

L_1 L_2 L_3

架体规格长度 架体规格长度 架体规格长度

架体施工层层高

h_2

h_1

架体标准层层高

h_1

架体标准层层高

h_1

架体标准层层高

架体总高

施工脚手板宽度

架体宽度

图8-7 附着式升降脚手架的架体结构

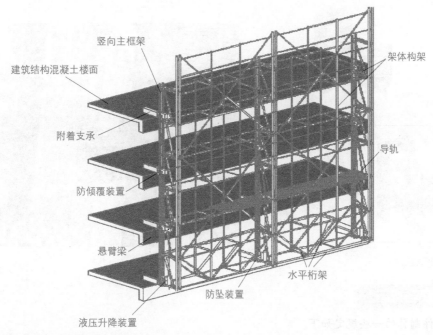

图 8-8　液压附着式升降脚手架的架体结构

　　附着式升降脚手架主要结构见表 8-1。

表 8-1　附着式升降脚手架主要结构

名称	解说
导轨	其为附着在附着支承结构或竖向主框架上，引导脚手架上升或下降的一种轨道
防倾覆装置	其为防止架体在升降、使用过程中发生倾覆偏离预定位置的一种装置
防坠装置	其为架体在升降过程中发生意外坠落时的一种制动装置
附墙吊挂座	其为直接附着在工程结构上，与升降机构相连，在升、降过程中承受并传递脚手架荷载的一种装置
附着支承	其为附着在建（构）筑物结构上，与竖向主框架连接，并且将架体固定，承受并传递架体荷载的一种连接结构
荷载控制系统	其为能够反映、控制升降机构在工作中所能承受荷载的一种装置系统
机位	其为安装液压升降装置的位置
架体	其为升降整体脚手架的承重结构，一般由架体构架、水平桁架、竖向主框架组成的一种稳定结构
架体构架	其为采用型钢或钢管杆件搭设的位于相邻两竖向主框架间和由水平桁架连接支承的一种作业平台
升降机构	其为控制架体升降运行的动力机构，有电动、液压之分
竖向主框架	其为垂直于建筑物立面，与水平桁架、架体构架、附着支承结构连接。其主要承受、传递竖向和水平荷载的一种构架
水平防护层	其为防护架内起防护作用的一种铺板层
水平桁架	其为承受架体竖向荷载的一种稳定结构
同步控制装置	其为在架体升降中控制各升降点（单元架体）的升降速度，使各升降点的荷载或高差在规范和设计允许的范围内，也就是控制各点相对垂直位移的一种装置
外封闭网	其由冲孔钢板网、外围护型钢框架组成的一种外防护网
液压升降装置	其为依靠液压动力系统，驱动脚手架升降运动的一种装置

　　附着式升降脚手架附墙吊挂座特点如图 8-9 所示。

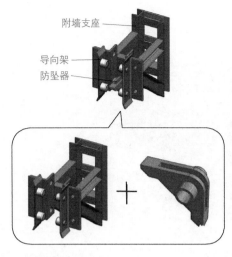

图 8-9　附墙吊挂座特点

构配件制作的一些规定如下。

（1）防倾覆、防坠装置等关键部件需要有可追溯性标识。

（2）杆件需要采用型钢。

（3）构配件材质、性能需要符合有关要求，并且需要根据规定进行检验。

（4）构配件需要有验证出厂合格证，并要进行复验。

（5）加工构配件的工装、设备、工具，需要满足构配件制作精度的要求，并且需要进行定期检查。

8.2.2　附着式升降脚手架参数要求

附着式升降脚手架搭设作业需要编制安全专项施工方案，并且需要进行结构设计计算，以及根据规定进行审核、审批。如果脚手架提升高度超过 150m，则需要组织专家对专项施工方案进行论证。

附着式升降脚手架需要满足的技术参数见表 8-2。

表 8-2　附着式升降脚手架需要满足的技术参数

指标	参数
额定荷载	装修施工：三层作业，每层 ≤ 2kN/m²
	结构施工：二层作业，每层 ≤ 3kN/m²
防倾装置	每个附墙支座内要独立设置
防坠装置	每个附墙支座内要独立设置
附墙吊挂座	独立固定在结构上
附墙支座	≥3 个（在主框架覆盖的每个楼层处设置）
机位（导轨）间距	折线或曲线距离不大于 5.4m
	直线距离不大于 7m
架体宽度	不得大于 1.2m
架体总高度	不得大于 5 倍楼层高
升降设备	电动或者液压
同步控制系统	超载、欠载 15% 时应报警
	超载、欠载 30% 时应自动停机

附着式升降脚手架参数见表 8-3。

表 8-3　附着式升降脚手架参数

名称	解说
架体高度	架体最底层横向杆件轴线到架体顶部横向杆件轴线间的距离
架体宽度	架体内外排立杆轴线之间的水平距离
架体支承跨度	两相邻竖向主框架中心轴线之间的水平距离
悬臂高度	架体最高附着支承点或拉接点以上的架体高度
悬挑长度	竖向主框架中心轴线到水平桁架端部的水平距离
制动距离	架体从坠落到防坠装置制停的垂直位移

8.2.3　液压升降整体脚手架总装配示意图

液压升降整体脚手架总装配示意图如图 8-10 所示。

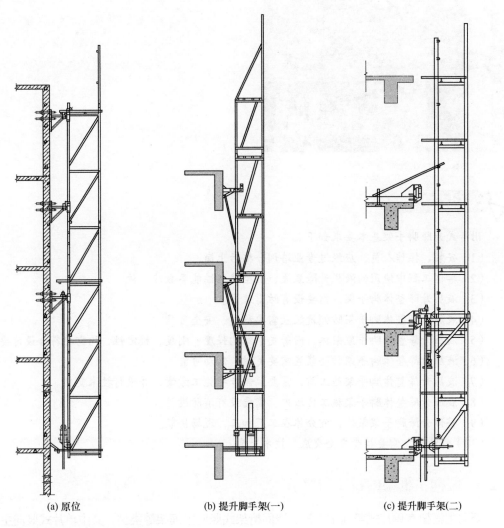

(a) 原位　　　　　(b) 提升脚手架(一)　　　　　(c) 提升脚手架(二)

图 8-10　液压升降整体脚手架总装配示意图

干货与提示

液压升降装置要求如下。

（1）液压系统额定工作压力应小于16MPa，各液压元件的额定工作压力应大于16MPa。

（2）溢流阀的调定值要求不得大于系统额定工作压力的110%。

（3）不同牌号液压油不得混用。

8.2.4 架体结构尺寸要求

架体结构尺寸要求如图8-11所示。

架体结构尺寸要求

架体结构高度不应大于5倍楼层高

架体宽度不应大于1.2m

架体全高与支承跨度的乘积不应大于110m²

悬挑长度不应大于跨度的1/2，且不得大于2m

直线布置的架体支承跨度不宜大于7m

折线或曲线布置的架体中心线处架体支承跨度不宜大于5.4m

图8-11 架体结构尺寸要求

干货与提示

附着式升降脚手架基本要求如下。

（1）安装、操作人员，应经过专业培训合格后上岗。

（2）单体工程中使用的液压升降装置、防坠装置性能参数应一致。

（3）液压升降整体脚手架，需要设有防雷装置。

（4）液压升降整体脚手架防倾覆装置需要稳固、安全可靠。

（5）液压升降整体脚手架架体、附着支承结构强度、刚度、稳定性，均需要符合设计要求。

（6）液压升降整体脚手架防坠装置需要灵敏、制动可靠。

（7）液压升降整体脚手架施工前，需要编制专项施工方案，并进行技术交底。

（8）液压升降整体脚手架施工区域内，需要设有消防设施。

（9）整体升降脚手架架体，宜分体在工厂加工，现场拼装。

（10）作业前，需要接受安全交底、技术交底。

8.2.5 竖向主框架的特点与要求

竖向主框架有单片式竖向主框架、空间桁架式竖向主框架等类型，其中单片式竖向主框架较为常见。

附着式升降脚手架竖向主框架需要符合的一些规定如下。

（1）竖向主框架的底部之间一般宜设置水平桁架，其宽度宜与竖向主框架相同，且高度不宜小于 1.8m。

（2）竖向主框架内侧要设有导轨或导轮。

（3）竖向主框架需要为桁架或门式刚架结构，并且与水平桁架、架体构架构成空间几何不可变体系的稳定结构，如图 8-12 所示。

竖向主框架

竖向主框架内侧要设有导轨或导轮

建筑结构混凝土楼面

支承

竖向主框架与架体构架构成空间几何不可变体系的稳定结构

图 8-12　竖向主框架

8.2.6　水平桁架的特点与要求

水平桁架需要符合的一些规定如下。

（1）水平桁架各杆件轴线需要相交于节点上，并且采用节点板构造连接，节点板的厚度一般不得小于 6mm。

（2）水平桁架上下弦需要采用整根通长杆件，或者在跨中设拼接刚性接头，腹杆与上下弦连接需要采用焊接或螺栓连接，如图 8-13 所示。

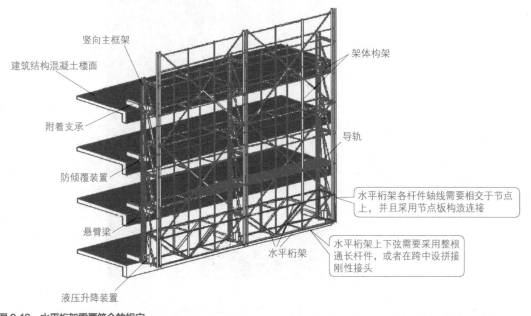

图 8-13　水平桁架需要符合的规定

8.2.7　附着支承的特点与要求

附着支承的类型如图 8-14 所示，附着支承需要符合的一些规定如下。

（1）升降工况与使用工况下，附着支承结构上需要设有导向装置、防倾覆装置。

（2）使用工况下，竖向主框架需要与附着支承可靠连接，并且一般采取防松动措施。

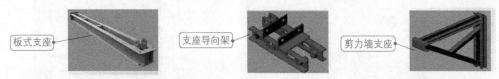

图 8-14　附着支承的类型

（3）附着支承与建筑物连接，需要采用锚固螺栓，并且螺栓拧紧后螺纹端部伸出螺母的轴向尺寸不得少于 3 倍螺距或 10mm，以及采用弹簧垫圈加单螺母或双螺母防松。另外，垫板尺寸不得小于 100mm×100mm×10mm。

（4）附着支承与建筑物连接处混凝土强度不得小于 15MPa，如图 8-15 所示。

（5）竖向主框架部位对应在建筑结构上的连接点，升降工况附着支承设置一般不得少于 2 个。使用工况附着支承设置一般不得少于 3 个，并且附着支承需要在一条直线上。

8.2.8　架体加强构造措施的位置

架体加强构造措施的位置如图 8-16 所示。

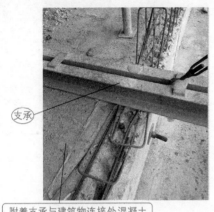

附着支承与建筑物连接处混凝土强度不得小于15MPa

图 8-15　支承

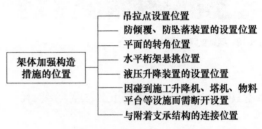

架体加强构造措施的位置 ─── 吊拉点设置位置
─── 防倾覆、防坠落装置的设置位置
─── 平面的转角位置
─── 水平桁架悬挑位置
─── 液压升降装置的设置位置
─── 因碰到施工升降机、塔机、物料平台等设施而需断开设置
─── 与附着支承结构的连接位置

图 8-16　架体加强构造措施的位置

8.2.9　斜撑、框架立网的特点与要求

斜撑、框架立网的一些规定如下。

（1）使用斜撑时，斜撑的斜杆需要在与之相交的横向水平杆件或立杆相交位置固定连接，固定连接中心到主节点的距离不宜大于 150mm，斜撑水平夹角一般为 45°～60°，悬挑端需要以竖向主框架为中心设置对称斜拉杆，其水平夹角不得小于 45°，如图 8-17 所示。

斜撑水平夹角一般为45°～ 60°

斜撑的斜杆需要在与之相交的横向水平杆件或立杆相交处固定连接，固定连接中心到主节点的距离不宜大于150mm

斜撑

图 8-17　斜撑的规定

（2）使用框架立网时，框架需要设置对角支撑，冲孔钢板立网四周固定于单元框架上，冲孔钢板立网框架间、框架与架体骨架需要可靠连接。

框架立网的规定如图 8-18 所示。

冲孔钢板立网四周固定于单元框架上

冲孔钢板立网四周固定于单元框架上，冲孔钢板立网框架之间、框架与架体骨架需要可靠连接

图 8-18　框架立网的规定

8.2.10　安全防护措施的特点与要求

8.2.10.1　概述

安全防护措施的一些规定如下。

（1）架体外侧有可靠的外防护，外防护可以采用安全立网全封闭。密目式立网的网目密度一般不得低于 2000 目 /100cm^2，冲孔式钢板立网孔径一般不得大于 6mm。

（2）架体底层脚手板需要铺设严密，与建筑物间隙中还需要具有可翻起的翻板构造（图8-19），架体中间层需要设一层安全平网。

架体外侧有可靠的外防护，外防护可以采用安全立网全封闭

可翻起的翻板构造

冲孔式钢板立网孔径不得大于6mm

图 8-19　安全防护措施

（3）翻板构造的类型如图 8-20 所示。

8.2.10.2　液压升降整体脚手架升降后使用前的安全检查要求

液压升降整体脚手架升降后使用前的安全检查要求见表 8-4。

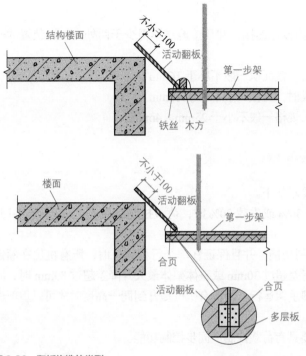

图 8-20　翻板构造的类型

表 8-4　液压升降整体脚手架升降后使用前的安全检查要求

项目	标准
架体底层脚手板与墙体间隙	≤ 100mm
在竖向主框架位置的最上附着支承和最下附着支承间的间距	不小于 2 倍楼层高度或不小于 1/2 架体高度
整体脚手架的垂直荷载	建筑物受力
液压升降装置	非工作状态
防坠装置	工作状态
最上一道防倾覆装置	可靠牢固

8.2.10.3　防倾覆装置特点与要求

升降脚手架防倾覆装置特点与要求如下。

（1）导轨需要与竖向主框架可靠连接。

（2）防倾覆装置需要具有调节功能，调节架体需要满足架体垂直度的要求。

（3）防倾覆装置需要具有防止竖向主框架倾斜的功能。

（4）防倾覆装置与导轨的摩擦需要采用滚动摩擦。

（5）防倾覆装置与建筑主体结构需要采用螺栓连接，装置与导轨间的间隙不得大于 8mm。

（6）架体垂直度偏差一般不得大于架体全高的 0.5%，并且不得大于 60mm。

（7）液压升降整体脚手架在升降工况下，竖向主框架位置的最上附着支承与最下附着支承之间的最小间距一般不得小于一个楼层的高度，并且不得小于 4.5m。

（8）液压升降整体脚手架在使用工况下，竖向主框架位置的最上附着支承和最下附着支承之间的最小间距不得小于两个楼层的高度。

8.2.10.4 接地点

液压升降整体脚手架需要与建筑结构接地连接，并且接地点不得少于两处，接地装置的一些规定、要求如下。

（1）采用铜编织作防雷接地连接线时，截面积一般不小于 16mm²。

（2）采用镀锌圆钢作防雷接地连接线时，直径一般不小于 10mm。

（3）采用扁钢作防雷接地连接线时，规格一般不小于 25mm×4mm。

8.2.11 荷载控制、同步控制装置的特点与要求

荷载控制、同步控制装置的特点与要求如下。

（1）某一机位的荷载超过设计值的 30% 或失载 30% 时，荷载控制系统需能够自动停机并报警。

（2）同步控制装置需要具有同步控制功能，并且保证在单个行程结束时，所有机位在额定荷载内均应提升同一高度。当相邻机位高差超过 30mm 或整体架体最大升降差超过 80mm 时，同步控制装置能够自动停止液压升降整体脚手架运行，等所有机位提升到同一高度时才可以重新进入工作状态。

（3）液压升降整体脚手架升降时需要具有荷载控制、同步控制功能。

8.2.12 特殊部位安装要点与要求

一些特殊部位安装要点与要求见表 8-5。

表 8-5 一些特殊部位安装要点与要求

名称	安装要点与要求
空调板位置	（1）附着式升降脚手架，需要根据空调板的外形进行设计，并且密封要严密 （2）附着支承点不得设置在空调板上 （3）附着支承点一般宜布置在梁或墙上。如果布置在板结构上，则需要做加强措施
飘窗位置	（1）附着式升降脚手架的布置，需要不影响飘窗的主体施工 （2）附着式升降脚手架飘窗处底层操作平台板，需要密封严密且与墙体无间隙 （3）飘窗位置的附着支承点一般宜布置在梁上。如果布置在板结构上，需要做加强措施
施工升降机位置	（1）施工升降机区域，应确保施工升降机的正常施工 （2）施工升降机区域架体拆除后，需要做加强措施，以保证其强度、安全满足要求 （3）施工升降机上方一般不宜设置物料平台
塔机附臂位置	（1）塔机附臂位置，需要做非临时加强措施，并且保证其强度、安全满足要求 （2）在附着式升降脚手架架体平面布置时，需要考虑塔机附着的位置、角度，并且需要保证架体外框架与塔机附臂最靠近处中心留有不少于 250mm 的安全距离
阳台位置	（1）附着支承的梁小于 200mm×400mm 应附着在板结构上，并且不影响主体结构施工 （2）附着支承的梁一般不小于 200mm×400mm

8.2.13 架体结构的其他特点与要求

架体结构的其他特点与要求如下。

（1）可以局部采用脚手架杆件的连接件，其刚度、强度不得低于原有的水平桁架。

（2）杆件拼装时，杆件搭接、对接的错缝或错位一般不得大于 0.5mm。

（3）杆件拼装时，构件之间连接孔中心线位置的误差不得大于 2mm。

（4）杆件拼装时，其表面中心线偏差不得大于 3mm。

（5）架体杆件切割前需要清除切割区域表面的油污、铁锈，切割时切口位置要准确、外观要整齐，切割后要清除熔渣、毛刺、飞溅物。

（6）架体构件表面需要避免划伤，进行放样、号料操作时，需要满足安装、制作工艺等有关要求。

（7）架体需要进行表面防腐处理。

（8）架体遇到施工升降机、塔机、物料平台等需要断开时，则断开位置需要加设栏杆，并且需要封闭处理，开口位置要有可靠的防人员、物料坠落的措施。

（9）升降工况下悬臂高度大于 8m 时，需要进行防倾覆复核计算。

（10）使用工况下竖向主框架悬臂高度一般不得大于 6m 或者架体高度的 2/5。

（11）水平桁架不能够连续设置时，局部可以采用脚手架杆件连接，或者采用可伸缩式结构，但是其长度不得大于 2m，并且需要采取加强措施。

（12）液压升降整体脚手架的每个机位防坠装置需要安全可靠，在使用、升降工况下要能可靠工作，防坠装置的制动距离不得大于 80mm。

（13）液压升降整体脚手架一般不得与物料平台相连接。

（14）防坠装置使用一个单体工程或停止使用 6 个月后，要经检验合格后方可再次使用。

（15）防坠装置受力构件与建筑结构要可靠连接。

8.2.14 液压升降整体脚手架的安装要求

液压升降整体脚手架的安装要求如下。

（1）安装前，需要现场查验的技术资料如图 8-21 所示。

图 8-21 需要现场查验液压升降整体脚手架的技术资料

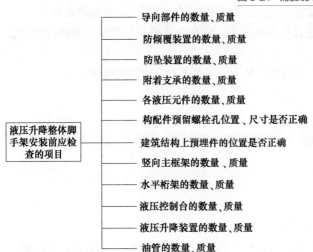

图 8-22 液压升降整体脚手架安装前应检查的项目

（2）安装前，需要现场核对设备、构配件、周转材料，一般需要满足有关国家现行相关标准的规定。

（3）安装前，需要搭设安装平台。安装平台，需要有防护设施，并且安装平台的精度、承载能力均需要满足使用说明书、架体安装的要求。

（4）安装前，需要根据专项施工方案、使用说明书等要求，检查相关项目，具体如图 8-22 所示。当检查合格后，才能够安装。液压升降整体脚手架升降前准备工作检查标准见表 8-6。

表8-6　液压升降整体脚手架升降前准备工作检查标准

项目	标准
专业操作人员	持证上岗
防倾覆装置与导轨间的间隙	≤ 8mm
安装最上附着支承处结构混凝土强度	≥ 10MPa
架体的垂直度偏差	不大于0.5%架体全高并且不大于60mm
在竖向主框架位置的最上附着支承和最下附着支承间的间距	不小于1倍楼层高度或不小于1/4架体高度
液压动力系统的控制柜	设置在楼层上
防坠吊杆与建筑结构连接	可靠
防坠装置工作状态	正常
升降行程范围	无伸出墙面外的障碍物
垂直立面与地面	进行警戒
架体上	无杂物；无人员

（5）安装中，安装机械联动式防坠装置、液压升降装置时，需要先把液压升降装置处于受力状态，再调节螺栓将防坠装置打开，防坠杆件应能够自由地在装置中间移动。当液压升降装置处于失力状态时，防坠装置应锁紧防坠杆件。

（6）安装中，安装竖向主框架时，竖向主框架位置要设置上下两个防倾覆装置。防倾覆装置之间的最小间距不得小于一个楼层高度。

（7）安装中，防坠装置需要与建筑结构可靠连接，并且每一升降点要设置一个防坠装置，在使用工况、升降工况下需要能够起作用。

（8）安装中，架体安装不得利用已安装部位的构件起吊其他重物。

（9）安装中，架体操作层脚手板需要满铺牢固，并且孔洞直径宜小于25mm。

（10）安装中，架体底部要铺设花纹钢板，花纹钢板与建筑结构外檐投影间隙不得大于100mm。

（11）安装中，架体外侧防护要采用安全密目网或冲孔钢板立网，防护要布设在外立杆内侧或外侧。

（12）安装中，每个竖向主框架覆盖的每一已完工楼层位置需要设置一道附着支承、防倾覆装置。

（13）安装中，竖向主框架与建筑结构间需要采取可靠的临时固定措施，并且竖向主框架需要稳定。

（14）安装中，液压控制台布置需要靠近所有机位的中间位置，并且向两边均排油管。

（15）安装中，液压控制台油管要固定在底层架体上，应有防止碰撞的措施，转角位置需要圆弧过渡。

（16）安装中，液压升降装置要安装在竖向主框架上，并且需要有可靠的连接。

8.3　升降、荷载与计算

8.3.1　液压升降整体脚手架升降

液压升降整体脚手架升降的一些要求如下。

（1）液压升降整体脚手架提升或下降前，需要检查相关项目。只有检查合格后，才能够发布升降指令。

（2）在液压升降整体脚手架升降过程中，应统一指挥，统一信号。

（3）作业人员应服从脚手架升降的指挥。

（4）升降时，需要检查的项目如图 8-23 所示。

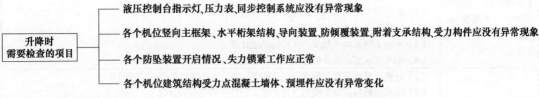

图 8-23　升降时需要检查的项目

（5）如果升降过程中发现异常现象，则要停止升降工作。只有查明原因、排除隐患后，经允许才可以继续升降工作。

8.3.2　附着式升降脚手架的荷载

附着式升降脚手架的荷载，可以分为永久荷载（即恒载）、可变荷载（即活载）等，如图 8-24 所示。

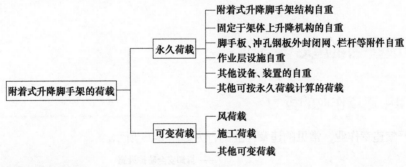

图 8-24　附着式升降脚手架的荷载

8.3.3　附着式升降脚手架的计算

附着式升降脚手架，一般根据概率极限状态设计法的要求采用分项系数设计表达式进行计算。

附着式升降脚手架除了竖向主框架、水平支承桁架、架体构架需要根据正常使用极限状态的要求验算变形外，其他一些计算见表 8-7。

表 8-7　附着式升降脚手架的计算

项目	类型
附着式升降脚手架其他需进行的设计计算、验算	（1）穿墙螺栓孔处混凝土承载力验算 （2）附墙支座、导轨、导向柱的抗弯、抗压、抗剪、焊缝、平面内外稳定性、锚固螺栓计算，以及变形验算 （3）附着支承结构穿墙螺栓的强度验算 （4）升降动力设备荷载验算 （5）受拉、受压杆件强度的计算 （6）受弯构件抗弯强度、挠度计算 （7）压弯杆件稳定性计算 （8）其他需要计算、验算的内容

续表

项 目	类 型
附着式升降脚手架架体结构、附着支承结构、防倾装置、防坠装置需进行的设计计算	（1）附着支承结构穿墙螺栓、螺栓孔处混凝土局部承压计算 （2）附着支承结构构件的强度、压杆稳定计算 （3）脚手架架体构架构件的强度、压杆稳定计算 （4）连接节点计算 （5）竖向主框架构件强度、压杆的稳定计算 （6）水平支承桁架构件的强度、压杆的稳定计算
竖向主框架需进行的设计计算	（1）分别计算风荷载与垂直荷载作用下，竖向主框架杆件的内力设计值 （2）将风荷载与垂直荷载组合计算最不利杆件的内力设计值 （3）节点板、节点焊缝或连接强度 （4）节点荷载标准值的计算 （5）支座连墙件强度的计算 （6）最不利杆件强度和压杆稳定性、受弯构件的变形计算
水平支承桁架（内、外）需进行的设计计算	（1）杆件内力设计值 （2）杆件最不利组合内力 （3）节点板、节点焊缝或螺栓的强度 （4）节点荷载设计值 （5）受弯构件的变形验算 （6）最不利杆件强度、压杆稳定性

8.4 质量与验收

8.4.1 使用中违章作业的行为

使用中严禁违章作业，常见的违章作业的行为如图 8-25 所示。

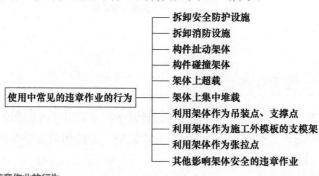

图 8-25 使用中常见的违章作业的行为

8.4.2 部件、装置需要报废的情况

液压升降整体脚手架部件、装置需要报废的一些情况如图 8-26 所示。

8.4.3 液压升降整体脚手架安装验收

液压升降整体脚手架安装验收标准见表 8-8。建筑爬架网片的导轨、支撑结构、水平梁架杆、主体框架等构件出现了严重弯曲的情况，则不要再度使用。

液压升降整体脚手架部件、装置需要报废的一些情况

- 防坠装置部件发生明显变形
- 焊接结构件严重变形
- 焊接结构件严重锈蚀
- 螺栓发生严重变形
- 螺栓发生严重磨损
- 螺栓发生严重锈蚀
- 液压升降装置主要部件损坏

图 8-26 液压升降整体脚手架部件、装置需要报废的一些情况

表 8-8 液压升降整体脚手架安装验收标准

项目	标准	备注
附着支承在建（构）筑物上连接处的混凝土强度	≥ 10MPa	每月检查内容
相邻竖向主框架的高差	≤ 30mm	每月检查内容
竖向主框架及导轨的垂直度偏差	≤ 0.5% 且≤ 60mm	每月检查内容
预埋锚固螺栓孔或预埋件中心的误差	≤ 15mm	每月检查内容
架体底部脚手板与墙体间隙	≤ 50mm	每月检查内容
操作层脚手板应铺满、铺平，孔洞直径	≤ 25mm	每月检查内容
防松措施	弹性垫圈或双螺母	每月检查内容
附着支承在建（构）筑物上连接处的混凝土强度	≥ 10MPa	每月检查内容
在竖向主框架位置的最上附着支承和最下附着支承之间的间距	不小于 2 倍楼层高度	每月检查内容
防倾覆装置与导轨之间的间隙	≤ 8mm	每月检查内容
额定工作压力下，保压 30min，管路接头	滴漏不大于 3 滴油	
挡脚板高度	≥ 180mm	
使用工况上端悬臂高度	≤ 2/5 架体高度且≤ 6m	
防坠装置制动距离	≤ 80mm	
垫板尺寸	≥ 100mm × 100mm × 10mm	
安装平台支承（点）面平整度	≤ 20mm	
主桁架构件弯曲变形	≤ 20mm	
型钢构件局部压曲变形	≤ 2mm	
支座构件变形	≤ 10mm	
节点板的厚度	≥ 6mm	
架体宽度	≤ 1.2mm	
架体全高 × 支承跨度	≤ 110mm^2	
支承跨度直线形	≤ 7m	
支承跨度折线形或曲线形	≤ 5.4m	
水平悬挑长度	≤ 2m 且≤ 1/2 跨度	
剪刀撑斜杆与地面的夹角	45° ～ 60°	

干货与提示

爬架网的钢丝绳部位出现打结、扭曲、磨损、断股等状况，根据情况、规定把钢丝绳进行更换或检修。爬架网的锚固件出现变形、磨损时，需要及时更换或维修。否则，不得进行使用。用于拉伸网片的弹簧件如果失效，则需要及时进行更换。

第**9**章

其他脚手架

9.1 木脚手架

9.1.1 木脚手架配件的名称

木脚手架就是用木料架设作为建筑施工用的一种脚手架。木脚手架配件的功能，与其他脚手架有相似之处。木脚手架的一些配件名称如图9-1所示。

斜道 —— 又称为 —— 马道、盘道、通道

剪刀撑 —— 又称为 —— 十字盖、十字撑

抛撑 —— 又称为 —— 压栏子、支撑

立杆 —— 又称为 —— 冲天、竖杆、立柱、站杆

纵向水平杆 —— 又称为 —— 顺水杆、大横杆、牵杆

横向水平杆 —— 又称为 —— 横楞、横担、楞木、小横杆、排木、六尺杠子

图9-1 木脚手架的一些配件名称

干货与提示

木脚手架、竹脚手架，一般是利用地区性材料搭设的。其中，木脚手架用作支撑脚手架时，也只宜适用于单根立杆的高度，木杆不宜接长使用。竹脚手架因受材质限制只可用于作业脚手架、落地满堂支撑脚手架。

9.1.2 木脚手架的要求

木脚手架主要受力杆件，一般需要选用剥皮杉木或落叶松木，其材质要求如下。

（1）水平杆、连墙杆，需要符合现行国家标准《木结构设计规范》（GB 50005—2017）中承重结构原木Ⅱa级的规定。

（2）立杆、斜撑杆，需要符合现行国家标准《木结构设计规范》（GB 50005—2017）中承重结构原木Ⅲa级的规定。

木脚手板，需要使用厚度不小于50mm的松木或松木板，板宽一般为200～300mm，并且端部需要采用10～14号镀锌铁丝绑扎，以防开裂。不得使用虫蛀、腐朽、破裂、扭曲、有大横透节木板的木脚手板。

木脚手架立杆的间距，一般不得大于 2.5m。第一层横杆离地面，一般为 3m 以下，以防止立杆的根部下沉。

木脚手架构造与搭建的一些要求如图 9-2 所示。木脚手架外脚手架构造参数见表 9-1。

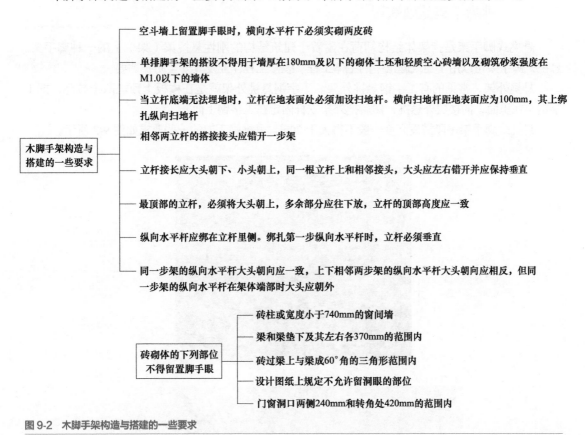

图 9-2　木脚手架构造与搭建的一些要求

表 9-1　木脚手架外脚手架构造参数

| 用途 | 构造形式 | 内立杆轴线至墙面距离 /m | 立杆间距 /m | | 作业层横向水平杆间距 /m | 纵向水平杆竖向步距 /m |
			横距	纵距		
结构架	单排	—	≤ 1.2	≤ 1.5	$L ≤ 0.75$	≤ 1.5
	双排	≤ 0.5	≤ 1.2	≤ 1.5	$L ≤ 0.75$	≤ 1.5
装修架	单排	—	≤ 1.2	≤ 2	$L ≤ 1$	≤ 1.8
	双排	≤ 0.5	≤ 1.2	≤ 2	$L ≤ 1$	≤ 1.8

注：单排脚手架上不得有运料小车行走。

干货与提示

不同种类的脚手架，其杆件连接方式存在一定差异。但是，无论哪种类型脚手架，均需要满足：脚手架杆件连接节点要满足其强度、转动刚度要求，以确保架体在使用期内安全，节点无松动。节点无松动是要求在脚手架使用期间，杆件连接节点不得出现由于施工荷载的反复作用而发生松动。

9.2　悬挑脚手架

9.2.1　悬挑脚手架基础知识

悬挑式脚手架是指架体结构卸荷在附着于建筑结构的刚性悬挑梁（架）上的一种脚手架。悬挑式脚手架可以用于建筑施工中的主体工程、装修工程作业及其安全防护需要。

悬挑外架，常见的有工字钢悬挑外架。工字钢悬挑外架就是在楼板上预埋两个拉环，把工字钢穿在里面，向楼层外悬挑，然后把外架立杆固定在工字钢上面。

悬挑式脚手架每段搭设高度一般不得大于 20m。悬挑脚手架的一些要求如图 9-3 所示。

悬挑钢梁型号应按设计确定，钢梁截面高度不应小于160mm

一次悬挑脚手架高度不宜超过20m

悬挑梁尾端应在两处及以上固定于钢筋混凝土梁板结构上。型钢悬挑梁固定段应采用2个(对)及以上U形钢筋拉环或锚固螺栓与建筑结构梁板固定

图 9-3　悬挑脚手架要求

悬挑脚手架其他一些要求见表 9-2。

表 9-2　悬挑脚手架其他一些要求

项目	要求
基本规定、要求	（1）悬挑脚手架搭设前，需要编制专项施工方案。分段搭设高度不宜超过 20m，如果超过 20m，需要组织专家进行方案论证 （2）工字钢、锚固螺杆、斜拉钢丝绳具体规格、型号除了满足相关要求外，还得依据方案、计算书最终确定 （3）脚手架底部，需要根据规范要求沿纵横方向设置扫地杆

续表

项目	要求
基本规定、要求	（4）外立面沿整个面搭设连续剪刀撑 （5）悬挑架连墙件需要根据两步两跨设置 （6）悬挑架所有外架立杆均必须坐在型钢梁上 （7）悬挑脚手架的悬挑梁必须选用不小于 16 号的工字钢 （8）悬挑梁锚环端，需要设置两道锚环，锚环直径 16mm 以上 （9）悬挑脚手架用型钢的材质，需要符合现行国家标准《碳素结构钢》（GB/T 700—2006）或《低合金高强度结构钢》（GB/T 1591—2018）等有关规定要求 （10）用于固定型钢悬挑梁的 U 形钢筋拉环或锚固螺栓材质，需要符合现行国家标准《钢筋混凝土用钢 第 1 部分：热轧光圆钢筋》（GB 1499.1—2017）中 HPB300 级钢筋等规定要求
型钢梁的固定	（1）型钢梁与主体混凝土结构的固定，可以采用预埋螺栓固定、钢筋拉环锚固，不得采用扣件连接 （2）采用钢筋拉环锚固时，拉环需要锚入楼板 30d（d 为钢筋直径），并且压在楼板下层钢筋下面
悬挑架的防护	（1）安全网一般要挂在挑架立杆里侧，不得把安全网围在各杆件外侧 （2）挑架外侧必须采用合格的密目式安全网封闭围护，并且安全网要用不小于 18 号铅丝张挂严密 （3）挑架与建筑物间距大于 20cm 时，需要铺设站人片 （4）挑架作业层、底层，需要采用合格的安全网或采取其他措施进行分段封闭式防护

9.2.2 悬挑钢管脚手架结构与搭建要求

悬挑钢管脚手架结构与搭建的一些要求如下。

（1）型钢悬挑脚手架的构造如图 9-4 所示。锚固型钢悬挑梁的 U 形钢筋拉环、锚固螺栓直径不宜小于 16mm。

（2）型钢悬挑梁一般需要采用双轴对称截面的型钢。

（3）悬挑钢梁型号、锚固件需要根据设计确定，钢梁截面高度一般不得小于 160mm。

（4）悬挑梁尾端一般在两处及以上固定于钢筋混凝土梁板结构上。

（5）一次悬挑脚手架高度一般不得超过 20m。

（6）用于锚固的 U 形钢筋拉环或螺栓，需要采用冷弯成型。U 形钢筋拉环、锚固螺栓与型钢间隙需要用钢楔或硬木楔楔紧。

（7）悬挑钢梁悬挑长度需要根据设计确定，固定段长度一般不小于悬挑段长度的 1.25 倍。

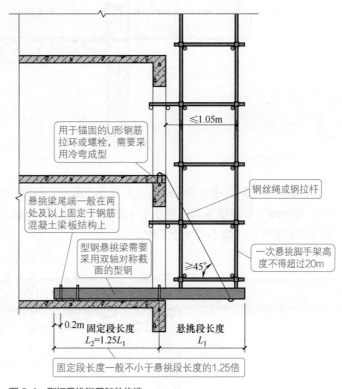

用于锚固的U形钢筋拉环或螺栓，需要采用冷弯成型

悬挑梁尾端一般在两处及以上固定于钢筋混凝土梁板结构上

型钢悬挑梁需要采用双轴对称截面的型钢

≤1.05m

钢丝绳或钢拉杆

一次悬挑脚手架高度不得超过20m

≥45°

0.2m 固定段长度
$L_2=1.25L_1$

悬挑段长度
L_1

固定段长度一般不小于悬挑段长度的1.25倍

图 9-4 型钢悬挑脚手架的构造

（8）每个型钢悬挑梁外端需要设置钢丝绳或钢拉杆与上一层建筑结构斜拉结。

（9）型钢悬挑梁固定端，需要采用 2 个（对）及以上 U 形钢筋拉环或锚固螺栓与建筑结构梁板固定。

（10）型钢悬挑梁所采用的钢丝绳、钢拉杆不参与悬挑钢梁受力的计算。所采用的吊环预埋锚固长度，需要符合现行国家标准的有关规定。采用的钢丝绳与建筑结构拉结的吊环，一般需要使用 HPB300 级钢筋，并且直径不宜小于 20mm。

（11）型钢悬挑梁固定端，采用的 U 形钢筋拉环或锚固螺栓，需要预埋到混凝土梁、板底层钢筋位置，并且与混凝土梁、板底层钢筋焊接或绑扎牢固。其锚固长度需要符合现行国家标准有关钢筋锚固的规定，如图 9-5 所示。

（12）悬挑钢梁穿墙构造的特点如图 9-6 所示。

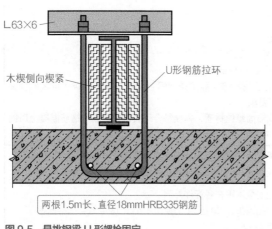

图 9-5 悬挑钢梁 U 形螺栓固定

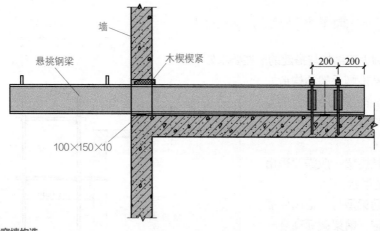

图 9-6 悬挑钢梁穿墙构造

（13）悬挑钢梁楼面构造的特点如图 9-7 所示。锚固位置设置在楼板上时，楼板的厚度不宜小于 120mm。如果楼板的厚度小于 120mm，则需要采取相应的加固措施。锚固型钢的主体结构混凝土强度等级一般不得低于 C20。

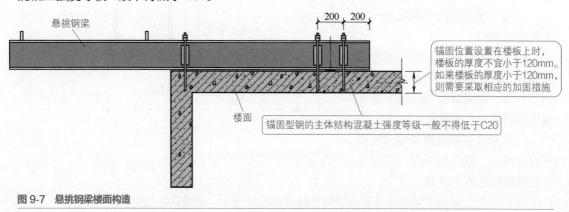

图 9-7 悬挑钢梁楼面构造

（14）型钢悬挑梁悬挑端，一般需要设置能使脚手架立杆与钢梁可靠固定的定位点，并且定位点离悬挑梁端部不小于100mm。

（15）型钢悬挑梁与建筑结构采用螺栓角钢压板连接时，角钢不得小于63mm×63mm×6mm的规格。

（16）型钢悬挑梁与建筑结构采用螺栓钢压板连接固定时，钢压板尺寸不得小于100mm×10mm（宽×厚）的规格。

（17）悬挑架的外立面剪刀撑，一般要自下而上连续设置。

（18）悬挑梁间距，一般根据悬挑架架体立杆纵距设置，每一纵距设置一根。

干货与提示

混凝土结构高层建筑悬挑脚手架需要符合如下一些规定。

① 当悬挑支架放置在阳台、悬挑梁或大跨度梁等部位时，需要对其安全性进行验算。

② 悬挑构件可采用预埋件固定，预埋件需要采用未经冷处理的钢材加工。

③ 悬挑构件一般宜采用工字钢，架体宜采用双排扣件式钢管脚手架或碗扣式、承插式钢管脚手架。

9.2.3 悬挑门式脚手架

悬挑门式脚手架的一些要求与规定如下。

（1）悬挑脚手架的悬挑支承结构，需要根据施工方案来布设、确定，其位置要与门架立杆位置对应好。型钢悬挑梁穿墙设置要求如图9-8所示。

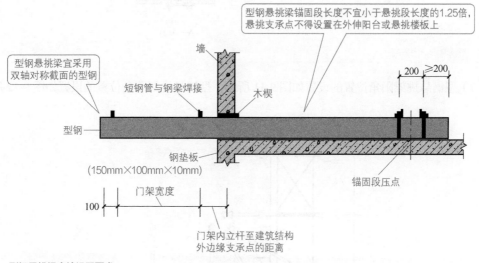

图9-8 型钢悬挑梁穿墙设置要求

（2）型钢悬挑梁一般宜采用双轴对称截面的型钢，型钢截面型号一般需要经设计来确定。

（3）悬挑门式脚手架，每一跨距宜设置一根型钢悬挑梁，并且在相应位置设置预埋件。

（4）型钢悬挑梁的锚固位置的楼板厚度不得小于100mm，混凝土强度不应低于20MPa。

（5）悬挑支承点需要设置在建筑结构的梁板上，并且根据混凝土的实际强度进行承载能力验算。型钢悬挑梁楼面设置如图9-9所示。

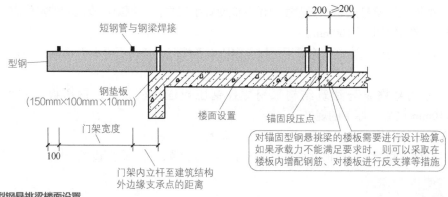

图 9-9　型钢悬挑梁楼面设置

（6）型钢悬挑梁的锚固段压点需要采用不少于 2 个（对）预埋 U 形钢筋拉环或螺栓固定，如图 9-10 所示。U 形钢筋拉环或螺栓，一般需要埋设在梁板下排钢筋的上边，并且用于锚固 U 形钢筋拉环或螺栓的锚固钢筋要与结构钢筋焊接，或者绑扎牢固。

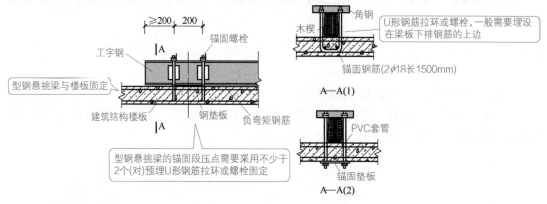

图 9-10　型钢悬挑梁的锚固

（7）型钢悬挑梁阳角位置的设置如图 9-11 所示。型钢悬挑梁阴角位置的设置如图 9-12 所示。

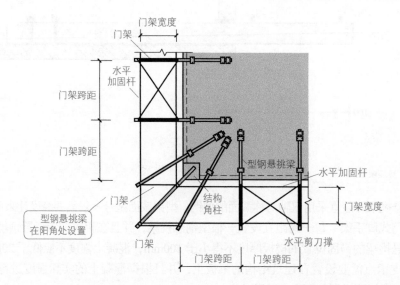

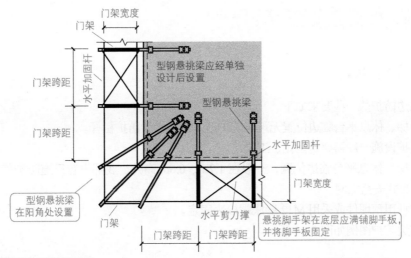

图 9-11　型钢悬挑梁阳角位置的设置

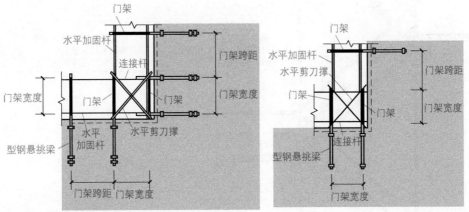

图 9-12　型钢悬挑梁阴角位置的设置

（8）型钢悬挑梁的钢拉杆与钢丝绳的要求如图 **9-13** 所示。

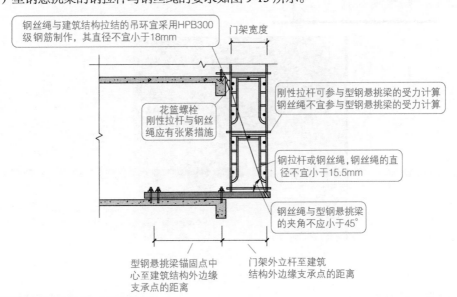

图 9-13　型钢悬挑梁的钢拉杆与钢丝绳的要求

9.3 楼梯临边防护与其他

9.3.1 楼梯临边防护

楼梯临边防护的一些要求如下。

（1）楼梯、休息平台临边位置无可靠防护时，需要设置防护栏杆。

（2）防护设施一般需要定型化、工具化。

（3）楼梯、休息平台临边位置，一般在 1.2m、0.6m 高处、底部设置三道防护栏杆，并且杆件内侧挂密目式安全立网。

（4）立杆用预埋件或采用 M12 膨胀螺栓来固定。

楼梯临边防护图例如图 9-14 所示。

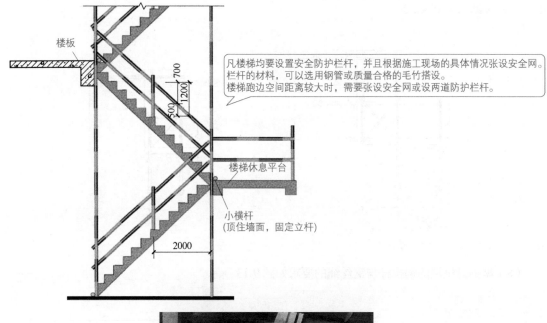

楼板

700
1200
500

凡楼梯均要设置安全防护栏杆，并且根据施工现场的具体情况张设安全网。栏杆的材料，可以选用钢管或质量合格的毛竹搭设。
楼梯跑边空间距离较大时，需要张设安全网或设两道防护栏杆。

楼梯休息平台

小横杆
(顶住墙面，固定立杆)

2000

楼梯、休息平台临边位置，一般在1.2m、0.6m高处、底部设置三道防护栏杆

图 9-14 楼梯临边防护图例

干货与提示

　　建筑施工工地需要做好"四口"的防护工作，也就是在电梯楼梯口、预留洞口，需要设置围栏、盖板、架网。正在施工的建筑物出入口、门式架进出料口，需要搭设符合要求的防护棚，并且需要设置醒目标志。

　　建筑施工工地需要做好"五临边"的防护工作，也就是阳台周边、屋面周边、框架工程楼层周边、跑道斜道两侧边、卸料平台外侧边，需要设置 1m 以上的双层围栏或搭设安全网。

9.3.2　其他脚手架的特点

　　其他脚手架的特点见表 9-3。

表 9-3　其他脚手架的特点

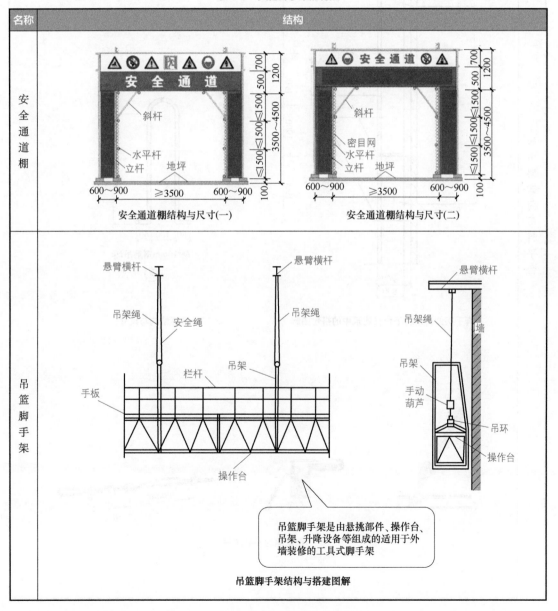

名称	结构

安全通道棚结构与尺寸(一)　　　安全通道棚结构与尺寸(二)

吊篮脚手架是由悬挑部件、操作台、吊架、升降设备等组成的适用于外墙装修的工具式脚手架

吊篮脚手架结构与搭建图解

名称	结构
脚手架卸荷吊料平台	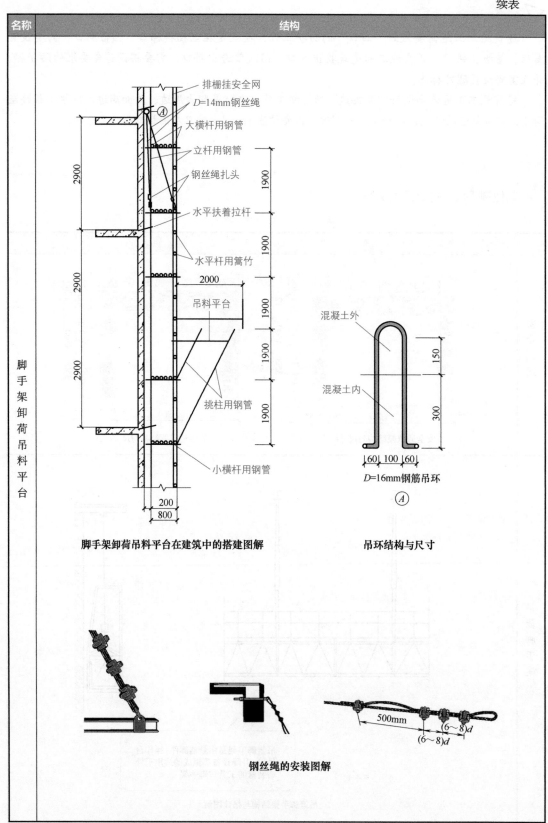

脚手架卸荷吊料平台在建筑中的搭建图解　　　吊环结构与尺寸

钢丝绳的安装图解

续表

名称	结构

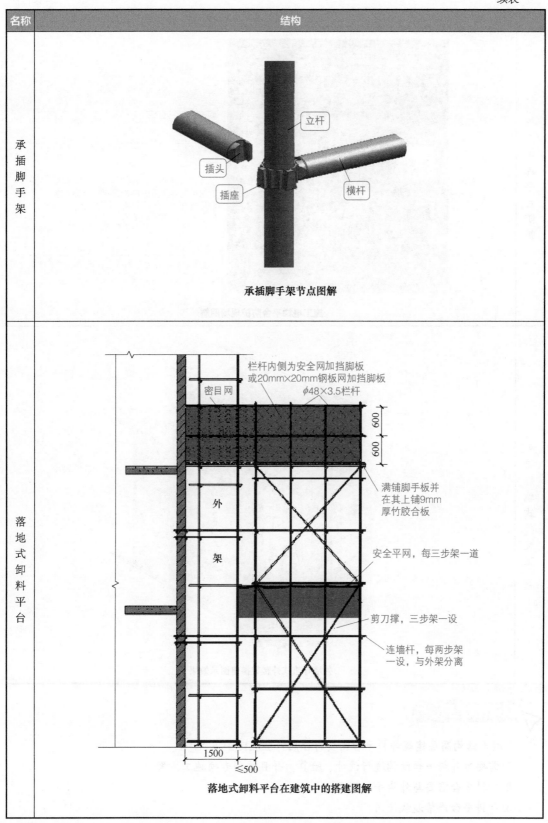

承插脚手架
- 立杆
- 插头
- 插座
- 横杆

承插脚手架节点图解

落地式卸料平台

栏杆内侧为安全网加挡脚板
或20mm×20mm钢板网加挡脚板
$\phi48\times3.5$栏杆

密目网

600

600

外

架

满铺脚手板并
在其上铺9mm
厚竹胶合板

安全平网，每三步架一道

剪刀撑，三步架一设

连墙杆，每两步架
一设，与外架分离

1500

≤500

落地式卸料平台在建筑中的搭建图解

续表

名称	结构
施工电梯平台防护	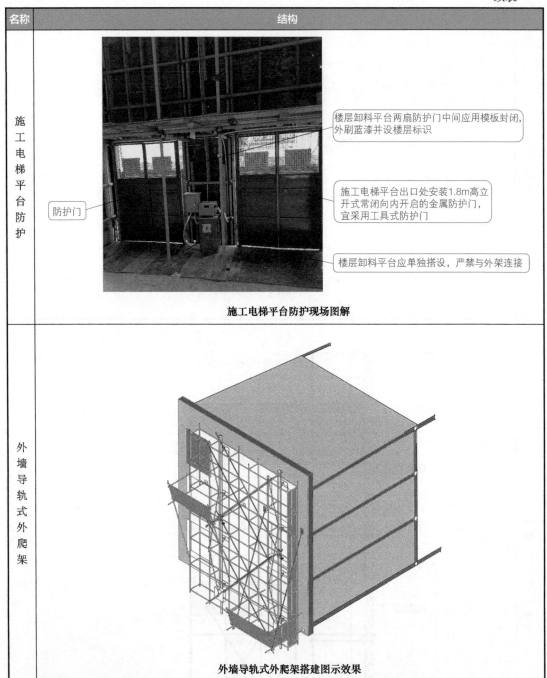
外墙导轨式外爬架	

楼层卸料平台两扇防护门中间应用模板封闭，外刷蓝漆并设楼层标识

防护门

施工电梯平台出口处安装1.8m高立开式常闭向内开启的金属防护门，宜采用工具式防护门

楼层卸料平台应单独搭设，严禁与外架连接

施工电梯平台防护现场图解

外墙导轨式外爬架搭建图示效果

干货与提示

混凝土结构高层建筑卸料平台需要符合的一些规定如下。

①需要对卸料平台结构进行设计、验算，并且编制专项施工方案。

②卸料平台需要与外脚手架脱开。

③卸料平台严禁超载使用。

第 **10** 章

检查验收、施工方案编写与交底

10.1 检查验收

10.1.1 脚手架检查验收应具备的资料

脚手架检查验收应具备的资料如图 10-1 所示。脚手架验收的内容需要进行量化。

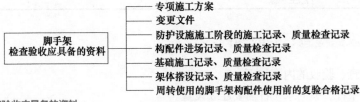

图 10-1　脚手架检查验收应具备的资料

10.1.2 脚手架需要进行检查、验收的环节

脚手架需要进行检查、验收的环节如图 10-2 所示。

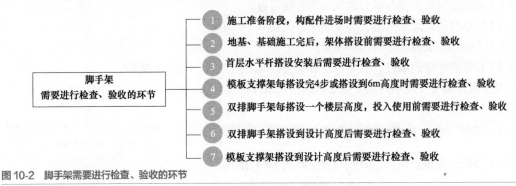

图 10-2　脚手架需要进行检查、验收的环节

10.1.3 地基基础重点检查、验收的内容

地基基础重点检查、验收的内容如图 10-3 所示。

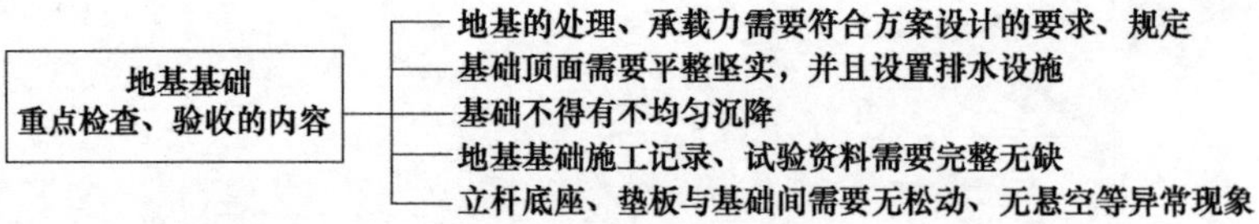

图 10-3 地基基础重点检查、验收的内容

碗扣式脚手架地基基础检查验收见表 10-1。

表 10-1 碗扣式脚手架地基基础检查验收

检查项目	要求	抽检数量	检查法
施工记录、试验资料	完整	全数	查阅记录
排水设施	完善，并符合方案设计要求	全数	目测
地基处理、承载力	符合方案设计要求	每 100m² 不少于 3 个点	触探
地基顶面平整度	20mm	每 100m² 不少于 3 个点	2m 直尺
垫板铺设	土层地基上的立杆应设置垫板，垫板长度不少于 2 跨，符合方案设计要求	全数	目测
垫板尺寸	垫板厚度不小于 50mm，宽度不小于 200mm，符合方案设计要求	不少于 3 处	钢板尺、游标卡尺
底座设置	符合方案设计要求	全数	目测
立杆与基础的接触紧密度	立杆与基础间应无松动、无悬空现象	全数	目测

10.1.4 架体重点检查、验收的内容

架体重点检查、验收的内容如下。

（1）横向水平杆、纵向水平杆需要连续设置。

（2）架体三维尺寸、门洞设置需要符合方案设计的要求。

（3）架体水平度、垂直度偏差需要在允许范围内。

（4）剪刀撑、斜撑杆需要根据方案设计规定的位置、间距来设置、安装。

（5）模板支撑架立杆伸出顶层水平杆长度需要满足有关要求、规范。

（6）模板支撑架需要与既有建筑结构连接可靠。

（7）扫地杆距离地面高度，需要满足有关要求、规范。

（8）上碗扣需要将水平杆接头锁紧。

（9）双排脚手架连墙件，需要根据方案设计规定的位置、间距来设置。

（10）双排脚手架连墙件需要与建筑结构、架体连接可靠。

10.1.5 安全防护设施重点检查、验收的内容

安全防护设施重点检查、验收的内容如图 10-4 所示。

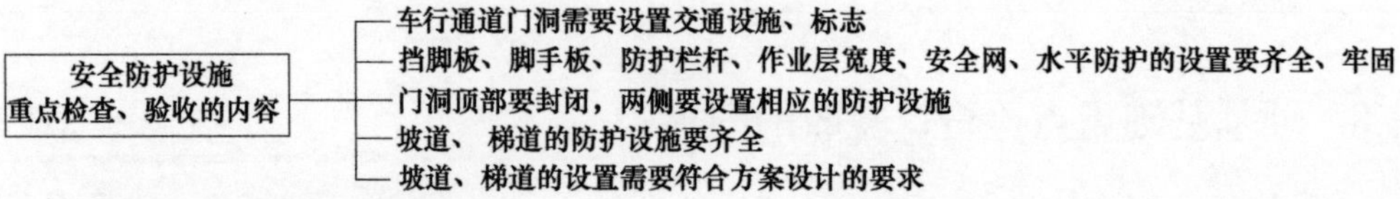

图 10-4 安全防护设施重点检查、验收的内容

◁ **干货与提示**

脚手架搭设到设计高度后，在投入使用前，需要在阶段检查验收的基础上形成完工的验收记录。

碗扣式脚手架安全防护设施检查验收见表10-2。

表 10-2　碗扣式脚手架安全防护设施检查验收

检查项目		要求	抽检数量	检查法
梯道、坡道	转角平台脚手板材质、规格和安装	符合方案设计要求，并且铺满、铺稳、铺实	全部	目测
	安全网	牢固、连续	全部	目测
	通道、转角平台防护栏杆高度	立杆内侧、离地高度分别为 0.6m（0.5m）、1.2m（1m）	全部	目测
	宽度	符合方案设计要求，并且 ≥ 900mm	全部	钢板尺
	坡度	梯道坡度 ≤ 1 ∶ 1、坡道坡度 ≤ 1 ∶ 3	全部	钢板尺
	坡道防滑装置	符合方案设计要求，并且完善、有效	全部	目测
模板支撑架门洞安全防护	车行通道导向、限高、限宽、减速、防撞等设施及标识、标志	符合方案设计要求，并且完善、有效	全部	目测
	顶部封闭、两侧防护栏杆及安全网	符合方案设计要求，并且完善、有效	全部	目测
作业层、作业平台	挡脚板位置和安装	立杆内侧、牢固，高度 ≥ 180mm	全部	目测、钢板尺
	安全网	外侧安全网牢固、连续	全部	目测
	宽度	符合方案设计要求，并且 ≥ 900mm	全部	钢板尺
	脚手板材质、规格和安装	符合方案设计要求，铺满、铺稳、铺实	全部	目测、钢板尺
	防护栏杆高度	立杆内侧、离地高度分别为 0.6m（0.5m）、1.2m（1m）	全部	目测
	层间防护	脚手板下采用安全平网兜底，水平网竖向间距 ≤ 10m；内立杆与建筑物间距离 ≥ 150mm 时，间隙应封闭	全部	目测、钢卷尺

◁ **干货与提示**

脚手架必须由专业技术人员搭设。进行分段验收、检查，发现有不符合要求的应迅速整改，并追究责任。

10.1.6　常用材料的力学性能要求

支撑架、脚手架常用材料的力学性能要求见表10-3。

表 10-3　常用材料的力学性能要求

名称、牌号	屈服强度 /MPa	抗拉强度 /MPa	伸长率 /%	参照性能
45	≥ 355	≥ 600	≥ 16	—
Q195	≥ 185	315 ~ 430	≥ 33（板条）	断后伸长率15%（圆管）
Q235	≥ 225	370 ~ 500	≥ 22（板条）	断后伸长率15%（圆管）
Q345	≥ 265	450 ~ 630	≥ 17（板条）	断后伸长率13%（圆管）
可锻铸铁 KTH330-08	≥ 200	≥ 330	≥ 8	布氏硬度 ≤ 150HBW
球磨铸铁 QT450-10	≥ 310	≥ 450	≥ 10	布氏硬度 160 ~ 210HBW
铸造碳钢 ZG230-450	≥ 230	≥ 450	≥ 22	根据冲击检验的断面收缩率、冲击吸收功来确定
铸造碳钢 ZG270-500	≥ 270	≥ 500	≥ 18	根据冲击检验的断面收缩率、冲击吸收功来确定

10.1.7 杆件、配件外观检查

建筑施工支撑架、脚手架杆件与配件的外观检查需要符合表 10-4 的规定要求。

表 10-4 杆件、配件外观检查项目与要求

检验项目	要求
杆件外观表面	不得存在裂纹、凹陷、锈蚀、变形等异常现象,端面平整,无斜口、无毛刺,不得采用对接焊
配件外观表面	不得存在裂纹、凹陷、锈蚀、变形等异常现象,铸件表面要光滑,不得有砂眼、缩孔、粘砂、浇冒口残余等异常情况;冲压件表面不得存在毛刺、氧化皮等异常现象

10.1.8 杆件、配件力学性能检验判定标准

建筑施工支撑架、脚手架杆件与配件力学性能检验、判定需要符合表 10-5 的规定。

表 10-5 杆件、配件力学性能检验项目与判定标准

检验项目		判定标准
附墙支座	抗压	高于设计值
固定节点	抗拉、抗压、抗弯、抗剪	高于设计值
横杆	抗弯承载力	高于抗弯承载力计算值
可调节点	抗滑性能	$P=6.0kN$ 时,$\Delta_1 \leqslant 6.0mm$;$P=10.0kN$ 时,$\Delta_2 \leqslant 0.5mm$
可调节点	抗破坏性能	$P=25.0kN$ 时,各部位不得破坏
可调节点	抗扭性能	扭力矩为 $900N \cdot m$ 时,$f \leqslant 70.0mm$
立杆	抗压承载力	高于稳定性计算值
连墙件	抗拉	高于设计值
托座、底座	抗压承载力	$\geqslant 40kN$
斜杆	抗拉承载力	高于杆件强度计算值

10.1.9 杆件、配件的外观检查与规格尺寸检验法

建筑施工杆件、配件的外观检查与规格尺寸检验法需要符合表 10-6 的规定要求。

表 10-6 杆件、配件的外观检查与规格尺寸检验法

检验项目		检测法	检测工具
可调托座、可调底座、固定底座	立杆内径、螺杆外径单侧间隙	对立杆内径和螺杆外径各测 3 点,取最大间隙值	游标卡尺
	调节螺母厚度、螺扣数量	调节螺母厚度测量 3 点,取较小值	游标卡尺
	托座、底座承力板厚度	测 3 点,取平均值	游标卡尺
	托座、底座承力板平直度	测 3 点,取最大值	直角靠尺、塞尺
	螺杆、托座、底座承力板焊缝厚度	测 3 点,取较小值	游标卡尺
	截面尺寸	测 3 点,取较小值	游标卡尺
	平直度	沿杆件长度测量 3 点,取最大值	2m 靠尺、塞尺
杆件、配件	外观	目测	—
立杆、横杆、斜杆	外径、壁厚	分别测量杆件两端截面,取较小值	游标卡尺
	直线度	沿杆件长度测量 3 点,取最大值	2m 靠尺、塞尺

10.1.10 杆件、配件规格检验项目及允许偏差

建筑施工支撑架、脚手架杆件与配件规格检验项目及允许偏差需要符合表 10-7 的规定要求。

表 10-7　支撑架、脚手架杆件与配件规格检验项目及允许偏差

项目		允许偏差
可调托座、可调底座、固定底座	立杆内径、螺杆外径单侧间隙	≤ 2mm
	调节螺母厚度、螺扣数量	≥ 30mm，≥ 6 扣
	托座、底座承力板厚度	≥ 5mm
	托座、底座承力板平直度	≤ 1mm
	螺杆、托座、底座承力板焊缝厚度	≥ 6mm
	截面尺寸	± 0.1mm
	平直度	± 0.2mm
立杆、横杆、斜杆	外径	± 0.3mm
	壁厚	± 0.15mm
	直线度	≤ 1.5L/1000

注：L 表示长度。

10.1.11　动模板装置、动脚手架的外观检验要求

建筑施工动模板装置、动脚手架的外观检验需要符合表 10-8 的规定要求。

表 10-8　动模板装置、动脚手架的外观检验项目与要求

名称	检验项目	要求
控制装置	外观表面	外壳无破损、开关灵活、电缆线无破损
配件	外观表面	（1）原材无裂纹、严重锈蚀、明显变形 （2）焊缝无裂纹 （3）螺杆和螺母的螺扣无变形、锈蚀
主构件	外观表面	（1）原材无裂纹、严重锈蚀、明显变形 （2）焊缝无裂纹、漏焊、未焊满缺陷
组件	外观表面	（1）原材无裂纹、严重锈蚀、明显变形 （2）焊缝无裂纹、漏焊、未焊满缺陷

10.1.12　动模板装置、动脚手架规格检验要求

建筑施工动模板装置、动脚手架规格检验需要符合表 10-9 的规定要求。

表 10-9　动模板装置、动脚手架规格检验要求

名称	检验项目	允许偏差
导轨	截面尺寸	± 2mm
	直线度	≤ 1.5L/1000，且≤ 5mm
其他主构件、组件	直线度	≤ 2L/1000，且≤ 6mm
	有连接要求的连接尺寸	± 3mm
	无连接要求的外形尺寸	± 5mm

注：L 表示长度。

10.1.13　动脚手架主构件力学性能检验要求

动脚手架主构件力学性能检验需要符合表 10-10 的规定要求。

表 10-10　动脚手架主构件力学性能检验要求

名称	检验项目	检验法	要求
防坠装置	设计承载力	直接加载	高于承载力设计值
附墙支座	设计承载力	直接加载	高于承载力设计值

10.1.14 附着式升降脚手架应力检验点位选取

附着式升降脚手架应力检验点位选取见表 10-11。

表 10-11 应力检验点位选取

动脚手架类型及工况		点位选取
附着式升降脚手架	使用工况	选取 4 个点，分别为： 1——附着装置应力最大处或最薄弱截面处 2——竖向主框架或竖向承力主结构应力最大杆件 3——水平支承桁架或联系构件应力最大杆件 4——竖向导轨应力最大截面
附着式升降脚手架	升降工况	选取 5 个点，分别为： 1——上吊点应力最大处或最薄弱截面处 2——下吊点应力最大处或最薄弱截面处 3——竖向主框架或竖向承力主结构应力最大杆件 4——水平支承桁架或联系构件应力最大杆件 5——竖向导轨应力最大截面

注：表中各点位位置由动模板、动脚手架设计者给出。

10.2 施工方案编写与交底

10.2.1 外脚手架搭设专项施工方案

50m 以上外脚手架搭设专项施工方案，需要专家论证。外脚手架搭设专项施工方案包括的主要内容如图 10-5 所示。

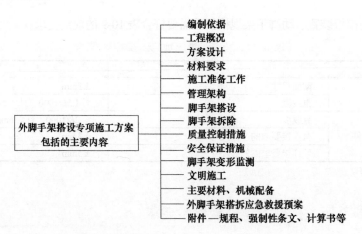

图 10-5 外脚手架搭设专项施工方案包括的主要内容

10.2.2 编制依据

编制依据，一般就是列举出脚手架搭设专项施工方案涉及的相关现行的国家标准、地方规范、行业规范、技术规范、相关法律、施工组织设计，以及其他规定等，还包括项目工程施工图纸、国标图集（图纸）。

常见的依据有《建筑地基基础设计规范》《建筑施工安全检查标准》《建筑结构荷载规范》《建筑施工扣件式钢管脚手架安全技术规范》等。

10.2.3 工程概况

工程概况包括建筑概况、水文特征、气象特征等内容。其中，建筑概况往往涉及的内容如图 10-6 所示。

水文特征、气象特征主要是介绍工程所在地的平均气温、最高气温、年降雨量等情况，以及雨季集中的月份、雷暴集中的月份等情况的介绍。

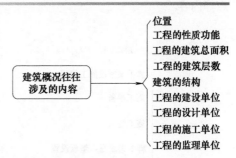

图 10-6 建筑概况往往涉及的内容

10.2.4 脚手架方案的设计

脚手架方案的设计往往涉及的内容如图 10-7 所示。脚手架方案的设计，需要考虑工程施工工期、质量、安全要求，以及脚手架有关要求、规范，再结合实际情况来确定。

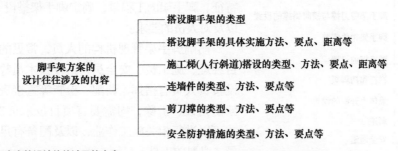

图 10-7 脚手架方案的设计往往涉及的内容

脚手架方案选择，需要根据架体结构设计安全可靠且经济合理，使用期限内充分满足预期安全性耐久性，选用材料力求通用可周转、便于保养维修，结构选型力求受力明确、搭拆方便，并综合考虑、借鉴施工经验、结合实际情况得出具体脚手架方案。

10.2.5 脚手架材料的要求

图 10-8 脚手架常涉及的材料

脚手架材料的要求，也就是对脚手架方案采用的材料进行选择、确定。脚手架材料的要求，除了满足标准、规范等要求外，还需要根据实际情况与市场材料的特点来选择。

脚手架常涉及的材料如图 10-8 所示。

干货与提示

木垫板一般采用厚度不小于 50mm 的。安全网一般采用绿色密目式塑料安全网。脚手板可以采用钢筋网满铺设置，但是钢筋网不得有断裂现象。

10.2.6　脚手架施工准备工作、管理架构

脚手架施工准备工作，包括技术准备、物资准备、劳动组织准备、工具准备等。技术准备主要包括熟悉图纸、审查施工图纸、对脚手架重点难点要点进行掌握、工艺要求、质量要求、关键工序、交底要求、记录要求等。

管理架构，就是确定脚手架施工的管理组织，例如管理小组名单、联系方式、组织结构特点等内容。

10.2.7　脚手架的搭设和拆除

脚手架的搭设
往往涉及的内容
{
脚手架搭设施工流程
施工准备
施工要求
脚手架底座、垫板设置
脚手架钢管立杆施工
脚手架纵、横向水平杆施工
脚手架连墙件的设置
脚手架剪刀撑与横向斜撑的设置
脚手架扣件安装
脚手板的设置
栏杆和挡脚板
架体上开洞的设置
斜道
安全通道
}

脚手架的搭设往往涉及的内容如图 10-9 所示。脚手架的拆除往往涉及的内容包括施工流程、拆除施工准备、拆除施工方法 / 要点 / 步骤 / 注意事项等。

10.2.8　脚手架的劳动力安排

为了确保工程进度的需要，同时根据工程的结构特征、脚手架的工程量，确定脚手架搭设人员的人数，以及对人员的要求。

明确脚手架管理机构的人员，常见的人员包括项目经理、施工员、安全员、搭设技术员等。其中，搭设负责人负有指挥、调配、检查等直接责任。外脚手架的搭设、拆除，均需要有项目技术负责人的认可，才可以进行相关施工作业，以及配备有足够的辅助人员、必要的工具。

图 10-9　脚手架的搭设往往涉及的内容

10.2.9　脚手架的计算书

脚手架计算书包括相关参数确定与计算。相关参数常包括脚手架参数、活荷载参数、风荷载参数、静荷载参数、地基参数等。

计算需要根据具体脚手架类型来进行。例如，钢管落地脚手架计算书常有如下计算。

（1）大横杆的计算，包括均布荷载值计算、强度验算、挠度验算等。

（2）小横杆的计算，包括荷载值计算、强度验算、挠度验算等。

（3）脚手架配件数量匡算。

（4）扣件抗滑力的计算。

（5）立杆的地基承载力计算。

（6）立杆的稳定性计算。

（7）立杆荷载计算。

（8）连墙件的计算。

（9）最大搭设高度的计算。

有的还涉及脚手架的上下通道的计算、脚手架的卸料平台的计算。

干货与提示

脚手架杆件、构配件的外观质量要求如下。

① 不得使用带有裂纹、表面明显凹陷、折痕、严重锈蚀的钢管。

② 冲压件不得有毛刺、明显变形、裂纹、氧化皮等缺陷。

③ 焊接件的焊缝需要饱满，焊渣要清除干净，不得有未焊透、夹渣、咬肉、裂纹等缺陷。

④ 铸件表面要光滑，不得有气孔、裂纹、砂眼、浇冒口残余等缺陷。

⑤ 铸件表面粘砂要清除干净。

10.2.10　脚手架施工方案的交底

交底，又叫作交底工作，其是指某一项工作开始前，由前级有关人员向后级人员进行的交代与说明、要求，其目的是使后级人员对所要进行工作的特点、要求、方法、措施等方面有一个较详细的了解，以便科学组织开展工作，避免事故的发生。

交底分为技术交底、安全交底，有时，统称为安全技术交底。

建筑工程安全技术交底应分级进行，交底人可以分为总包、分包、作业班组三个层级。安全技术交底的最终对象是具体施工作业人员。交底需要有书面记录与签字留存。书面记录需要在交底者、被交底者、安全管理者三方留存备查。

技术交底可以分为设计交底、施工组织设计（施工方案）交底、专项施工方案交底、设计变更技术交底、分项工程施工技术交底、新技术交底等。

脚手架安全技术交底中，专业工长向各作业班组长、各工种作业人员进行技术交底，是技术交底的重要环节。

脚手架安全技术交底，需要根据国家有关法律法规、有关标准、工程设计文件、专项施工方案、安全技术措施、施工组织设计、安全技术规划、安全技术管理文件等要求进行。

脚手架安全技术交底的内容，需要针对施工过程中潜在危险因素，明确安全技术措施内容、作业程序、安装拆卸施工作业、注意事项、应急情况处理、相关联系方式等要求。

脚手架安全技术交底常见的内容有以下几项。

（1）脚手架搭设人员持证上岗的要求。

（2）搭设脚手架人员的穿戴与劳保要求，例如必须戴安全帽、系安全带、穿防滑鞋等。

（3）脚手架搭设的具体结构、特点、方式的介绍。

（4）脚手架的构配件质量与搭设质量、检查验收要求。

（5）作业层上的施工荷载要求。

（6）大风、雾、雨、雪天气时，应停止脚手架搭设与拆除作业的规定。

（7）脚手架的安全检查与维护的规定。

（8）安全网要按有关规定搭设或拆除。

（9）脚手架使用期间，严禁拆除的杆件的规定。

（10）不得在脚手架基础及其邻近处进行挖掘作业的规定。

（11）防止坠物伤人的防护措施的规定。

（12）脚手架上进行电、气焊作业时，必须有防火措施、专人看守的规定。

（13）工地临时用电线路的架设及脚手架接地、避雷措施等规定。

（14）搭拆脚手架时，地面要设围栏、警戒标志、专人看守，严禁非操作人员入内等规定。

附　录

附录1　脚手架计算公式速查

附 1.1　扣件式钢管脚手架

附录 1.1.1　作用于脚手架上的水平风荷载标准值

扣件式钢管脚手架作用于脚手架上的水平风荷载标准值见附表 1-1。

附表 1-1　扣件式钢管脚手架作用于脚手架上的水平风荷载标准值

名称	公式	解说
作用于脚手架上的水平风荷载标准值计算公式	$w_k = \mu_z \mu_s w_0$	w_k——风荷载标准值，kN/m^2 μ_z——风压高度变化系数 μ_s——脚手架风荷载体型系数 w_0——基本风压值，kN/m^2

附录 1.1.2　单排、双排脚手架有关计算公式

扣件式钢管脚手架（单排、双排脚手架）有关计算公式见附表 1-2。

附表 1-2　扣件式钢管脚手架（单排、双排脚手架）有关计算公式

名称	公式	解说
纵向、横向水平杆的抗弯强度计算公式（单排、双排脚手架）	$\sigma = \dfrac{M}{W} \leqslant f$	σ——弯曲正应力 M——弯矩设计值，N·mm W——截面模量，mm^3 f——钢材的抗弯强度设计值，MPa
纵向、横向水平杆弯矩设计值的计算（单排、双排脚手架）	$M = 1.2M_{Gk} + 1.4\sum M_{Qk}$	M_{Gk}——脚手板自重产生的弯矩标准值，kN·m M_{Qk}——施工荷载产生的弯矩标准值，kN·m
纵向、横向水平杆的挠度的计算（单排、双排脚手架）	$v \leqslant [v]$	v——挠度，mm $[v]$——容许挠度

续表

名称	公式	解说
纵向或横向水平杆与立杆连接时，其扣件的抗滑承载力的计算（单排、双排脚手架）	$R \leqslant R_c$	R——纵向或横向水平杆传给立杆的竖向作用力设计值 R_c——扣件抗滑承载力设计值
立杆的稳定性的计算（单排、双排脚手架）	组合风荷载时 $$\dfrac{N}{\varphi A} + \dfrac{M_w}{W} \leqslant f$$ 不组合风荷载时 $$\dfrac{N}{\varphi A} \leqslant f$$	N——计算立杆段的轴向力设计值，N φ——轴心受压构件的稳定系数 λ——长细比，即 $\lambda = \dfrac{l_0}{i}$ l_0——计算长度，mm i——截面回转半径，mm A——立杆的截面面积，mm^2 M_w——计算立杆段由风荷载设计值产生的弯矩，N·mm f——钢材的抗压强度设计值，MPa
立杆段的轴向力设计值的计算（单排、双排脚手架）	组合风荷载时 $N = 1.2(N_{G1k} + N_{G2k}) + 0.9 \times 1.4\sum N_{Qk}$ 不组合风荷载时 $N = 1.2(N_{G1k} + N_{G2k}) + 1.4\sum N_{Qk}$	N——立杆段的轴向力设计值 N_{G1k}——脚手架结构自重产生的轴向力标准值 N_{G2k}——构配件自重产生的轴向力标准值 $\sum N_{Qk}$——施工荷载产生的轴向力标准值总和，内、外立杆各按一纵距内施工荷载总和的1/2取值
立杆计算长度（单排、双排脚手架）	$l_0 = k\mu h$	k——立杆计算长度附加系数，其值取1.155，当验算立杆允许长细比时，取 $k = 1$ μ——考虑单、双排脚手架整体稳定因素的单杆计算长度系数 h——步距 l_0——立杆计算长度
风荷载产生的立杆段弯矩设计值（单排、双排脚手架）	$M_w = 0.9 \times 1.4 M_{wk} = \dfrac{0.9 \times 1.4 w_k l_a h^2}{10}$	M_{wk}——风荷载产生的弯矩标准值，kN·m w_k——风荷载标准值，kN/m^2 l_a——立杆纵距，m M_w——由风荷载产生的立杆段弯矩设计值
单、双排脚手架允许搭设高度	组合风荷载时 $$[H] = \dfrac{\varphi A f - [1.2 N_{G2k} + 0.9 \times 1.4(\sum N_{Qk} + \dfrac{M_{wk}}{W}\varphi A)]}{1.2 g_k}$$ 不组合风荷载时 $$[H] = \dfrac{\varphi A f - (1.2 N_{G2k} + 1.4\sum N_{Qk})}{1.2 g_k}$$	$[H]$——脚手架允许搭设高度，m g_k——立杆承受的每米结构自重标准值，kN/m
连墙件杆件的强度及稳定的计算（单排、双排脚手架）	稳定 $$\dfrac{N_l}{\varphi A} \leqslant 0.85f$$ $N_l = N_{lw} + N_0$ 强度 $$\sigma = \dfrac{N_l}{A_c} \leqslant 0.85f$$	σ——连墙件应力值，MPa A_c——连墙件的净截面面积，mm^2 A——连墙件的毛截面面积，mm^2 N_l——连墙件轴向力设计值，N N_{lw}——风荷载产生的连墙件轴向力设计值 N_0——连墙件约束脚手架平面外变形所产生的轴向力，单排架取2kN，双排架取3kN φ——连墙件的稳定系数 f——连墙件钢材的强度设计值，MPa
风荷载产生的连墙件的轴向力设计值的计算（单排、双排脚手架）	$N_{lw} = 1.4 w_k A_w$	A_w——单个连墙件所覆盖的脚手架外侧面的迎风面积

名称	公式	解说
连墙件与脚手架、连墙件与建筑结构连接的承载力的计算（单排、双排脚手架）	$N_l \leq N_v$	N_v——连墙件与脚手架、连墙件与建筑结构连接的受拉（压）承载力设计值
采用钢管扣件作连墙件时，扣件抗滑承载力的验算（单排、双排脚手架）	$N_l \leq R_c$	R_c——扣件抗滑承载力设计值，一个直角扣件应取8kN

附录 1.1.3　满堂脚手架有关计算公式

扣件式钢管脚手架（满堂脚手架）有关计算公式见附表1-3。

附表1-3　扣件式钢管脚手架（满堂脚手架）有关计算公式

名称	公式	解说
满堂脚手架立杆的计算长度（满堂脚手架）	$l_0 = k\mu h$	k——满堂脚手架立杆计算长度附加系数 h——步距 μ——考虑满堂脚手架整体稳定因素的单杆计算长度系数

附录 1.1.4　满堂支撑架有关计算公式

扣件式钢管脚手架（满堂支撑架）有关计算公式见附表1-4。

附表1-4　扣件式钢管脚手架（满堂支撑架）有关计算公式

名称	公式	解说
立杆段的轴向力设计值（满堂支撑架）	组合风荷载时 $N=1.2\sum N_{Gk}+0.9 \times 1.4\sum N_{Qk}$ 不组合风荷载时 $N=1.2\sum N_{Gk}+1.4\sum N_{Qk}$	$\sum N_{Gk}$——永久荷载对立杆产生的轴向力标准值总和，kN $\sum N_{Qk}$——可变荷载对立杆产生的轴向力标准值总和，kN N——立杆段的轴向力设计值
满堂支撑架立杆的计算长度（满堂支撑架）	非顶部立杆段 $l_0 = k\mu_2 h$ 顶部立杆段 $l_0 = k\mu_1(h+2a)$	k——满堂支撑架立杆计算长度附加系数 h——步距 a——立杆伸出顶层水平杆中心线到支撑点的长度，应不大于0.5m，当0.2m < a < 0.5m时，承载力可按线性插入值计算 μ_1，μ_2——考虑满堂支撑架整体稳定因素的单杆计算长度系数

附录 1.1.5　脚手架地基承载力有关计算公式

扣件式钢管脚手架（脚手架地基承载力）有关计算公式见附表1-5。

附表1-5　扣件式钢管脚手架（脚手架地基承载力）有关计算公式

名称	公式	解说
立杆基础底面的平均压力要求（脚手架地基承载力）	$p_k = \dfrac{N_k}{A} \leq f_g$	p_k——立杆基础底面处的平均压力标准值，kPa N_k——上部结构传至立杆基础顶面的轴向力标准值，kN A——基础底面面积，m² f_g——地基承载力特征值，kPa

附录 1.1.6 型钢悬挑脚手架有关计算公式

扣件式钢管脚手架（型钢悬挑脚手架）有关计算公式见附表 1-6。

附表 1-6 扣件式钢管脚手架（型钢悬挑脚手架）有关计算公式

名称	公式	解说
型钢悬挑梁的抗弯强度	$\sigma = \dfrac{M_{max}}{W_n} \le f$	σ——型钢悬挑梁应力值 M_{max}——型钢悬挑梁计算截面最大弯矩设计值 W_n——型钢悬挑梁净截面模量 f——钢材的抗弯强度设计值
型钢悬挑梁的整体稳定性	$\dfrac{M_{max}}{\varphi_b W} \le f$	φ_b——型钢悬挑梁的整体稳定性系数 W——型钢悬挑梁毛截面模量
型钢悬挑梁的挠度	$v \le [v]$	$[v]$——型钢悬挑梁挠度允许值 v——型钢悬挑梁最大挠度
型钢悬挑梁锚固在主体结构上的 U 形钢筋拉环或螺栓的强度	$\sigma = \dfrac{N_m}{A_1} \le f_1$	σ——U 形钢筋拉环或螺栓应力值 N_m——型钢悬挑梁锚固段压点 U 形钢筋拉环或螺栓拉力设计值，N A_1——U 形钢筋拉环净截面面积或螺栓的有效截面面积，mm^2，一个钢筋拉环或一对螺栓按两个截面计算 f_1——U 形钢筋拉环或螺栓抗拉强度设计值，$f_1 = 50MPa$

附 1.2 门式脚手架

附录 1.2.1 门式脚手架荷载有关计算公式

门式脚手架荷载有关计算公式见附表 1-7。

附表 1-7 门式脚手架荷载有关计算公式

名称	公式	解说
门式脚手架的水平风荷载标准值	$w_k = \mu_z \mu_s w_0$	w_k——风荷载标准值，kN/m^2 w_0——基本风压值，kN/m^2，取重现期 $n = l_0$ 对应的风压值，且不小于 $0.2kN/m^2$ μ_z——风压高度变化系数 μ_s——风荷载体型系数
单元由风荷载产生的倾覆力矩标准值（门式支撑架在水平风荷载的作用下）	$M_{wq} = H\left(\dfrac{1}{2}F_{wl} + F_{wm}\right)$	M_{wq}——门式支撑架计算单元在风荷载作用下的倾覆力矩标准值，$kN \cdot m$
一榀门架双立杆的最大附加轴力标准值（风荷载沿门架平面方向作用时）	门架立杆不等间距时 $N_{wn} = \dfrac{M_{wq}B}{\sum\limits_{j=1}^{n} l_{bj}^2}$ 门架立杆等间距时 $N_{wn} = \dfrac{12M_{wq}}{n(n+1)b}$	N_{wn}——风荷载作用在支撑架上而引起的一榀门架双立杆的最大附加轴力标准值，N b——门架宽度，mm n——支撑架横向门架立杆数 B——门式支撑架的整体横向宽度，mm l_{bj}——门架立杆到架体中心的水平距离，mm
一榀门架双立杆的最大附加轴力标准值（风荷载沿垂直于门架平面方向作用时）	$N_{wn} = \dfrac{6M_{wq}}{n(n+1)l}$	l——门架跨距 n——支撑架纵向门架榀数

附录 1.2.2　门式脚手架的稳定承载力有关计算公式

门式脚手架的稳定承载力有关计算公式见附表 1-8。

附表 1-8　门式脚手架的稳定承载力有关计算公式

名称	公式	解说
门式脚手架的稳定承载力	$N^{\mathrm{d}} = \varphi A f$ $\gamma_0 N \leqslant N^{\mathrm{d}}$	γ_0——门式脚手架结构重要性系数 N——门式脚手架作用于一榀门架立杆的轴向力设计值，N N^{d}——一榀门架的稳定承载力设计值，N φ——门架立杆的稳定系数 A——一榀门架立杆的毛截面面积，mm^2 f——门架立杆钢材的抗压强度设计值，MPa

附录 1.2.3　门式作业脚手架有关计算公式

门式作业脚手架有关计算公式见附表 1-9。

附表 1-9　门式作业脚手架有关计算公式

名称	公式	解说
门架的稳定承载力（门式作业脚手架）	有风环境时 $$\dfrac{\gamma_0 N}{\varphi A} + \dfrac{\gamma_0 M_{\mathrm{w}}}{W} \leqslant f$$ 无风环境时 $$\dfrac{\gamma_0 N}{\varphi A} \leqslant f$$	N——作用于一榀门架的轴向力设计值，N M_{w}——风荷载作用于门架引起的立杆弯矩设计值，N·mm W——门架单根立杆毛截面模量，mm^3
门式作业脚手架作用于一榀门架立杆的轴向力设计值	$N = 1.2(N_{\mathrm{G1k}} + N_{\mathrm{G2k}})H + 1.4\sum N_{\mathrm{Qik}}$	N_{G1k}——每米高度架体构配件自重产生的轴向力标准值，N/m N_{G2k}——每米高度架体附件自重产生的轴向力标准值，N/m H——门式作业脚手架搭设高度，m $\sum N_{\mathrm{Qik}}$——作用于一榀门架的各层施工荷载标准值总和，N
风荷载作用于门式作业脚手架引起的门架主立杆弯矩设计值	$M_{\mathrm{w}} = 1.4 \times 0.6 M_{\mathrm{wk}}$ $M_{\mathrm{wk}} = 0.05 \xi_1 w_{\mathrm{k}} l H_1^2$	M_{wk}——风荷载作用于门架引起的立杆弯矩标准值，N·mm ξ_1——门式作业脚手架风荷载弯矩折减系数，连墙件按 2 步设置时，取 0.25，连墙件按 3 步设置时，取 0.15 w_{k}——风荷载标准值，MPa l——门架跨距，mm H_1——连墙件竖向间距，mm
门架立杆的换算长细比	$\lambda = k \dfrac{h_0}{i}$ $i = \sqrt{\dfrac{I}{A_1}}$ MF1219、MF1017门架 $I = I_0 + I_1 \dfrac{h_1}{h_0}$ MF0817门架 $I = \dfrac{1}{9}\left[A_1\left(\dfrac{A_2 b_2}{A_1 + A_2}\right)^2 + A_2\left(\dfrac{A_1 b_2}{A_1 + A_2}\right)^2 \right] \times \dfrac{0.5 h_1}{h_0}$	k——调整系数 λ——门架立杆换算长细比 i——门架立杆换算截面回转半径，mm I——门架立杆换算截面惯性矩，mm^4 h_0——门架高度，mm h_1——门架立杆加强的高度，mm I_0——门架立杆的毛截面惯性矩，mm^4 I_1——门架立杆加强杆的毛截面惯性矩，mm^4 A_1——门架单根立杆的毛截面面积，mm^2 A_2——门架立杆加强杆的毛截面面积，mm^2 b_2——门架立杆和立杆加强杆的中心距，mm

续表

名称	公式	解说
门式作业脚手架的搭设高度	有风环境时 $$H^{\mathrm{d}} = \dfrac{\varphi A\left(f - \dfrac{\gamma_0 M_{\mathrm{w}}}{W}\right) - 1.4\gamma_0 \sum N_{\mathrm{Qfk}}}{1.2\gamma_0(N_{\mathrm{G1k}} + N_{\mathrm{G2k}})}$$ 无风环境时 $$H^{\mathrm{d}} = \dfrac{\varphi A f - 1.4\gamma_0 \sum N_{\mathrm{Qfk}}}{1.2\gamma_0(N_{\mathrm{G1k}} + N_{\mathrm{G2k}})}$$	H^{d}——门式作业脚手架搭设高度，m

附录 1.2.4　连墙件有关计算公式

门式脚手架连墙件有关计算公式见附表 1-10。

附表 1-10　门式脚手架连墙件有关计算公式

名称	公式	解说
连墙件杆件的强度、稳定承载力要求	强度 $$\sigma = \dfrac{N_1}{A_{\mathrm{c}}} \leqslant 0.85f$$ 稳定承载力 $$\dfrac{N_1}{\varphi A} \leqslant 0.85f$$ $$N_1 = N_{\mathrm{w}} + N_0$$	σ——连墙件杆件应力值，MPa A_{c}——连墙件的净截面面积，mm^2，带螺纹的连墙件取有效截面面积 A——连墙件的毛截面面积，mm^2 N_1——风荷载及其他作用对连墙件产生的轴向力设计值，N N_{w}——风荷载作用于连墙件的轴向力设计值，N φ——连墙件的稳定系数 f——连墙件钢材的抗压强度设计值，MPa N_0——连墙件约束门式作业脚手架平面外变形所产生的轴向力设计值，N
风荷载作用于连墙件的水平力设计值	$$N_{\mathrm{w}} = 1.4w_{\mathrm{k}}L_1H_1$$	L_1——连墙件水平间距，mm H_1——连墙件竖向间距，mm
连墙件与作业脚手架、连墙件与建筑结构连接的连接强度	$$N_1 \leqslant N_{\mathrm{v}}$$	N_{v}——连墙件与作业脚手架、连墙件与建筑结构连接的抗拉（压）承载力设计值，kN
扣件抗滑承载力的验算（钢管扣件作连墙件时）	$$N_1 \leqslant R_{\mathrm{c}}$$	R_{c}——扣件抗滑承载力设计值，一个直角扣件应取 8kN

附录 1.2.5　门式支撑架有关计算公式

门式脚手架门式支撑架有关计算公式见附表 1-11。

附表 1-11　门式脚手架门式支撑架有关计算公式

名称	公式	解说
门式支撑架承受荷载的水平杆抗弯强度	$$\sigma = \dfrac{\gamma_0 M}{W} \leqslant f$$	σ——水平杆弯曲应力，MPa M——水平杆弯矩设计值，N·mm W——水平杆毛截面模量，mm^3 f——钢材抗弯强度设计值，MPa

续表

名称	公式	解说
水平杆的弯矩设计值	永久荷载控制的组合 $$M = 1.35\sum_{i=1}^{n} M_{Gik} + 1.4 \times 0.7\sum_{j=1}^{m} M_{Qjk}$$ 可变荷载控制的组合 $$M = 1.2\sum_{i=1}^{n} M_{Gik} + 1.4 M_{Q1k} + 1.4 \times 0.7\sum_{j=2}^{m} M_{Qjk}$$	$\sum M_{Gik}$——门式支撑架受弯杆件由永久荷载产生的弯矩标准值总和 $\sum M_{Qjk}$——门式支撑架受弯杆件由可变荷载产生的弯矩标准值总和 M_{Q1k}——门式支撑架受弯杆件由可变荷载产生的各弯矩标准值中的最大值
满堂支撑架一榀门架立杆轴向力设计值（无风环境或不组合由风荷载产生的门架立杆附加轴力时）	永久荷载控制的组合 $$N = 1.35\,(\sum N_{Gk1} + \sum N_{Gk2}) + 1.4 \times 0.7(\sum N_{Qk1} + \sum N_{Qk2})$$ 可变荷载控制的组合 $$N = 1.2\,(\sum N_{Gk1} + \sum N_{Gk2}) + 1.4(\sum N_{Qk1} + 0.7\sum N_{Qk2})$$	N——作用于一榀门架立杆的轴向力设计值，N $\sum N_{Gk1}$——构配件、附件自重产生的一榀门架立杆轴向力标准值总和，N $\sum N_{Gk2}$——建筑结构件自重产生的一榀门架立杆轴向力标准值总和，N $\sum N_{Qk1}$——施工荷载产生的一榀门架立杆轴向力标准值总和，N $\sum N_{Qk2}$——其他可变荷载产生的一榀门架立杆轴向力标准值总和，N
满堂支撑架一榀门架立杆轴向力设计值（有风环境组合由风荷载产生的门架立杆附加轴力时）	永久荷载控制的组合 $$N = 1.35\,(\sum N_{Gk1} + \sum N_{Gk2}) + 1.4\,[0.7(\sum N_{Qk1} + \sum N_{Qk2}) + 0.6N_{wn}]$$ 可变荷载控制的组合 $$N = 1.2\,(\sum N_{Gk1} + \sum N_{Gk2}) + 1.4\,[\sum N_{Qk1} + 0.7\sum N_{Qk2} + 0.6N_{wn}]$$	N——作用于一榀门架立杆的轴向力设计值，N $\sum N_{Gk1}$——构配件、附件自重产生的一榀门架立杆轴向力标准值总和，N $\sum N_{Gk2}$——建筑结构件自重产生的一榀门架立杆轴向力标准值总和，N $\sum N_{Qk1}$——施工荷载产生的一榀门架立杆轴向力标准值总和，N $\sum N_{Qk2}$——其他可变荷载产生的一榀门架立杆轴向力标准值总和，N $\sum N_{wn}$——风荷载作用在支撑架上而引起的一榀门架双立杆的最大附加轴力标准值，N
风荷载作用于门式支撑架立杆上所产生的弯矩标准值	$$M_{wk} = \frac{\xi_2 l w_k h^2}{10}$$	M_{wk}——风荷载作用于门架引起的立杆弯矩标准值，N·mm w_k——门式支撑架风荷载标准值，MPa ξ_2——门式支撑架门架立杆由风荷载产生的弯矩折减系数，取 0.5 l——门架跨距，mm h——门式支撑架步距，mm
在水平风荷载作用下，宜对门式支撑架的横向进行抗倾覆承载力验算	$$B^2 l_a(q_{k1} + q_{k2}) + 2\sum_{j=1}^{n} G_{jk}b_j \geq 3\gamma_0 M_{wq}$$	B——门式支撑架宽度，mm q_{k1}——均匀分布的架体自重面荷载标准值，MPa q_{k2}——均匀分布的支撑架上模板等物料自重面荷载标准值，MPa G_{jk}——支撑架上集中堆放的物料自重标准值，N b_j——集中堆放的物料至倾覆原点的水平距离，mm M_{wq}——门式支撑架在风荷载作用下的倾覆力矩标准值，N·mm

附录 1.2.6　门式脚手架地基承载力验算

门式脚手架地基承载力验算见附表 1-12。

附表 1-12　门式脚手架地基承载力验算

名称	公式	解说
门式脚手架立杆地基承载力验算	$p = \dfrac{N_k}{A_d} \leqslant f_a$ $N_k = \dfrac{N}{\gamma_u}$	p——门式脚手架一榀门架立杆基础底面的平均压力设计值，kN/m^2 N_k——作用于一榀门架立杆的轴向力标准值，kN N——作用于一榀门架立杆的轴向力设计值，kN A_d——一榀门架立杆底座底面积，m^2 γ_u——永久荷载、可变荷载分项系数加权平均值，当按永久荷载控制组合时，取 1.363，按可变荷载控制组合时，取 1.254 f_a——修正后的地基承载力特征值，kN/m^2
修正后的地基承载力特征值	$f_a = k_c f_{ak}$	k_c——地基承载力修正系数 f_{ak}——地基承载力特征值，kN/m^2

附录 1.2.7　悬挑脚手架支承结构有关计算公式

门式脚手架悬挑脚手架支承结构有关计算公式见附表 1-13。

附表 1-13　门式脚手架悬挑脚手架支承结构有关计算公式

名称	公式	解说
型钢悬挑梁的抗弯强度的计算	$\sigma = \dfrac{\gamma_0 M_{max}}{W_n} \leqslant f$ $M_{max} = \dfrac{N}{2}(l_{c1} + l_{c2}) + 0.6q l_{c1}^2$	σ——型钢悬挑梁应力值，MPa M_{max}——型钢悬挑梁计算截面最大弯矩设计值，$N \cdot mm$ W_n——型钢悬挑梁净截面模量，mm^3 f——钢材的抗弯强度设计值，MPa N——悬挑脚手架作用于一榀门架立杆的轴向力设计值，N l_{c1}——门架外立杆至建筑结构外边缘支承点的距离，mm，取外立杆中心至楼层板边距离加 100mm l_{c2}——门架内立杆至建筑结构外边缘支承点的距离，mm，取内立杆中心至楼层板边距离加 100mm q——型钢梁自重线荷载标准值，N/mm
型钢悬挑梁的整体稳定承载力的验算	$\dfrac{\gamma_0 M_{max}}{\varphi_b W} \leqslant f$	φ_b——型钢悬挑梁的整体稳定性系数 W——型钢悬挑梁毛截面模量，mm^3
型钢悬挑梁挠度的计算	$v_{max} \leqslant [v_T]$ $v_{max} = \dfrac{N_k}{12EI}(2l_{c1}^3 + 2l_c l_{c1}^2 + 2l_{c1} l_{c2} + 3l_{c1} l_{c2}^2 - l_{c2}^3)$	$[v_T]$——型钢悬挑梁挠度允许值，mm，取 $l_{c1}/200$ v_{max}——型钢悬挑梁最大挠度，mm N_k——作用于一榀门架立杆的轴向力标准值，N E——钢材弹性模量，MPa I——型钢悬挑梁毛截面惯性矩，mm^4 l_c——型钢悬挑梁锚固点中心到建筑结构外边缘支承点的距离，mm，取型钢梁锚固点中心到楼层板边距离减 100mm
悬挑脚手架作用于一榀门架的轴向力标准值	$N_k = (N_{G1k} + N_{G2k})H + \sum N_{Q k}$	N_k——作用于一榀门架立杆的轴向力标准值，N

续表

名称	公式	解说
型钢悬挑梁锚固在主体结构上的 U 形钢筋拉环或螺栓强度的计算	$\sigma = \dfrac{N_m}{A_1} \le f_1$ $N_m = \dfrac{N(l_{c1} + l_{c2})}{2l_c}$	σ——U 形钢筋拉环或螺栓应力值，MPa N_m——型钢悬挑梁锚固段压点 U 形钢筋拉环或螺栓拉力设计值，N A_1——U 形钢筋拉环净截面面积或螺栓的有效截面面积，mm^2，一个钢筋拉环或一对螺栓按两个钢筋（螺栓）截面计算 f_1——U 形钢筋拉环或螺栓抗拉强度设计值，MPa

附1.3 附着式升降脚手架

附录1.3.1 附着式升降脚手架施工计算

附着式升降脚手架施工计算见附表 1-14。

附表 1-14 附着式升降脚手架施工计算

名称	公式	解说
风荷载的标准值的计算	$W_k = \mu_z \mu_s w_0$	W_k——风荷载标准值，kN/m^2 μ_z——风压高度变化系数 μ_s——附着升降脚手架风荷载体型系数 w_0——基本风压值，kN/m^2
螺栓仅承受轴向拉力时，其承载力的计算（附着支承与建筑结构的连接螺栓计算）	$N_t \le N_t^b$ $N_t^b = \dfrac{\pi d_e^2}{4} f_t^b$	N_t——一个螺栓所承受的拉力设计值 N_t^b——一个螺栓抗拉承载能力设计值 d_e——螺栓螺纹处有效直径 f_v^b——螺栓抗剪强度设计值，一般采用 Q235，f_v^b=140MPa d_e——螺栓螺纹处有效直径 f_t^b——螺栓抗拉强度设计值，一般采用 Q235，f_t^b=170MPa
螺栓同时承受剪力和轴向拉力时的承载力（附着支承与建筑结构的连接螺栓计算）	$N_v^b = \dfrac{\pi d^2}{4} f_v^b$ $\sqrt{\left(\dfrac{N_v}{N_v^b}\right)^2 + \left(\dfrac{N_t}{N_t^b}\right)^2}$ ≤ 1	N_v, N_t——一个螺栓所承受的剪力、拉力设计值 N_v^b, N_t^b——一个螺栓抗剪、抗拉承载能力设计值 d——螺栓直径 f_v^b——螺栓抗剪强度设计值，一般采用 Q235，f_v^b=140MPa
连接螺栓承受剪力时，螺栓孔处混凝土受压承载力（附着支承与建筑结构连接螺栓处混凝土承载力计算）	$N_v \le 1.35 \beta_b \beta_l f_c b\, d$	N_v——单个螺栓所承受的剪力设计值，N β_b——螺栓孔混凝土受荷计算系数，取 0.39 β_l——混凝土局部受压提高系数，取 1.73 f_c——提升时混凝土龄期试块轴心抗压强度设计值，MPa b——混凝土外墙的厚度，mm
连接螺栓承受轴向拉力时，螺栓孔处混凝土受冲切时，其承载能力（附着支承与建筑结构连接螺栓处混凝土承载力计算）	$N_t \le 0.7 u_m h_0 f_t$	N_t——单个螺栓所承受的拉力设计值，N u_m——冲切临界截面的周长，可取螺栓垫板周长 +$4h_0$ h_0——混凝土的有效截面高度，mm f_t——提升时混凝土龄期试块轴心抗拉强度设计值，MPa

附录 1.3.2　液压升降整体脚手架有关计算公式

液压升降整体脚手架有关计算公式见附表 1-15。

附表 1-15　液压升降整体脚手架有关计算公式

名称	公式	解说
风荷载标准值	$W_k = \beta_z \mu_z \mu_s W_0$	W_k——风荷载标准值，kN/m^2 β_z——风振系数，可取 1 μ_z——风压高度变化系数 μ_s——脚手架风荷载体型系数 W_0——基本风压值，kN/m^2
液压升降装置的提升力验算	$\gamma_1 \gamma_2 N_s \leqslant N_c$	N_s——荷载设计值 N_c——液压升降装置提升力额定值
液压升降装置提升力额定值的计算	$N_c = 0.9FP$	F——液压升降装置活塞腔面积，m^2 P——液压系统工作压力，MPa N_c——液压升降装置提升力额定值
锚固螺栓应同时承受剪力和轴向拉力，其强度的计算（液压升降整体脚手架）	$N_t^b = \dfrac{\pi d_o^2}{4} f_t^b$ $N_v^b = \dfrac{\pi d_o^2}{4} f_v^b$ $\sqrt{\left[\dfrac{N_v}{N_v^b}\right]^2 + \left[\dfrac{N_t}{N_t^b}\right]^2}$ $\leqslant 1$	N_v，N_t——一个螺栓所承受的剪力和拉力设计值，N N_v^b，N_t^b——一个螺栓抗剪、抗拉承载能力设计值，N f_v^b——螺栓抗剪强度设计值，宜采用 Q235 钢，取 $f_v^b = 140$MPa d_o——螺栓计算直径，mm f_t^b——螺栓抗拉强度设计值，宜采用 Q235 钢，取 $f_t^b = 170$MPa
锚固螺栓孔处混凝土受压承载能力的要求	$N_v \leqslant 1.35 \beta_b \beta_l f_c b\, d$	N_v——一个螺栓所承受的剪力设计值，N β_b——螺栓孔混凝土受荷计算系数，取 0.39 β_l——混凝土局部承压强度提高系数，取 1.73 f_c——爬升时混凝土龄期试块轴心抗压强度设计值，MPa b——混凝土外墙的厚度，mm d——锚固螺杆直径，mm
锚固螺栓孔处垫板的宽度与厚度比不应大于 10，混凝土抗冲切强度的计算	$N_t \leqslant 0.6 f_t \mu_m H_0$	N_t——螺栓承受的拉力设计值，kN f_t——爬升龄期的混凝土同条件试块轴心抗拉强度设计值，kN/m^2 μ_m——离螺栓垫板面积周边 $H_0/2$ 处的周长 H_0——混凝土截面有效高度

附 1.4　轮扣式脚手架

附录 1.4.1　轮扣式脚手架模板支撑架有关计算公式

轮扣式脚手架模板支撑架有关计算公式见附表 1-16。

附表 1-16　轮扣式脚手架模板支撑架有关计算公式

名称	公式	解说
横杆抗弯强度验算	$\sigma = \dfrac{M}{W} \leqslant f$	σ——横杆抗弯强度 M——横杆弯矩设计值，$kN \cdot m$ W——杆件截面模量，mm^3 f——钢材的抗拉、抗压、抗弯强度设计值，kN/m^2
节点抗剪强度验算	$F_R \leqslant Q_b$	F_R——作用在轮扣盘节点上的竖向集中力设计值，kN Q_b——轮扣盘抗剪承载力设计值，kN

续表

名称	公式	解说
横杆变形验算	$v \leqslant [v]$	v——挠度，m $[v]$——受弯构件容许挠度，为跨度的1/150和10mm中的较小值
立杆稳定性计算	$\dfrac{N}{\varphi A} + \dfrac{M_{\mathrm{W}}}{W\left(1-1.1\varphi \dfrac{N}{N'_{\mathrm{K}}}\right)} \leqslant f$	A——立杆截面积，m^2 N——立杆轴向力设计值，kN f——钢材的抗拉、抗压和抗弯强度设计值，$\mathrm{kN/m}^2$ W——立杆截面模量，m^3 N'_{K}——立杆的欧拉临界力，N，$N'_{\mathrm{K}} = \dfrac{\pi^2 EA}{\lambda^2}$ λ——计算长细比，$\lambda = \dfrac{l_0}{i}$，i 为截面回转半径，mm l_0——立杆计算长度，mm φ——轴心受压构件的稳定系数 M_{W}——计算立杆段由风荷载设计值产生的弯矩，$\mathrm{kN \cdot m}$
支撑架立杆轴向力设计值	组合风荷载 $N = \gamma_{\mathrm{G}}\sum N_{\mathrm{GK}} + \gamma_{\mathrm{Q}}\psi_{\mathrm{c}}\left(\sum N_{\mathrm{QK}} + N_{\mathrm{WK}}\right)$ 不组合风荷载 $N = \gamma_{\mathrm{G}}\sum N_{\mathrm{GK}} + \gamma_{\mathrm{Q}}\sum N_{\mathrm{QK}}$	N——立杆轴向力设计值，kN N_{WK}——风荷载引起的立杆轴向力标准值，kN γ_{G}——永久荷载的分项系数 γ_{Q}——可变荷载的分项系数 ψ_{c}——可变荷载的组合值系数，取0.9 $\sum N_{\mathrm{GK}}$——模板及支架自重、新浇筑混凝土自重与钢筋自重标准值产生的轴向力总和，kN $\sum N_{\mathrm{QK}}$——施工人员及施工设备荷载标准值、振捣混凝土时产生的荷载标准值与风荷载标准值产生的轴向力总和，kN
风荷载作用于模板支撑结构的立杆轴向力标准值	有剪刀撑框架式模板支撑结构 $N_{\mathrm{WK}} = \dfrac{n_{\mathrm{wa}} p_{\mathrm{WK}} H^2}{2B}$ 无剪刀撑框架式模板支撑结构 $N_{\mathrm{WK}} = \dfrac{p_{\mathrm{WK}} H^2}{2B}$	B——模板支撑结构横向宽度，m H——模板支撑结构高度，m n_{wa}——单元框架的纵向跨数 p_{WK}——风荷载的线荷载标准值，kN/m，$p_{\mathrm{WK}} = w_{\mathrm{K}} l_{\mathrm{a}}$ l_{a}——立杆纵向间距，mm w_{K}——风荷载标准值，$\mathrm{kN/m}^2$
立杆弯矩设计值	立杆弯矩设计值（M_{W}） $M_{\mathrm{W}} = \gamma_{\mathrm{Q}} M_{\mathrm{WK}}$ 有剪刀撑框架式模板支撑结构 $M_{\mathrm{WK}} = M_{\mathrm{LK}}$ 无剪刀撑框架式模板支撑结构 $M_{\mathrm{WK}} = M_{\mathrm{LK}} + M_{\mathrm{TK}}$ $M_{\mathrm{LK}} = \dfrac{p_{\mathrm{WK}} h^2}{10}$ $M_{\mathrm{TK}} = \dfrac{p_{\mathrm{WK}} h H}{2(n_{\mathrm{b}}-1)}$	h——立杆步距，m n_{b}——模板支撑结构立杆横向跨数 γ_{Q}——可变荷载的分项系数 M_{WK}——风荷载引起的立杆弯矩标准值，$\mathrm{kN \cdot m}$ M_{TK}——风荷载作用于无剪刀撑框架式模板支撑结构引起的立杆弯矩标准值，$\mathrm{kN \cdot m}$ M_{LK}——风荷载直接作用于立杆引起的立杆局部弯矩标准值，$\mathrm{kN \cdot m}$
立杆计算长度（无剪刀撑框架模板结构立杆稳定性验算）	$l_0 = \mu h$	h——立杆步距，m μ——立杆计算长度系数

续表

名称	公式	解说
立杆计算长度（有剪刀撑框架模板结构中单元框架稳定性验算）	$l_0 = \beta_H \beta_a \mu h$	B_a——扫地杆高度与悬臂长度修正系数 B_H——高度修正系数 h——立杆步距，m μ——立杆计算长度系数
立杆计算长度（有剪刀撑框架式模板支撑结构中局部稳定性验算）	$l_0 = (1+2a)h$	h——立杆步距，m a——a_1、a_2 中的较大值 a_1——扫地杆高度 h_1 与步距 h 之比 a_2——扫地杆高度 h_2 与步距 h 之比
加密立杆稳定系数（有剪刀撑框架式模板支撑结构中单元框架加密）	立杆步距加密时 $\varphi' = 1.2\varphi$ 立杆步距不加密时 $\varphi' = 0.8\varphi$	φ'——加密区立杆的稳定系数 φ——未加密时立杆的稳定系数
抗倾覆验算	$\dfrac{H}{B} \leqslant 0.54 \dfrac{g_K}{w_k}$	B——模板支撑结构横向宽度，m g_K——模板支撑结构自重标准值与受风面积的比值，kN/mm^2，$g_K = \dfrac{G_{2K}}{LH}$ G_{2K}——模板支撑结构自重标准值，kN w_k——风荷载标准值，kN/m^2 H——模板支撑结构高度，m

附录 1.4.2　轮扣式双排脚手架有关计算公式

轮扣式双排脚手架有关计算公式见附表 1-17。

附表 1-17　轮扣式双排脚手架有关计算公式

名称	公式	解说
立杆轴向力设计值（无风荷载时，单立杆承载力验算）	$N = 1.2(N_{GLK} + N_{G2K}) + 1.4\sum N'_{QK}$	$\sum N'_{QK}$——施工荷载标准值产生的轴向力总和，kN N_{GLK}——脚手架结构自重标准值产生的轴力，kN N_{G2K}——构配件自重标准值产生的轴力，kN
立杆计算长度（无风荷载时，单立杆承载力验算）	$l_0 = \mu h$	μ——考虑脚手架整体稳定性的立杆计算长度系数 h——脚手架横杆竖向最大距，m
立杆轴向力设计值（组合风荷载时，立杆承载力验算）	$N = \gamma_G \sum(N_{GLK} + N_{G2K}) + \gamma_Q \psi_c \sum N'_{QK}$	γ_G——永久荷载的分项系数 γ_Q——可变荷载的分项系数 ψ_c——可变荷载的组合值系数，取 0.9 N_{GLK}——脚手架结构自重标准值产生的轴力，kN N_{G2K}——构配件自重标准值产生的轴力，kN $\sum N'_{QK}$——施工荷载标准值产生的轴向力总和，kN，内外立杆可按一纵距（跨）内施工荷载总和的 1/2 取值
立杆稳定性（组合风荷载时，立杆承载力验算）	$\dfrac{N}{\varphi A} + \dfrac{M_w}{W} \leqslant f$	A——立杆截面积，m^2 N——立杆轴向力设计值，kN φ——轴心受压构件的稳定系数 M_w——立杆段由风荷载设计值产生的弯矩，$kN \cdot m$ W——立杆截面模量，m^3 f——钢材的抗拉、抗压和抗弯强度设计值，kN/m^2
立杆段风荷载作用弯矩设计值（组合风荷载时，立杆承载力验算）	$M_w = \gamma_Q \psi_c M_{WK} = \gamma_Q \psi_c \dfrac{w_k l_a h^2}{10}$	w_k——风荷载标准值，kN/m^2 l_a——立杆纵向间距，m h——脚手架横杆竖向最大步距，m M_{WK}——由风荷载标准值产生的立杆段弯矩，$kN \cdot m$

附录 2　脚手架工程量相关速查

附录 2.1　脚手架工程量计算

脚手架工程量计算见附表 2-1。

附表 2-1　脚手架工程量计算

项目	计算	备注
安全网工程量的计算（立挂式安全网）	实挂长度 × 实挂高度	立挂式安全网，根据架网部分的实挂长度乘以实挂高度来计算
安全网工程量的计算（挑出式安全网）	水平投影面积计算	挑出式安全网，根据挑出的水平投影面积米计算
独立柱脚手架工程量的计算	$S_z = (L_z + 3.6) \times H$	H——独立柱砌筑高度，m S_z——独立柱脚手架工程量，m^2 L_z——独立柱结构外围周长，m 独立柱根据图示柱结构外围周长另加 3.6m，再乘以砌筑高度，以平方米来计算
工地围挡的计算	每块围挡宽度 × 搭设的块数	【举例】每块围挡尺寸为 2m×1m，搭设块数为 100 块，则工地围挡为 2m×100=200m
建筑物内墙脚手架	里脚手架计算	建筑物内墙脚手架，凡是设计室内地坪到顶板下表面（或山墙高度的 1/2 处）的砌筑高度在 3.6m 以下的，按里脚手架计算
	单排脚手架计算	建筑物内墙脚手架，凡是设计室内地坪到顶板下表面（或山墙高度的 1/2 处）的砌筑高度超过 3.6m 以上时，按单排脚手架计算
满堂脚手架工程量的计算	$S_m = L_j B_j$ $N = \dfrac{室内净高度 - 5.2(m)}{1.2m}$	S_m——满堂脚手架基本层工程量，m^2 L_j——室内净长，m B_j——室内净宽，m N——满堂脚手架增加层数 满堂脚手架，根据室内净面积来计算，其高度在 3.6～5.2m 时，计算基本层。超过 5.2m 时，每增加 1.2m，增加一层来计算，不足 0.6m 的不计
挑脚手架	按搭设长度和层数，以延长米来计算	
外墙脚手架工程量的计算	$S_w = L_w H + S_b$	S_w——外脚手架工程量，m^2 L_w——建筑物外墙外边线总长度，m S_b——应并入的面积（如：屋顶的水箱间、电梯间、楼梯间等） H——外墙砌筑高度，指设计室外地坪至檐口底或至山墙高度的 1/2 处的高度，有女儿墙的，其高度算至女儿墙顶面
悬空脚手架	根据搭设水平投影面积以平方米来计算	

附录 2.2　脚手架计量单位、工程量计算规则

脚手架计量单位、工程量计算规则见附表 2-2。

附表 2-2　脚手架计量单位、工程量计算规则

项目名称	项目特征	计量单位	工程量计算规则	工作内容
综合脚手架	①建筑结构形式 ②檐口高度	m²	按建筑面积计算	①场内、场外材料搬运 ②搭、拆脚手架、斜道、上料平台 ③安全网的铺设 ④选择附墙点与主体连接 ⑤测试电动装置、安全锁等 ⑥拆除脚手架后材料的堆放
外脚手架	①搭设方式 ②搭设高度 ③脚手架材质		按所服务对象的垂直投影面积计算	
里脚手架				
悬空脚手架	①搭设方式 ②悬挑宽度 ③脚手架材质		按搭设的水平投影面积计算	①场内、场外材料搬运 ②搭、拆脚手架、斜道、上料平台 ③安全网的铺设 ④拆除脚手架后材料的堆放
挑脚手架		m	按搭设长度乘以搭设层数以延长米计算	
满堂脚手架	①搭设方式 ②搭设高度 ③脚手架材质		按搭设的水平投影面积计算	
整体提升架	①搭设方式及启动装置 ②搭设高度	m²	按所服务对象的垂直投影面积计算	①场内、场外材料搬运 ②选择附墙点与主体连接 ③搭、拆脚手架、斜道、上料平台 ④安全网的铺设 ⑤测试电动装置、安全锁等 ⑥拆除脚手架后材料的堆放
外装饰吊篮	①升降方式及启动装置 ②搭设高度及吊篮型号	m²	按所服务对象的垂直投影面积计算	①场内、场外材料搬运 ②吊篮的安装 ③测试电动装置、安全锁、平衡控制器等 ④吊篮的拆卸

注：1. 使用综合脚手架时，不再使用外脚手架、里脚手架等单项脚手架；综合脚手架适用于能够按"建筑面积 计算规则"计算建筑面积的建筑工程脚手架，不适用于房屋加层、构筑物及附属工程脚手架。

2. 同一建筑物有不同檐高时，根据建筑物竖向切面分别按不同檐高编列清单项目。

3. 整体提升架已包括 2m 高的防护架体设施。

附录3　脚手架相关数据速查

附3.1　常识与基础

附录3.1.1　风压高度变化系数

风压高度变化系数见附表3-1。

附表3-1　风压高度变化系数

离地面高度 /m	地面粗糙度类别			
	A	B	C	D
5	1.09	1	0.65	0.51
10	1.28	1	0.65	0.51
15	1.42	1.13	0.65	0.51
20	1.52	1.23	0.74	0.51
30	1.67	1.39	0.88	0.51
40	1.79	1.52	1	0.6
50	1.89	1.62	1.1	0.69
60	1.97	1.71	1.2	0.77
70	2.05	1.79	1.28	0.84
80	2.12	1.87	1.36	0.91
90	2.18	1.93	1.43	0.98
100	2.23	2	1.5	1.04
150	2.46	2.25	1.79	1.33
200	2.64	2.46	2.03	1.58
250	2.78	2.63	2.24	1.81
300	2.91	2.77	2.43	2.02
350	2.91	2.91	2.6	2.22
400	2.91	2.91	2.76	2.4
450	2.91	2.91	2.91	2.58
500	2.91	2.91	2.91	2.74
≥550	2.91	2.91	2.91	2.91

注：1.地面粗糙度可以分为A、B、C、D四类。其中，A类指江河、湖岸地区；B类指田野、丛林、乡村、丘陵、房屋比较稀疏的乡镇与城市郊区；C类指有密集建筑群的城市市区；D类指有密集建筑群且房屋较高的城市市区。

2.两高度间的风压高度变化系数，可以根据表中数据采用线性插值来确定。

附录3.1.2　Q235钢管轴心受压构件的稳定系数

Q235钢管轴心受压构件的稳定系数 φ 见附表3-2。

附表 3-2 Q235 钢管轴心受压构件的稳定系数

γ	0	1	2	3	4	5	6	7	8	9
0	1	0.997	0.995	0.992	0.989	0.987	0.984	0.981	0.979	0.976
10	0.974	0.971	0.968	0.966	0.963	0.96	0.958	0.955	0.952	0.949
20	0.947	0.944	0.941	0.938	0.936	0.933	0.93	0.927	0.924	0.921
30	0.918	0.915	0.912	0.909	0.906	0.903	0.899	0.896	0.893	0.889
40	0.886	0.882	0.879	0.875	0.872	0.868	0.864	0.861	0.858	0.855
50	0.852	0.849	0.846	0.843	0.839	0.836	0.832	0.829	0.825	0.822
60	0.818	0.814	0.81	0.806	0.802	0.797	0.793	0.789	0.784	0.779
70	0.775	0.77	0.765	0.76	0.755	0.750	0.744	0.739	0.733	0.728
80	0.722	0.716	0.71	0.704	0.698	0.692	0.686	0.68	0.673	0.667
90	0.661	0.654	0.648	0.641	0.634	0.626	0.618	0.611	0.603	0.595
100	0.588	0.58	0.573	0.566	0.558	0.551	0.544	0.537	0.53	0.523
110	0.516	0.509	0.502	0.496	0.489	0.483	0.476	0.47	0.464	0.458
120	0.452	0.446	0.44	0.434	0.428	0.423	0.417	0.412	0.406	0.401
130	0.396	0.391	0.386	0.381	0.376	0.371	0.367	0.362	0.357	0.353
140	0.349	0.344	0.34	0.336	0.332	0.328	0.324	0.32	0.316	0.312
150	0.308	0.305	0.301	0.298	0.294	0.291	0.287	0.284	0.281	0.277
160	0.274	0.271	0.268	0.265	0.262	0.259	0.256	0.253	0.251	0.248
170	0.245	0.243	0.24	0.237	0.235	0.232	0.23	0.227	0.225	0.223
180	0.22	0.218	0.216	0.214	0.211	0.209	0.207	0.205	0.203	0.201
190	0.199	0.197	0.195	0.193	0.191	0.189	0.188	0.186	0.184	0.182
200	0.18	0.179	0.177	0.175	0.174	0.172	0.171	0.169	0.167	0.166
210	0.164	0.163	0.161	0.16	0.159	0.157	0.156	0.154	0.153	0.152
220	0.15	0.149	0.148	0.146	0.145	0.144	0.143	0.141	0.14	0.139
230	0.138	0.137	0.136	0.135	0.133	0.132	0.131	0.13	0.129	0.128
240	0.127	0.126	0.125	0.124	0.123	0.122	0.121	0.12	0.119	0.118
250	0.117	—	—	—	—	—	—	—	—	—

附录 3.1.3　Q345 钢管轴心受压构件的稳定系数

Q345 钢管轴心受压构件的稳定系数 φ 见附表 3-3。

附表 3-3 Q345 钢管轴心受压构件的稳定系数

γ	0	1	2	3	4	5	6	7	8	9
0	1	0.997	0.994	0.991	0.988	0.985	0.982	0.979	0.976	0.973
10	0.971	0.968	0.965	0.962	0.959	0.956	0.952	0.949	0.946	0.943
20	0.94	0.937	0.934	0.93	0.927	0.924	0.92	0.917	0.913	0.909
30	0.906	0.902	0.898	0.894	0.89	0.886	0.882	0.878	0.874	0.87
40	0.867	0.864	0.86	0.857	0.853	0.843	0.845	0.841	0.837	0.833
50	0.829	0.824	0.819	0.815	0.81	0.805	0.8	0.794	0.789	0.783
60	0.777	0.771	0.765	0.759	0.752	0.746	0.739	0.732	0.725	0.718
70	0.71	0.703	0.695	0.688	0.68	0.672	0.664	0.656	0.648	0.64
80	0.632	0.623	0.615	0.607	0.599	0.591	0.583	0.574	0.566	0.558
90	0.55	0.542	0.535	0.527	0.519	0.512	0.504	0.497	0.489	0.482
100	0.475	0.467	0.46	0.458	0.445	0.438	0.431	0.424	0.418	0.411
110	0.405	0.398	0.392	0.386	0.380	0.375	0.369	0.363	0.358	0.352
120	0.347	0.342	0.337	0.332	0.327	0.322	0.318	0.313	0.309	0.304
130	0.3	0.296	0.292	0.288	0.284	0.280	0.276	0.272	0.269	0.265
140	0.261	0.258	0.255	0.251	0.248	0.245	0.242	0.238	0.235	0.232
150	0.229	0.227	0.224	0.221	0.218	0.216	0.213	0.21	0.208	0.205
160	0.203	0.201	0.198	0.196	0.194	0.191	0.189	0.187	0.185	0.183
170	0.181	0.179	0.177	0.175	0.173	0.171	0.169	0.167	0.165	0.163
180	0.162	0.16	0.158	0.157	0.155	0.153	0.152	0.15	0.149	0.147
190	0.146	0.144	0.143	0.141	0.14	0.138	0.137	0.136	0.134	0.133
200	0.132	0.13	0.129	0.128	0.127	0.126	0.124	0.123	0.122	0.121
210	0.120	0.119	0.118	0.116	0.115	0.114	0.113	0.112	0.111	0.11
220	0.109	0.108	0.107	0.106	0.106	0.105	0.104	0.103	0.101	0.101
230	0.1	0.099	0.098	0.098	0.097	0.096	0.095	0.094	0.094	0.093
240	0.092	0.091	0.091	0.09	0.089	0.088	0.088	0.087	0.086	0.086
250	0.085	—	—	—	—	—	—	—	—	—

附录 3.1.4　常用构配件与材料、人员的自重

常用构配件与材料、人员的自重见附表 3-4。

附表 3-4　常用构配件与材料、人员的自重

名称	单位	自重	备注
扣件：直角扣件 　　　旋转扣件 　　　对接扣件	N/ 个	13.2 14.6 18.4	—
石灰砂浆、混合砂浆	kN/m³	17	—
水泥砂浆	kN/m³	20	—
素混凝土	kN/m³	22 ～ 24	—
加气混凝土	kN/ 块	5.5 ～ 7.5	—
泡沫混凝土	kN/m³	4 ～ 6	—
灰浆车、砖车	kN/ 辆	2.04 ～ 2.50	—
普通砖 240mm×115mm×53mm	kN/m³	18 ～ 19	684 块 /m³，湿
灰砂砖	kN/m³	18	砂：石灰 =92：8
瓷面砖 150mm×150mm×8mm	kN/m³	17.8	5556 块 /m³
陶瓷锦砖（马赛克）δ = 5mm	kN/m³	0.12	—
人	N	800 ～ 850	—

附 3.2　扣件式钢管脚手架

附录 3.2.1　扣件式钢管脚手架的风荷载体型系数

扣件式钢管脚手架的风荷载体型系数 μ_s 见附表 3-5。

附表 3-5　扣件式钢管脚手架的风荷载体型系数

背靠建筑物的状况		全封闭墙	敞开、框架和开洞墙
脚手架状况	全封闭、半封闭	1.0φ	1.3φ
	敞开	μ_{stw}	

注：1. μ_{stw} 值可以将脚手架视为桁架。

2. φ 为挡风系数，$\varphi = 1.2A_n/A_w$。其中：A_n 为挡风面积；A_w 为迎风面积。

3. 密目式安全立网全封闭脚手架挡风系数 φ 不宜小于 0.8。

附录 3.2.2　扣件式钢管脚手架钢材的强度设计值与弹性模量

扣件式钢管脚手架钢材的强度设计值与弹性模量见附表 3-6。

附表 3-6　扣件式钢管脚手架钢材的强度设计值与弹性模量　　　　单位：MPa

Q235 钢抗拉、抗压和抗弯强度设计值 f	205
弹性模量 E	$2.06×10^5$

附录 3.2.3　扣件式钢管脚手架扣件、底座、可调托撑的承载力设计值

扣件式钢管脚手架扣件、底座、可调托撑的承载力设计值见附表 3-7。

附表 3-7　扣件式钢管脚手架扣件、底座、可调托撑的承载力设计值　　　　单位：kN

项目	承载力设计值
对接扣件（抗滑）	3.20
直角扣件、旋转扣件（抗滑）	8.00
底座（受压）、可调托撑（受压）	40.00

附录 3.2.4　扣件式钢管脚手架受弯构件的容许挠度

扣件式钢管脚手架受弯构件的容许挠度见附表 3-8。

附表 3-8　扣件式钢管脚手架受弯构件的容许挠度

构件类别	容许挠度 $[v]$
脚手板，脚手架纵向、横向水平杆	$l/150$ 与 10mm
脚手架悬挑受弯杆件	$l/400$
型钢悬挑脚手架悬挑钢梁	$l/250$

注：l 为受弯构件的跨度，对悬挑杆件为其悬伸长度的 2 倍。

附录 3.2.5　扣件式钢管脚手架受压、受拉构件的长细比的容许值

扣件式钢管脚手架受压、受拉构件的长细比的容许值见附表 3-9。

附表 3-9　扣件式钢管脚手架受压、受拉构件的长细比的容许值

构件类别		容许长细比 $[\lambda]$
立杆	双排架	210
	满堂支撑架	
	单排架	230
	满堂脚手架	250
横向斜撑、剪刀撑中的压杆		250
拉杆		350

附录 3.2.6　扣件式钢管脚手架单、双排脚手架立杆的计算长度系数

扣件式钢管脚手架单、双排脚手架立杆的计算长度系数 μ 见附表 3-10。

附表 3-10　扣件式钢管脚手架单、双排脚手架立杆的计算长度系数

类别	立杆横距 /m	连墙件布置	
		二步三跨	三步三跨
双排架	1.05	1.50	1.70
	1.30	1.55	1.75
	1.55	1.60	1.80
单排架	$\leqslant 1.50$	1.80	2.00

附录 3.2.7　扣件式钢管脚手架满堂脚手架立杆计算长度附加系数

扣件式钢管脚手架满堂脚手架立杆计算长度附加系数见附表 3-11。

附表 3-11　满堂脚手架立杆计算长度附加系数

高度 H/m	$H \leqslant 20$	$20 < H \leqslant 30$	$30 < H \leqslant 36$
k	1.155	1.191	1.204

注：当验算立杆允许长细比时，取 $k = 1$。

附录 3.2.8　扣件式钢管脚手架满堂支撑架立杆计算长度附加系数

扣件式钢管脚手架满堂支撑架立杆计算长度附加系数见附表 3-12。

附表 3-12　扣件式钢管脚手架满堂支撑架立杆计算长度附加系数

高度 H/m	$H \leqslant 8$	$8 < H \leqslant 10$	$10 < H \leqslant 20$	$20 < H \leqslant 30$
k	1.155	1.185	1.217	1.291

注：当验算立杆允许长细比时，取 $k = 1$。

附 3.3 门式作业脚手架

附录 3.3.1 门式作业脚手架施工荷载标准值

门式作业脚手架施工荷载标准值见附表 3-13。

附表 3-13 门式作业脚手架施工荷载标准值

门式作业脚手架用途	施工荷载标准值 / (kN/m²)
砌筑工程作业	3
其他主体结构工程作业	2
装饰装修作业	2

注：斜梯施工荷载标准值取值不小于 2kN/m²。

附录 3.3.2 门式支撑架施工荷载标准值

门式支撑架施工荷载标准值见附表 3-14。

附表 3-14 门式支撑架施工荷载标准值

类别		施工荷载标准值 / (kN/m²)
钢结构安装支撑架	轻钢结构、空间网架结构	2
	普通钢结构	3
	重型钢结构	3.5
混凝土模板支撑架	一般	2
	有水平泵管设置	4
其他		≥ 2

注：1. 有水平泵管设置时，在泵管设置处 3m 宽度范围内施工荷载标准值取值为 4kN/m²。
2. 支撑架上移动的设备、大型工具等物品，需要根据其自重取值计入可变荷载标准值。
3. 支撑架上振动、冲击物体应按其自重乘以动力系数取值计入可变荷载标准值，动力系数可取 1.35。

附录 3.3.3 门式脚手架风荷载体型系数

门式脚手架风荷载体型系数 μ_s 见附表 3-15。

附表 3-15 门式脚手架风荷载体型系数

背靠建筑物的状况	敞开、框架和开洞墙	全封闭墙
敞开式支撑架	μ_{stw}	整体
	μ_{st}	单个门架或单根杆件
全封闭作业脚手架	1.3Φ	1.0Φ

注：1. μ_{st}、μ_{stw} 为按桁架确定的支撑架风荷载体型系数。对于门架立杆钢管外径为 42 ~ 42.7mm 的单排门式支撑架，μ_{stw} 值取 0.26。
2. Φ 为挡风系数，$\Phi = 1.2A_n/A_w$，其中：A_n 为挡风面积；A_w 为迎风面积。
3. 当采用密目式安全网全封闭时，取 $\Phi = 0.8$，μ_s 最大值取 1。
4. 有密目式安全网围挡的栏杆 μ_s 值取 1，横板 μ_s 值取 1.3。

附录 3.3.4 门式脚手架荷载分项系数

门式脚手架荷载分项系数见附表 3-16。

附表 3-16　门式脚手架荷载分项系数

种类	项目		荷载分项系数			
			永久荷载 γ_G		可变荷载 γ_Q	
支撑架	强度、稳定承载力	可变荷载控制组合	1.2		1.4	
		永久荷载控制组合	1.35			
	地基承载力		1		1	
	水平构件挠度		1		1（模板支撑架取0）	
	架体倾覆	有利	0.9	有利	0	
		不利	1.35	不利	1.4	
作业脚手架	强度、稳定承载力		1.2		1.4	
	地基承载力		1		1	
	水平构件挠度		1		1	

附录 3.3.5　门式脚手架的安全等级

门式脚手架的安全等级见附表 3-17。

附表 3-17　门式脚手架的安全等级

落地作业脚手架		悬挑脚手架		满堂作业架		满堂支撑架		安全等级
搭设高度 /m	荷载标准值 /kN	搭设高度 /m	荷载标准值 /kN	搭设高度 /m	荷载标准值 /kN	搭设高度 /m	荷载标准值 /kN	
≤ 40	—	≤ 20	—	≤ 16	—	≤ 8	≤ 15kN/m² 或≤ 20kN/m 或≤ 7kN/点	Ⅱ
> 40	—	> 20	—	> 16	—	> 8	不满足Ⅱ级荷载条件	Ⅰ

注：1. 满堂支撑架的搭设高度、荷载中任一项不满足安全等级为Ⅱ级的条件时，其安全等级应划为Ⅰ级。
　　2. 架上总荷载为荷载标准值。

附录 3.3.6　门式脚手架结构重要性系数

门式脚手架结构重要性系数 γ_0 见附表 3-18。

附表 3-18　门式脚手架结构重要性系数

结构重要性系数	门式脚手架的安全等级	
	Ⅰ	Ⅱ
γ_0	1.1	1.0

附录 3.3.7　门式作业脚手架钢材的强度设计值与弹性模量

门式作业脚手架钢材的强度设计值与弹性模量见附表 3-19。

附表 3-19　门式作业脚手架钢材的强度设计值与弹性模量

项目	Q235 级钢		Q345 级钢	
	钢管	型钢	钢管	型钢
抗拉、抗压和抗弯强度设计值 /MPa	205	215	300	310
弹性模量 /MPa	2.06×10^5			

附录 3.3.8 门架立杆的换算长细比调整系数

门式作业脚手架门架立杆的换算长细比调整系数 k 见附表 3-20。

附表 3-20 门式作业脚手架门架立杆的换算长细比调整系数

门式脚手架搭设高度 /m	≤ 30	> 30 且 ≤ 45	> 45 且 ≤ 60
k	1.13	1.17	1.22

附录 3.3.9 可不计算风荷载产生的门架立杆附加轴力条件

门式支撑架可不计算风荷载产生的门架立杆附加轴力的条件见附表 3-21。

附表 3-21 门式支撑架可不计算风荷载产生的门架立杆附加轴力的条件

基本风压值 w_0 /(kN/m²)	架体高宽比	作业层上竖向封闭栏杆（模板）高度 /m
≤ 0.2	≤ 2.5	≤ 1.2
≤ 0.3	≤ 2.0	≤ 1.2
≤ 0.4	≤ 1.7	≤ 1.2
≤ 0.5	≤ 1.5	≤ 1.2
≤ 0.6	≤ 1.3	≤ 1.2
≤ 0.7	≤ 1.2	≤ 1.2
≤ 0.8	≤ 1.0	≤ 1.2

附录 3.3.10 门式脚手架地基承载力修正系数

门式脚手架地基承载力修正系数见附表 3-22。

附表 3-22 门式脚手架地基承载力修正系数

地基土类别	修正系数（k_c）	
	原状土	分层回填夯实土
碎石土、砂土	0.8	0.4
粉土、黏土	0.7	0.5
岩石、混凝土	1.0	—

附录 3.3.11 门式脚手架 MF1219 系列门架、配件的重量

门式脚手架 MF1219 系列门架、配件的重量宜符合的规定见附表 3-23。

附表 3-23 门式脚手架 MF1219 系列门架、配件的重量

名称	单位	代号	重量（标准值）/kN
门架（$\phi42$）	榀	MF1219	0.224
门架（$\phi48$）	榀	MF1219	0.27
固定底座	个	FS100	0.01
可调底座	个	AS400	0.035
可调托座	个	AU400	0.045
梯型架	榀	LF1212	0.133
窄型架	榀	NF617	0.122
承托架	榀	BF617	0.209
梯子	副	S1819	0.272
交叉支撑	副	G1812	0.04
水平架	榀	H1810	0.165
脚手板	块	P1805	0.184
连接棒	个	J220	0.006
锁臂	副	L700	0.0085

附录 3.3.12　门式脚手架 MF0817、MF1017 系列门架、配件的重量

门式脚手架 MF0817、MF1017 系列门架、配件的重量宜符合的规定见附表 3-24。

附表 3-24　MF0817、MF1017 系列门架、配件的重量宜符合的规定

名称	单位	代号	重量（标准值）/kN
门架	榀	MF0817	0.153
门架	榀	MF1017	0.165
梯型架	榀	LF1012、LF1009、LF1006	0.111、0.096、0.082
三角托	个	T0404	0.209
梯子	副	S1817	0.25
交叉支撑	副	G1812、G1512	0.04
水平架	榀	H1809、H1507	0.140、0.130
脚手板	块	P1806、P1804、P1803	0.195、0.168、0.148
连接棒	个	J220	0.006
安全插销	个	C080	0.001
固定底座	个	FS100	0.01
可调底座	个	AS400	0.035
可调托座	个	AU400	0.045

附录 3.3.13　门式脚手架扣件规格、重量

门式脚手架扣件规格、重量需要符合的规定见附表 3-25。

附表 3-25　门式脚手架扣件规格、重量需要符合的规定

规格		单位	重量（标准值）/kN
旋转扣件	GKU48、GKU48/42、GKU42	个	0.0145
直角扣件	GKZ48、GKZ48/42、GKZ42	个	0.0135

附 3.4　附着式升降脚手架

附录 3.4.1　附着式升降脚手架风荷载体型系数

附着式升降脚手架风荷载体型系数见附表 3-26。

附表 3-26　附着式升降脚手架风荷载体型系数

背靠建筑物状况	全封闭	敞开、框架和开洞墙
μ_s	1.0Φ	1.3Φ

注：1. Φ 为挡风系数，$\Phi = 1.2\dfrac{A_n}{A_w}$。其中：$A_n$ 为附着式升降脚手架挡风面积，m^2；A_w 为附着式升降脚手架迎风面积，m^2。

2. 当采用密目安全网时，取 $\Phi = 0.8$。

附录 3.4.2　液压升降整体脚手架脚手板自重标准值

液压升降整体脚手架脚手板自重标准值见附表 3-27。

附表 3-27　液压升降整体脚手架脚手板自重标准值

类别	标准值 /（kN/m²）
冲压钢脚手板	0.3
竹笆板	0.1
木脚手板	0.35
钢片网	0.12～0.16

附录 3.4.3 栏杆、挡脚板、密目安全网自重线荷载标准值

液压升降整体脚手架栏杆、挡脚板、密目安全网自重线荷载标准值见附表 3-28。扣件式钢管脚手架挡脚板自重标准值，也可以参考该表。

附表 3-28 液压升降整体脚手架栏杆、挡脚板、密目安全网自重线荷载标准值

类别	标准值 /（kN/m）
栏杆和冲压钢脚手板挡板	0.16
栏杆和竹串板脚手板挡板	0.17
栏杆和木脚手板挡板	0.17
密目安全网	0.02

注：1. 当采用冲孔钢（铝）板作围护时，材料自重荷载标准值按实际板厚、冲孔率、密度计算确定。
2. 其他构件按实际自重计取。

附录 3.4.4 液压升降整体脚手架施工活荷载标准值

液压升降整体脚手架施工活荷载需要根据施工具体情况确定荷载标准值，见附表 3-29。

附表 3-29 液压升降整体脚手架施工活荷载标准值

工况类别		按同时作业层数计算	每层活荷载标准值 /（kN/m²）
结构施工	使用工况	2	2.0
	爬升工况	1	0.5
装修施工	使用工况	3	2.0
	下降工况	1	0.5

附录 3.4.5 液压升降整体脚手架风荷载体型系数

液压升降整体脚手架风荷载体型系数见附表 3-30。

附表 3-30 液压升降整体脚手架风荷载体型系数

背靠建筑物状况	全封闭	敞开、框架和开洞墙
μ_s	1.0Φ	1.3Φ

注：1. Φ 为挡风系数，应为脚手架挡风面积与迎风面积之比；密目安全网的挡风系数应按 0.8 计算，冲压钢板立网的挡风系数应按 0.48 计算，$\Phi = 1.2\dfrac{A_n}{A_w}$。其中：$A_n$ 为附着式升降脚手架迎风面挡风面积，m²；A_w 为附着式升降脚手架迎风面面积，m²。
2. 当采用密目安全网时，取 $\Phi=0.8$。

附 3.5 轮扣式脚手架

附录 3.5.1 轮扣式脚手架模板、架体结构自重标准值

轮扣式脚手架模板、架体结构自重标准值见附表 3-31。

附表 3-31 轮扣式脚手架模板、架体结构自重标准值

名称	木模板 自重标准值 /（kN/m²）	定型组合钢模板 自重标准值 /（kN/m²）
楼板模板及架体结构（楼层高度为 4m 以下）	0.75	1.1
无梁楼板的模板及小楞	0.3	0.5
有梁楼板模板（包括梁模板）	0.5	0.75

附录 3.5.2　脚手架脚手板自重标准值

轮扣式脚手板自重标准值见附表 3-32。扣件式钢管脚手架永久荷载标准值中脚手板自重标准值，也可以参考该表。

附表 3-32　轮扣式脚手板自重标准值

类别	标准值 / (kN/m²)
竹串片脚手板	0.35
挂扣钢脚手板	0.2
钢筋格栅脚手板	0.15
木脚手板	0.35
冲压钢脚手板	0.3
竹笆片脚手板	0.1

附录 3.5.3　轮扣式脚手架荷载分项系数

轮扣式脚手架荷载分项系数见附表 3-33。

附表 3-33　轮扣式脚手架荷载分项系数

项目		荷载分项系数	
		可变荷载 γ_Q	永久荷载 γ_G
稳定性验算	永久荷载控制	1.4	1.35
强度验算	可变荷载控制	1.4	1.2
倾覆验算	倾覆	1.4	1.35
	抗倾覆	0	0.9
变形验算		1	1

附录 3.5.4　轮扣式脚手架钢管截面特性

轮扣式脚手架钢管截面特性见附表 3-34。

附表 3-34　轮扣式脚手架钢管截面特性

外径 ϕ /mm	壁厚 t /mm	截面积 A /mm²	回转半径 i /mm	截面惯性矩 I /mm⁴	截面模量 W /mm³
48	3.2	453	15.98	115857	4797
48	3.5	489	15.8	121900	5080

附录 3.5.5　单元框架计算长度的高度修正系数

轮扣式脚手架有剪刀撑框架模板结构中单元框架计算长度的高度修正系数见附表 3-35。

附表 3-35　轮扣式脚手架有剪刀撑框架模板结构中单元框架计算长度的高度修正系数

H	5	10	20	30	40
高度修正系数 β_H	1	1.11	1.16	1.19	1.22

附录 3.5.6　轮扣式脚手架立杆计算长度系数

轮扣式脚手架立杆计算长度系数见附表 3-36。

附表 3-36　轮扣式脚手架立杆计算长度系数

类别	连墙件布置	
	三步三跨	二步三跨
双排架	1.7	1.45

附录 4　随书附赠视频汇总

书中相关视频汇总

脚手架的概念和分类	常见脚手架的概念	脚手架构配件相关概念	脚手架的荷载
脚手架的基本要求	脚手架的安全管理	脚手架地基、基础的要求	扣件式钢管脚手架的基础知识
脚手架常用颜色	钢管的特点、施工安装要点	扣件的特点、施工安装要点	脚手板的特点、施工安装要点
可调托撑	安全网的特点、施工安装要点	纵向水平杆结构与搭建要求	横向水平杆结构与搭建要求

续表

连墙件结构与搭建要求	剪刀撑、横向斜撑结构与搭建要求	斜道结构与搭建要求	轮扣式脚手架的特点
轮扣式脚手架的节点	横杆的特点、功能及要求	模板支撑架构造特点、要求	门式作业脚手架的构造要求与规定
竹串片脚手板的特点	升降脚手架的特点	附着升降脚手架架体结构特点	架体结构尺寸要求
附着支承的特点与要求	扣件连接演示		

参考文献

［1］ GB 51210—2016. 建筑施工脚手架安全技术统一标准 .

［2］ 危险性较大的分部分项工程安全管理规定 .2019.

［3］ GB 24911—2010. 碗扣式钢管脚手架构件 .

［4］ 关于实施《危险性较大的分部分项工程安全管理规定》有关问题的通知 .

［5］ 关于加强建筑施工主要重大危险源安全管控的通知 .

［6］ GB 15831—2006. 钢管脚手架扣件 .

［7］ JGJ 254—2011. 建筑施工竹脚手架安全技术规范 .

［8］ JGJ/T 128—2019. 建筑施工门式钢管脚手架安全技术标准 .

［9］ GB 24911—2010. 碗扣式钢管脚手架构件 .

［10］ JG/T 503—2016. 承插型盘扣式钢管支架构件 .

［11］ DB 62/T3143—2018. 附着式升降脚手架应用技术规程 .

［12］ JGJ/T 183—2019. 液压升降整体脚手架安全技术标准 .

［13］ JGJ 130—2011. 建筑施工扣件式钢管脚手架安全技术规范 .

［14］ DB44/T 1876—2016. 轮扣式钢管脚手架安全技术规程 .

［15］ T/CCIAT 0003—2019. 建筑施工承插型轮扣式模板支架安全技术规程 .

［16］ GB 50854—2013. 房屋建筑与装饰工程工程量计算规范 .